Re-Engineering Legacy Software

レガシーソフトウェア改善ガイド

複合型アプリケーション時代に即した開発・保守技法

Chris Birchall 著
吉川邦夫 訳

本書内容に関するお問い合わせについて

このたびは翔泳社の書籍をお買い上げいただき、誠にありがとうございます。弊社では、読者の皆様からのお問い合わせに適切に対応させていただくため、以下のガイドラインへのご協力をお願いいたしております。下記項目をお読みいただき、手順に従ってお問い合わせください。

●ご質問される前に

弊社Webサイトの「正誤表」をご参照ください。これまでに判明した正誤や追加情報を掲載しています。

正誤表 http://www.shoeisha.co.jp/book/errata/

●ご質問方法

弊社Webサイトの「刊行物Q&A」をご利用ください。

刊行物Q&A http://www.shoeisha.co.jp/book/qa/

インターネットをご利用でない場合は、FAXまたは郵便にて、下記"翔泳社 愛読者サービスセンター"までお問い合わせください。

電話でのご質問は、お受けしておりません。

●回答について

回答は、ご質問いただいた手段によってご返事申し上げます。ご質問の内容によっては、回答に数日ないしはそれ以上の期間を要する場合があります。

●ご質問に際してのご注意

本書の対象を越えるもの、記述個所を特定されないもの、また読者固有の環境に起因するご質問等にはお答えできませんので、あらかじめご了承ください。

●郵便物送付先およびFAX番号

送付先住所 〒160-0006 東京都新宿区舟町5
FAX番号 03-5362-3818
宛先 （株）翔泳社 愛読者サービスセンター

※本書に記載されたURL等は予告なく変更される場合があります。
※本書の出版にあたっては正確な記述につとめましたが、著者や出版社などのいずれも、本書の内容に対してなんらかの保証をするものではなく、内容やサンプルに基づくいかなる運用結果に関してもいっさいの責任を負いません。
※本書に掲載されているサンプルプログラムやスクリプト、および実行結果を記した画面イメージなどは、特定の設定に基づいた環境にて再現される一例です。
※本書に記載されている会社名、製品名はそれぞれ各社の商標および登録商標です。
※本書ではTM、®、©は割愛させていただいております。

Original English language edition published by Manning Publications, Copyright © 2015 by Manning Publications.
Japanese-language edition Copyright © 2016 by SHOEISHA Co., Ltd.
All rights reserved.
Japanese translation rights arranged with Waterside Productions Inc.
through JAPAN UNI AGENCY. INC., TOKYO JAPAN

前書き

　この本を書こうという意欲は、ソフトウェア開発者としての私の経歴を通じて、徐々に増してきたものです。多くのソフトウェア開発者と同様に、私も、他の人が書いたコードを引き継いで、それに伴うさまざまな問題に取り組むことに、大部分の時間を費やしてきました。だからソフトウェアを保守する方法を学び、知識を共有したいと思ったのですが、それについて話し合いたいという人を、あまり多くは見つけられませんでした。レガシーという話題は、ほとんどタブーであるかのように思われたのです。

　これは、まったく驚くべきことです。なぜなら私たち開発者のほとんどは、まったく新しいアプリケーションを書くよりも、既存のソフトウェアの仕事をすることに、多くの時間を費やしているからです。ところが、技術者向きのブログや本を見ると、ほとんどの人たちが、新しい技術を使って行う新しいソフトウェアの構築について書いています。それは理解できることでしょう。なにしろ私たちは好奇心の塊で、ピカピカした新しいオモチャを、いつも探しているのですから。けれども、やはり私は、人々がもっとレガシーソフトウェアについて話すべきだと感じました。だから、この本を書く動機のひとつは、会話を始めることにあります。もしあなたが、この本のアドバイスのどれかを改善できると思ったら、ぜひブログに書いて、世界中に知らせてください。

　それと同時に私は、大勢の開発者たちが、自分たちのレガシーソフトウェアを改造し、より保守しやすくしようとする試みに挫折したことに気がつきました。多くの人々が、自分が保守するコードに、おっかなびっくりで接しているようです。だから私は、この本によって、彼らを呼び寄せたい、レガシーなコードベースの管理を引き受けやすいように開発者を激励したい、と思うのです。

　そういう開発者としての経験を10年ほど積んだ後、私の頭には大量のアイデアがうずまき、いつか本にしたいと思って貯め込んだメモも、溜まっていました。そのとき突然、Manning社から連絡が来て、新しい書籍に貢献するつもりはないかと打診されたのです。そこでアイデアの束を投げつけたら、彼らは乗り気になり、私は契約に署名して、この本が現実のものになったのです。

　もちろんそれは、長い旅の始まりにすぎませんでした。このプロジェクトが、ぼんやりとしたアイデアから完全な本となるまでに助けていただいた、すべての人々に感謝します。1人でできることではなかったのです！

謝辞

この本の執筆は、多くの人たちによるサポートがなければ不可能でした。長年にわたって大勢の、高いスキルを持った人々と仕事をすることができて、私は幸運でした。その人たちは、間接的に数知れないアイデアで、この本に貢献しています。

Infoscience（インフォサイエンス）の皆様、とくに新しい技術と開発手法について実験する自由を私に与えてくださった、マネージャーおよびシニアデベロッパーの皆様に感謝します。私もプロジェクトに貢献できたと思いますが、その過程で多くのことを学びました。技術的な議論について特筆したいのは、Rodion Moiseev、Guillaume Nargeot、Martin Amirault の各氏です。

リリースのサイクルを、月ではなく日で数える経験を最初に体験させてくれた、M3（エムスリー）の皆様にも感謝します。とくに「タイガー」Lloyd Chan と Vincent Pericart から、多くを学びました。また、Yoshinori Teraoka 氏が私に Ansible を教えてくれたのも、M3 でのことでした。

いま私は The Guardian（ガーディアン）に勤めていますが、ここで才能と情熱を持った大勢の開発者たちと仕事ができるのも、信じられないほど幸運なことです。何よりも彼らは、ただその振りをするのではなく、本当にアジャイルな方法で仕事をするのが、どういうことかを教えてくれました。

また、この本を時間をかけて原稿の段階からレビューしてくださった、Bruno Sonnino、Saleem Shafi、Ferdinando Santacroce、Jean-Francois Morin、Dave Corun、Brian Hanafee、Francesco Basile、Hamori Zoltan、Andy Kirsch、Lorrie MacKinnon、Christopher Noyes、William E. Wheeler、Gregor Zurowski、Sergio Romero の各氏に感謝します。

本書ができたのは、Manning の編集チーム全体のおかげでもあります。acquisitions editor の Mike Stephens は、この本を、私が頭の中から紙の上へと写すのを手伝ってくれました。editor である Karen Miller は、根気強く原稿をレビューしてくださいました。technical development editor である Robert Wenner と、technical proof-reader を勤めた Rene van den Berg からは、貴重な貢献をいただきました。Kevin Sullivan と Andy Carroll と Mary Piergies は、書き終えた原稿から製品へと進む過程を助けてくださいました。そして、数え切れないほど多くの他の人たちが、原稿をレビューしたり、あるいは、その他のあらゆる方法で（おそらく、私が知らない方法でも）援助してくださいました。

最後に、妻の Yoshiko、私の家族と友達、Ewan と Tomomi、Nigel と Kumiko、Andy と Aya、Taka と Beni、その他、私が執筆している間、正気を保っていられるようにしてくれた皆さんに感謝します。とくに Nigel、君は素晴らしいよ！

この本について

　本書のスコープは欲張りなもので、放置されたレガシーコードベースを、あなたの組織に価値をもたらす保守が可能で十全に機能するソフトウェアへと変身させるのに必要なことを、すべて伝授しようというのです。もちろん、1冊の本で、すべてを完全に網羅しようとする試みは、達成できるわけがないのですが、私はレガシーソフトウェアの問題点に対して、さまざまな角度からアプローチすることで、それに挑んでいます。

　コードがレガシーに（というのは、大ざっぱに言って、保守が困難に）なるには、多くの理由がありますが、ほとんどの原因は、技術ではなく人間に関係しています。もし人々のコミュニケーションが十分でなければ、人が組織を離れるとき、コードについての情報が失われます。同様に、開発者、管理者、そして組織全体が、仕事の優先順位を正しく設定しなければ、「技術的負債」（technical debt）が蓄積して維持できないレベルに達し、開発のペースが、ほとんどゼロにまで低下しかねません。このため、本書は折に触れて（とくに、時の経過に従って情報が失われるという問題を論じるときは）組織に関する側面を取り上げます。問題を意識することが、それを解決するための、重要な第一歩となるのです。

　ただし、この本に技術的な内容がないというのでは、まったくありません。本書は、Jenkins、FindBugs、PMD、Kibana、Gradle、Vagrant、Ansible、Fabricなどといった、広範囲なテクノロジーとツールを扱います。数多くのリファクタリングパターンを詳細に取り上げ、モノリスからマイクロサービスにいたるさまざまなアーキテクチャにおける関連メソッドを論じ、コードをリライトするときにデータベースを扱う戦略も見ていきます。

ロードマップ

　第1章は、やさしい導入部で、私がレガシーソフトウェアと言うときに、何を意味しているのかを説明します。「レガシー」のような言葉には、誰でも自分の定義があるでしょうから、初めに理解を固めておくのが賢明です。また、コードがレガシーになってしまう、いくつかの要因についても、ここで話します。

　第2章では、コードベースの品質を検査（inspect）するための基盤（インフラストラクチャ）を設定します。それには、Jenkins、FindBugs、PMD、Checkstyleなどのツールやシェルスクリプトを使います。これによって、コードの質を記述する具体的な数値データが得られます。これが重要だというのには複数の理由があります。第1に、品質改善のための、明確で計測可能な目標を定義できます。これによって、あなたが行うリファクタリングの努力に体系が与えられます。第2に、コードのうち、どの部分に努力を集中すべきかの判断に役立ちます。

　第3章は、大規模なリファクタリングのプロジェクトを開始する前に、あなたの組織の全員を参加させる方法を論じます。そして、最も困難な判断、つまり「リライトか、リファクタか」の判断に取り組むための、有益なヒントを、いくつか提供します。

第 4 章では、リファクタリングの詳細に踏み込み、私がレガシーコードに使って、しばしば成功を収めた数多くのリファクタリングパターンを紹介します。

　第 5 章では、私が「リアーキテクティング」（re-architecting）と呼んでいるものに注目します。これは、個々のクラスやメソッドではなく、モジュールあるいはコンポーネント全体のレベルという、広い視野から見たリファクタリングです。ここではケーススタディとして、モノリス的なコードベースを、リアーキテクティングによって、いくつもの分離独立したコンポーネントに分けるほか、さまざまなアプリケーションアーキテクチャ（モノリス、SOA、マイクロサービスなど）を比較します。

　第 6 章は、レガシーアプリケーションのリライトに話を絞ります。追加機能の侵入（feature creep）を予防するのに必要な処置や、既存の実装が代替品に対して及ぼすべき影響の程度を論じ、アプリケーションがデータベースを持っているとき円滑に移行する方法を述べます。

　その後の 3 つの章では、コードから離れてインフラストラクチャを見ていきます。第 7 章では、わずかな自動化が、新たに参入する技術者に、どれほど大きな改善をもたらすかを示します。つまり、チームの外部から参加する開発者を勇気づけ、より大きな貢献ができるようにするのです。この章では、Vagrant や Ansible のようなツールを紹介します。

　第 8 章は、Ansible を使った自動化作業の続きですが、ここではステージング[1]とプロダクションの環境にまで、その用途を広げます。

　第 9 章は、インフラストラクチャ自動化に関する議論の最後に、Fabric や Jenkins のようなツールを使って、あなたのソフトウェアのデプロイメント（配置）を自動化する方法を示します。また、この章ではプロジェクトのツールチェインを更新する手順の例として、ビルドを Ant から Gradle に移行するケースを提供します。

　最後に第 10 章では、あなたのコードがレガシーになるのを妨げるのに役立ちそうな、単純なルールをいくつか示します。

ソースコード

　本書のソースコードには、すべて固定幅フォントを使って、周囲のテキストと区別しやすいようにしています。多くのリストには、主な概念を指摘する注釈を加えてあります。また、一部のリストではコメントをコードの中に入れてありますが、これは実際に開発者が目にするものを示すためです。

　コードを本のページ空間に収めるため、改行を加え、インデントを調節して整形してあります。

　本書で使っているコードは、すべて、下記（原著ページ）からダウンロードできます。

https://www.manning.com/books/re-engineering-legacy-software

---

[1] 訳注：本書でいうステージング（staging）は、プリプロダクション環境でのテストを意味する。製品をデプロイ直前にテストするため、最も本番に近い環境を使う。

また、下記の GitHub からも入手できます。

`https://github.com/cb372/ReengLegacySoft`

Author Online（概略）

原著『Re-Engineering Legacy Software』のサポート（英語）は、Manning 社の Author Online で得られます。これは Web ベースのサポートフォーラムで、`https://forums.manning.com/forums/re-engineering-legacy-software` にあります。

著者について

Chris Birchall は、ロンドンのガーディアン紙（The Guardian）で、シニアデベロッパーとしてウェブサイトのバックエンドサービスを担当しています。その前に、広範囲なプロジェクトで働いてきました（日本最大のメディカルポータルサイトでの勤務、高性能なログ管理ソフトウェア、自然言語分析ツール、数多くのモバイルサイトなど）。彼はケンブリッジ大学で Computer Science の学位を得ています。

目次

前書き ・・・・・・・・・・・・・・・・・・・・・・・・ iii
謝辞 ・・・・・・・・・・・・・・・・・・・・・・・・・・ iv
この本について ・・・・・・・・・・・・・・・・・・・・ v
著者について ・・・・・・・・・・・・・・・・・・・・・ viii

第1部　はじめに　　1

第1章　レガシープロジェクトの難題を理解する　　3

レガシープロジェクトの定義 ・・・・・・・・・・・・・ 4
レガシーコード ・・・・・・・・・・・・・・・・・・・ 7
レガシー基盤 ・・・・・・・・・・・・・・・・・・・・ 11
レガシーカルチャー ・・・・・・・・・・・・・・・・・ 15
まとめ ・・・・・・・・・・・・・・・・・・・・・・・ 17

第2章　スタート地点を見つける　　19

恐れとフラストレーションを乗り越える ・・・・・・・・ 19
ソフトウェアについて有益なデータを集める ・・・・・・ 26
FindBugs、PMD、Checkstyle で検査する ・・・・・・・・ 33
Jenkins による継続的インスペクション ・・・・・・・・ 44
まとめ ・・・・・・・・・・・・・・・・・・・・・・・ 52

第2部　コードベース改良のためのリファクタリング　　53

第3章　リファクタリングの準備　　55

チームのコンセンサスを培う ・・・・・・・・・・・・・ 56
組織から承認を得る ・・・・・・・・・・・・・・・・・ 62
候補を選ぶ（価値と難度とリスクによる分類） ・・・・・ 65
決断の時（リファクタか、リライトか） ・・・・・・・・ 66
まとめ ・・・・・・・・・・・・・・・・・・・・・・・ 77

第4章 リファクタリング　79
規律のあるリファクタリング 79
レガシーコードの一般的な特徴とリファクタリング 88
レガシーコードをテストする 113
まとめ 122

第5章 リアーキテクティング　123
リアーキテクティングとは何か? 123
モノリス的なアプリケーションを複数のモジュールに分割 ... 125
Web アプリケーションを複数のサービスに分散する 136
まとめ 151

第6章 ビッグ・リライト　153
プロジェクトの範囲を決める 154
過去から学ぶこと 157
データベースをどうするか 160
まとめ 172

第3部 リファクタリングの先へ
― プロジェクトのワークフローと基盤を改善する　173

第7章 開発環境を自動化する　175
「仕事を始める日」 175
優れた README の価値 181
Vagrant と Ansible で開発環境作りを自動化する 183
まとめ 193

第8章 テスト、ステージング、製品環境の自動化　195
インフラストラクチャ自動化のメリット 196
自動化を他の環境に拡張する 198
クラウドへ! 210
まとめ 212

第9章 レガシーソフトウェアの開発／ビルド／デプロイを刷新する　213

- レガシーソフトウェアの開発／ビルド／デプロイにおける困難 213
- ツールチェインを更新する 216
- Jenkins による CI（継続的統合）と自動化 219
- リリースとデプロイを自動化する 222
- まとめ 232

第10章 レガシーコードを書くのはやめよう!　233

- ソースコードがすべてではない 234
- 情報はフリーになりたがらない 235
- われらの仕事は終わらない 237
- すべてを自動化せよ 239
- 小さいのが美しい 240
- まとめ 243

索　引 244

第 1 部

はじめに

　もしあなたが、それなりに大きなレガシーコードベースのリエンジニアリング（再設計）を計画しているのなら、時間をかけて下調べを行い、正しい方法で着手していることを確認すべきだ。この本の第 1 部では、大量の下準備を行うが、それは、あとで十分に報われる作業だ。

　第 1 章では、「レガシー」とはどういう意味なのかを調べ、保守が困難なソフトウェアが、どのような原因で作られるかを探る。第 2 章では、ソフトウェアの現状を数量的に検査して、リファクタリングの構造とガイドを提供するように、検証（インスペクション）の基盤（インフラストラクチャ）を設定する。

　あなたのソフトウェアの品質を計るのに、どのツールを使うかは、あなたが決めることだ。その選択は、実装に使う言語や、あなたが使った経験のあるツールなどに依存するだろう。第 2 章で使うのは、Java で人気のあるソフトウェア品質検証ツール、FindBugs、PMD、Checkstyle だ。また、継続的インテグレーション（CI）サーバーとして Jenkins をセットアップする方法も示す。この Jenkins については、本書の随所で触れることになる。

第 1 章
レガシープロジェクトの難題を理解する

この章で学ぶこと
レガシープロジェクトとは何か
レガシーコードとレガシー基盤の例
レガシープロジェクトを作り出す組織の要素
改善計画

　こういうシーンに覚えがないだろうか。あなたは仕事場に出勤し、コーヒーを手に、最新の技術的ブログに目を通す。最初に読むのは、シリコンバレーのヒップな若い起業家が、ファッショナブルなプログラミング言語 X と、NoSQL データストアの Y と、ビッグデータツールの Z を組み合わせて世界を変えるという話。けれども、あなたの気分は沈み込む。これらのテクノロジーを、自分の仕事に使ってみるような時間は、取れないだろう。製品を改善するために使うことなど、なおさら無理だろう、と思って。

　どうして、できないのか？　それは、あなたが何億行もありそうな、テストもされず、ドキュメントもなく、とうてい理解できそうにないレガシーコードの保守を任されているからだ。そのコードは、あなたが最初に Hello World を書いたときよりも前から製品化されていて、もう何十人もの開発者が入れ替わり立ち替わり、手を染めている。就業時間の半分は、コミットを検査して、何かリグレッションを起こしていないかチェックすることに費やされ、残りの半分は、避けようのないバグが侵入したため、その消火作業に費やされる。そして、一番気が滅入るのは、時間が経過するにつれて、コードベースにもっとコードが追加され、どんどん壊れやすくなり、問題が悪化していくことだ。

　けれども、絶望してはいけない。まず最初に、あなたが孤独ではないことを思い出そう。平均的な開発者は、新しいコードを書くよりも、ずっと多くの時間を、既存のコードの仕事に費やしている。そして開発者の大多数は、何らかの形でレガシープロジェクトを扱わなければならないのだ。第 2 に、レガシープロジェクトには、最初はどれほど朽ち果てて見えても、必ず蘇生する

希望があることを思い出そう。本書の目的は、まさにそれを行うことである。

この最初の章では、我々が解決しようとしている各種の問題のサンプルを見て、蘇生のためのプランを立て始める。

1.1　レガシープロジェクトの定義

まず最初に、レガシープロジェクトとは何かについて、互いの見解に相違がないかを確認しておきたい。私の定義は非常に広いもので、保守または拡張が困難な既存のプロジェクトなら、なんでも「レガシー」（legacy）と呼ぶことにしている。

ここでの話題は、単にコードベースだけではなく、プロジェクト全体であることに注意していただきたい。我々開発者はコードに注意を向けることが多いけれど、プロジェクトには他にも多くの側面がある。たとえば、

- ビルドツールやスクリプト
- 他のシステムへの依存性
- ソフトウェアの実行基盤となるインフラストラクチャ
- プロジェクトのドキュメンテーション
- コミュニケーションの手段（開発者の間で、あるいは開発者と利害関係者の間で）

もちろん、コードそのものは重要だ。しかし、これらすべての要素は、どれも、プロジェクトの品質や保守のしやすさに影響を与えるものだ。

レガシープロジェクトの性質

どういう性質があれば、レガシープロジェクトと見なせるのか。そのルールを定めるのは、簡単ではないし、とりわけ便利なことでもない。けれども、多くのレガシープロジェクトに共通する性質が、いくつかある。

古い

プロジェクトが、本当に保守が困難なほど乱雑になるには、何年か存続することが必要だ。その期間に、何世代かのメンテナ（保守要員）が交替するだろう。移管によって、システムの元来の設計や、前のメンテナの意図に関する知識も、失われる。

大きい

言うまでもないが、プロジェクトは大きいほど保守が難しくなる。理解すべきコードが多く、ソフトウェアの欠陥密度が一定とすれば、「コードが多ければバグも多い」のだから、存在するバグの数も多い。影響をおよぼす可能性のある既存のコードが多いのだから、新しい変更によってリグレッション（退化）が起きる可能性も高い。プロジェクトのサイズは、保守の方法に関する

判断にも影響を与える。大きなプロジェクトは、置き換えが困難でリスクも高いから、長く存続してレガシーになりやすい。

引き継がれている

　legacyという言葉の一般的な意味（遺産）が示すように、レガシープロジェクトは通常、前の開発者またはチームから引き継がれる。言い換えると、そのコードを最初に書いた人々と、いまそれを保守している人々は、同じではない。それどころか、間に何世代もの開発者が挟まっているかも知れない。したがって現在の保守担当者には、なぜコードが、そのような仕組みになっているのかを知るすべがなく、しばしば、それを書いた人々の意図と、設計上の暗黙の想定とを、推理する必要に迫られる。

ドキュメントが不十分

　プロジェクトが複数世代の開発者に引き継がれるのなら、ドキュメントを正確かつ徹底したものにしておくことが、そういう長寿に欠かせないはずだ。ところが残念なことに、開発者がドキュメントを書くことより嫌がるのが、ドキュメントを更新し続ける作業だ。おかげで、たとえ技術的なドキュメントが存在していても、読むほうは半信半疑にならざるを得ない。

　かつて私が手掛けたフォーラム用のソフトウェアは、ユーザーがメッセージをスレッドにポストすることができた。そのシステムのAPIを使うと、人気の高いスレッドのリストを取得でき、それぞれのスレッドに最近ポストされたメッセージのサマリーも、同時に取得できた。そのAPIは、およそ次に示すリストのようなものだった。

```
/**
 * 人気のあるスレッドのサマリーをリストにして取り出す
 *
 * @param numThreads
 *        取り出したいスレッドの数
 * @param recentMessagesPerThread
 *        サマリーに入れたい最新メッセージの数
 *        メッセージが不要なら 0 をセットする
 * @return スレッドサマリー（人気の降順）
 */
public List<ThreadSummary> getPopularThreads(
        int numThreads, int recentMessagesPerThread);
```

　そのドキュメントによれば、もしスレッドのリストだけが必要でメッセージが不要ならば、`recentMessagesPerThread`に0をセットすることになっていた。ところが実は、あるときシステムの振る舞いが変わり、0は「そのスレッドの全部のメッセージを含めよ」という意味になっていたのだ。アプリケーションで最も人気のあるスレッドのリストなのだから、そのほとんどが何千ものメッセージを含んでいる。したがって、このAPIの呼び出しで0を渡すと、膨大なSQLクエリが発生し、API応答は何メガバイトにもおよぶのだった。

ルールの例外

あるプロジェクトに、上記の特徴の一部が該当するからといって、必ずしもレガシープロジェクトとして扱う必要があるわけではない。

その完璧な例が、Linuxカーネルだ。1991年から開発されているのだから、これは間違いなく古い。しかも大きい（正確な行数は、数え方によって違うので決めにくいが、この本を書いている時点で、およそ1500万行とも言われている）。ところがLinuxカーネルは、非常に高い品質で保守管理されている。その証拠として、2012年にCoverity（コベリティ）によって行われたスキャン（カーネルの静的解析）の結果、コード1000行あたりの欠陥密度（defect density）が0.66/klocであり[1]、同程度のサイズを持つ多くのコマーシャルプロジェクトよりも少なかった。Coverity報告の結論は「Linuxはソフトウェア品質の良好さにおいて、オープンソースプロジェクトの模範的な市民であり続けている」というものだ。

Linuxがソフトウェアプロジェクトとして成功を続けている主な理由は、その開かれたカルチャーと、ざっくばらんなコミュニケーションにあると思う。貢献された変更は徹底的にレビューされ、それによって開発者間の情報共有が高まる。そしてLinus Torvaldsのユニークな「独裁的」コミュニケーションのスタイルによって、彼の意図は、プロジェクトに関わる全員に、はっきりと伝わる。

次に引用するのは、Linuxカーネルのメンテナを勤めているAndrew Mortonの言葉であり（2008年に受けたインタビュー）、Linux開発コミュニティがコードレビューを、どれほど重視しているかを示すものだ。

> それ（コードレビュー）はバグを見つけ出す。コードの品質を高める。とんでもなく悪いものが製品に入り込むのを防ぐこともある。つまりコアカーネルのroot holeみたいなものだが、そういうのをレビュー時に突き止めたことは、ずいぶんある。
>
> また、それは新しいコードを理解している人を増やす。レビュアーも、レビューを詳しく読む人も、そのコードをサポートしやすくなる。
>
> それに、厳しくレビューされるという見込みがあるおかげで、貢献する人が、注意を怠らないのだと思う。そのせいで、なおさら慎重に作業しているのだ。
>
> —Andrew Morton,
> kernel maintainer,
> discussing the value of code review in an interview with LWN in 2008
> (https://lwn.net/Articles/285088/)

---

[1] 訳注：klocは、kilo lines of codeの略。原著には、このCoverity reportへのリンクがある（http://wp cme.coverity.com/wp-content/uploads/2012-Coverity-Scan-Report.pdf）。この年に分析したカーネルコードの行数は、7,387,908行。翌年の日本語プレスリリースを参照（http://www.coverity.com/html_ja/press-releases/press_story96_05_07_13/index.html）。

1.2　レガシーコード

どのソフトウェアプロジェクトでも、とくに技術者にとって最も重要な部分は、コードそのものだ。この節では、レガシーコードで見かけることの多い一般的な性質を、いくつか見ていこう。これらの問題を緩和するのに利用できるリファクタリングの技術は第4章で紹介するが、いまは、例をあげて読者の興味を喚起するだけにする。果たして、どのような解決策があるか、考えていただきたい。

テストされていない／テストできないコード

ソフトウェアプロジェクトの技術的文書が、通常は存在しないか信頼できないとしたら、そのシステムの振る舞いや設計上の想定という謎を解くための鍵は、しばしばテストとなる。優れたテストスイートは、プロジェクトにとって、事実上のドキュメンテーションとして機能する。実際、テストがドキュメントよりも有効な場合さえある。なぜなら、テストのほうがシステムの実際の振る舞いと同期している可能性が高いからだ。責任感のある開発者は、自分が製品コードに加えた変更によってテストが無効になったら、必ずそれを修正するはずだ（私のチームで、この掟を破るやつは、即座に銃殺だ）。

だが不幸なことに、レガシープロジェクトには、ほとんどテストがないものが多い。しかも、そういうプロジェクトは普通、テストを考慮せずに書かれているから、あとでテストを追加することが、きわめて困難なのだ。百聞は一見にしかずというから、まずは例を見ていただこう。

リスト1-1：テストできないコードの例

```java
public class ImageResizer {
    /* リサイズした画像を保存する場所 */
    public static final String CACHE_DIR = "/var/data";

    /* リサイズ後の画像の最大幅 */
    private final int maxWidth =
            Integer.parseInt(System.getProperty("Resizer.maxWidth", "1000"));

    /* 画像を URL からダウンロードするヘルパー */
    private final Downloader downloader = new HttpDownloader();

    /* リサイズした画像を入れるキャッシュ */
    private final ImageCache cache = new FileImageCache(CACHE_DIR);

    /* 所与の URL から画像を取り込み、所与の寸法にリサイズする */
    public Image getImage(String url, int width, int height) {
        String cacheKey = url + "_" + width + "_" + height;

        // まずキャッシュで探す
        Image cached = cache.get(cacheKey);
```

```
        if (cached != null) {
            // キャッシュでヒットした
            return cached;
        } else {
            // キャッシュミス。
            // 画像をダウンロードし、リサイズしてキャッシュに入れる
            byte[] original = downloader.get(url);
            Image resized = resize(original, width, height);
            cache.put(cacheKey, resized);
            return resized;
        }
    }
    private Image resize(byte[] original, int width, int height) {
        ...
    }
}
```

　この`ImageResizer`の仕事は、所与のURLから画像を取り込み、それを所与の高さと幅にリサイズすることだ。このクラスは、ダウンロードを行うヘルパークラスと、リサイズした画像を保存するキャッシュを持っている。画像リサイズのロジックが正しく動作することを確認するため、この`ImageResizer`のユニットテスト（単体テスト）を書きたいとしよう。

　ところが残念ながら、このクラスはテストが難しい。なぜなら、このクラスが依存するダウンローダーとキャッシュが、ハードコード（直接的・定数的なコーディング）で実装されているからだ。できることなら、あなたのテストの中で、これらを模倣（mock）したいところだ。つまりダミーを使って、実際にインターネットからファイルをダウンロードしたりファイルシステムに保存したりする処理を回避したいだろう。たとえば「`http://example.com/foo.jpg`の画像を取り込め」と指示されても、何か定義済みのデータを返すだけの、擬似的ダウンローダーを提供したい。ところが、この実装は固定されていて、テスト時にオーバーライドする方法がないのである。

　キャッシュも、ファイルベースの実装を使うように固定されている。けれども、キャッシュのデータディレクトリには、少なくとも製品コードで使うのとは違うディレクトリを使えないだろうか？　いや、それもハードコードされている。どうしても`/var/data`を使うしかない（Windowsなら`C:¥var¥data`だ）。

　それでも`maxWidth`フィールドだけは、ハードコードされずに、システムプロパティ経由で設定されている。だから、このフィールドの値を変更して、この画像リサイズのロジックが正しく画像の横幅を制限するかをテストできる。けれども、テスト用にシステムプロパティを設定するのは、きわめて面倒なことで、次の手順が必要である。

1. システムプロパティの既存の値を保存する。
2. システムプロパティに、望みの値を設定する。
3. テストを実行する。

4. システムプロパティを、先ほど保存した値に戻す。たとえテストが失敗しても、例外が送出されても、これは必ず行う必要がある。

また、テストを並行して実行する場合は注意が必要だ。システムプロパティを書き換えたら、同時に実行されている別のテストの結果にも影響をおよぼすからである。

柔軟性のないコード

レガシーコードで、よくある問題のひとつは、新しい機能の実装や、既存の振る舞いの変更が、極端に難しいことだ。マイナーチェンジと思った変更でも、あちこち大量のコードを編集することになってしまう。しかも、それらの編集結果を、それぞれ（たぶん手作業で）テストする必要がある。

たとえば、あなたのアプリケーションが、Admin と普通のユーザーという 2 種類のユーザーを定義していると仮定しよう。Admin は、何でも行うことができるが、普通のユーザーができる操作は制限される。その権限チェックは、単純な if 文で実装されているが、それがコードベースの各所にちりばめられている。このアプリケーションは、大きくて複雑なので、そういうチェックが全部で何百もあり、それぞれ次のような感じで書かれている。

```
public void deleteWibble(Wibble wibble)
            throws NotAuthorizedException {
    if (!loggedInUser.isAdmin()) {
        throw new NotAuthorizedException(
            "Only Admins are allowed to delete wibbles");
    }
        ...
}
```

ところがある日、あなたは PowerUser という新種のユーザーを追加するように頼まれる。普通のユーザーより多くのことができるが、Admin ほど強力ではないユーザーということだ。したがって、PowerUser が実行を許可されている操作のすべてについて、コードベースを検索して対応する if ブロックを見つけ出し、それらを次のように更新する必要がある。

```
public void deleteWibble(Wibble wibble)
            throws NotAuthorizedException {
    if (!(loggedInUser.isAdmin() || loggedInUser.isPowerUser())) {
        throw new NotAuthorizedException(
            "Only Admins and Power Users are allowed to delete wibbles");
    }
        ...
}
```

この例は、第4章でもう一度取り上げて、このアプリケーションを、どうすれば変更しやすいものにできるか、リファクタリングの方法を検討する。

技術的負債を抱え込んでいるコード

　どんな開発者も、完璧ではないとわかっているが、とりあえず使える程度のコードを書くという罪を犯す。実際、これはしばしば正しいアプローチである。哲学者ヴォルテールも「完璧なものは十分に良いものの敵だ」と書いているではないか。

　言い換えると、何か動作するものを出荷するほうが、精緻で完璧なアルゴリズムを追求して時間を浪費するより、ずっと有効で適切なことが多いのだ。

　けれども、そういう次善の策を、あなたのプロジェクトに追加する場合は、あとで時間があるとき、そのコードを見直してクリーンアップすることを、必ず計画に入れるべきだ。一時的な、あるいはハックのようなソリューションは、どれも製品全体の品質を低下させ、将来の仕事を困難にする。それが、あまりにも多くなったら、いつかはプロジェクトの進行が停止してしまうだろう。

　このような品質問題の累積を表現する比喩として、しばしば「負債」（debt）という言葉が使われる。手っ取り早い修正によるソリューションを実装することが、借金にたとえられる。いつかは、その借金を返さなければならない。コードをリファクタリングしクリーンアップすることによって借金を返済するまで、あなたは重い利子を払わなければならない（つまり、コードベースの作業が難しい）。もし返済せずに、あまりも多くの借金を抱え込んだら、結局は利子の支払いが追いつかなくなり、大事な仕事が停止してしまう。

　一例として、あなたの会社がInstaHedgehog.comなるものを運用しているとしよう。このソーシャルネットワークには、ユーザーがペットのハリネズミを撮った写真をアップロードでき、互いにハリネズミの世話に関するメッセージを送ることもできる。もともとの開発者たちは、このソフトウェアを書いたとき、スケーラビリティを考慮していなかった。せいぜい数千人のユーザーをサポートすることしか想定していなかったのだ。とくに、ユーザーのメッセージを保存するデータベースは、最大の性能を目指すのではなく、クエリを簡単に書けるように設計されていた。

　最初は、それで万事うまくいっていたのだが、ある日、ハリネズミを飼っている有名人が、このサイトに参加したおかげで、InstaHedgehog.comの人気が爆発した。わずか数か月の間に、このサイトのユーザーベースは、数千人どころか百万人近くまで膨らんだ。それほどの負荷を想定して設計されていなかったデータベースは、あがき始め、サイトの性能が落ちてきた。開発者たちは、スケーラビリティを改善する必要があることを知っていたが、本当にスケーラブルなシステムを達成するには、アーキテクチャの大変更が必要だった。それにはデータベースのシャーディング（sharding）が含まれ、伝統的なリレーショナルデータベースからNoSQLデータベースへの切り替えさえ必要になるかもしれなかった。

　いっぽう、新しく入ってきたユーザーたちが、新しい機能を要求してきた。チームは最初、新機能の追加に焦点を絞ったが、同時に性能を上げるため、いくつか間に合わせの手段を実装した。

データベースに2つほどインデックスを追加し、手当たり次第にキャッシングを導入し、問題が生じているハードウェアを捨ててデータベースサーバーをアップグレードしたのだ。ところが残念なことに、新しい機能がシステムを、すさまじく複雑にしてしまった。そうなった理由のひとつは、データベースの基本的なアーキテクチャの問題を回避するための実装だ。さらに、システムのキャッシングも全体の複雑さに貢献し、新機能を実装しようとする人は、さまざまなキャッシュに対する影響を考慮しなければならず、わけのわからない多種多様なバグやメモリリークも出てきた。

　それから何年か経って、あなたは、この巨大な怪物の保守を任された。このシステムは、あまりにも複雑なので、新機能の追加が不可能に近く、キャッシングのシステムは、いまでも日常的にメモリをリークし続けている。あなたは、それを修正することをあきらめ、代わりにサーバーを毎日1回リスタートすることにしてしまった。そして、言うまでもなく、データベースのリアーキテクティングは、なされていない。システムが複雑になりすぎて、それが不可能になってしまったのだ。

　このお話の教訓は、もちろん、「もし元の開発者たちが、彼らの技術的負債に、もっと早く取り組んでいたら、こんな騒ぎに、あなたが関わることはなかった」ということだ。また、負債が負債を招くという点にも注目すべきだ。元の技術的負債（不適切なデータベースアーキテクチャ）が完済されなかったために、新機能の実装が、むやみに複雑になった。その余計な複雑さも技術的負債であり、おかげで機能の保守が、さらに複雑になった。そして最後に、皮肉な話だが、この新しい負債のせいで、元の負債を完済することが、なおさら困難になったのだ。

1.3　レガシー基盤

　コードの品質は、どのようなレガシープロジェクトの保守においても重要な要素だが、ただコードを見ているだけでは全体像が分からない。ほとんどのソフトウェアは、実行のためにツールや基盤（インフラストラクチャ）の支援を必要とするが、それらの品質も、チームの生産性に劇的な影響を与えるのだ。第3部では、この領域で改善する方法を見ていく。

開発環境

　あなたが最後に既存のプロジェクトに着手し、自分の開発マシン上でセットアップしたときのことを考えてみよう。それには、だいたい、どのくらいの時間がかかっただろうか。つまり、コードを最初にバージョン管理システムからチェックアウトしてから、次の処理を実行できる状態に達するまでに。

- コードをIDEで閲覧し、編集できる
- ユニットテスト、統合テストを実行できる

- そのアプリケーションを、あなたのローカルマシンで実行できる

　もしあなたがラッキーならば、そのプロジェクトはモダンな人気のあるビルドツールを使っていて、そのツールの慣例に従って構成されている。だからセットアップのプロセスは、ほんの数分で完了する。あるいは、たぶん、いくつかの依存関係（dependency）をセットアップする必要があるかも知れない。たとえばデータベースやメッセージキューだ。そうだとしたら、READMEファイルの指示に従って何時間か作業しないと、準備が終わらないかも知れない。だが、レガシープロジェクトとなると、開発環境をセットアップするのに要する時間は、日数で数える覚悟が必要だ！

　レガシープロジェクトのセットアップは、しばしば次の要素の組み合わせである。

- そのプロジェクトが使っている（あなたが使ったことのない）難解なビルドツールをダウンロードし、インストールし、実行する方法を学ぶ。
- そのプロジェクトの/bin フォルダで見つけた、謎のような、保守されていないスクリプトを実行する。
- 古くなった wiki ページに記載されている大量のステップを、手作業で実行していく。

　この試練は、ただ 1 回、最初にプロジェクトに参加するときにだけ実行すればいいのだから、このプロセスを、もっと簡単で高速にする仕事は、割に合わないように思われるだろう。けれども、プロジェクトをセットアップする手順を可能な限りスムーズにすることには、十分な理由がある。第 1 に、このセットアップを実行しなければならない人は、あなただけではない。あなたのチームの開発者は、いまも、そして将来も、それを実行しなければならず、それに浪費されるコストが加算される。

　第 2 に、開発環境のセットアップが簡単になればなるほど多くの人を、プロジェクトに貢献するよう説得しやすくなる。ソフトウェアの品質は、コードを見る人の数が多いほど良くなる。プロジェクトの仕事をする開発者が、それぞれ自分のマシンで厄介な試練を経験した人に限られるような事態は、避けたいだろう。そのためには、組織の開発者なら誰でも、そのプロジェクトに、可能な限り容易に貢献できるような環境を作る努力をすべきだ。

過去の依存関係

　ほとんどすべてのソフトウェアプロジェクトには、サードパーティソフトウェアへの何らかの依存性がある。たとえば、Java サーブレットによる Web アプリケーションならば、Java に依存するだろうが、その場合、たとえば Tomcat のようなサーブレットコンテナの内部で実行する必要があるだろうし、たぶん Apache のような Web サーバーも使うだろう。そしておそらく、たとえば Apache Commons など、さまざまな Java ライブラリも使うはずだ。

これらの外部依存関係が変化するレートは、あなたが制御できるものではない。すべての依存関係について最新のバージョンに追従するには不断の努力が必要だが、普通は、それを行うだけのメリットがある。アップグレードによって、しばしば性能の向上やバグフィックスが得られるし、ときには致命的なセキュリティのパッチが当てられる。それだけを目当てに依存関係のアップグレードを行うべきではないが、一般に、アップグレードは良いことである。

　依存関係のアップグレードは、日常の家事にも似ている。もしあなたが日を置かずに、お皿を洗ったりカーペットに電気掃除機をかけたりの片付けや掃除をするなら、たいした手間ではないが、そういう家事を長い間さぼっておいて、最後にまとめて、となると、大仕事になってしまう。プロジェクトの依存関係を更新する作業も、同じようなことだ。頻繁にアップグレードを行っていれば、最新のマイナーバージョンに追いつく仕事は毎月ほんの数分にすぎないが、更新を怠っていて、知らないうちに1つや2つのメジャーアップデートが発生していたとしよう。そのときになって、ようやくアップグレードを行おうとしたら、開発とテストのリソースが大量に投入され、リスクも大量に発生するような事態となる。

　かつて私が目撃した開発チームは、自分たちのアプリケーションをJava 6からJava 7へとアップグレードするまでに、何か月もかかっていた。彼らは何年も、あらゆる依存関係のアップグレードを拒んできたのだが、その主な理由は、アプリケーションの微妙な部分が破綻するのを恐れたからだ。それは巨大で無節操に増築されたレガシーアプリケーションで、自動テストは少なく、仕様のかけらもないという状態だったから、そのアプリケーションが、現在どのように振る舞っているのか、また、本来どのように振る舞うべきなのかを、はっきり知っている人は、1人もいなかった。けれどもJava 6のサービス期限が切れるというときになって、そのチームは、ついに大仕事をやるべき時が来た、と覚悟を決めたのだ。ところが不幸なことに、Java 7へのアップグレードをするには、その他の大量の依存関係もアップグレードする必要があった。その結果として、おびただしいAPIの変更があり、微妙で文書化されていない振る舞いの変更もあった。このお話に、ハッピーエンドはない。彼らは、XMLシリアライゼーションの振る舞いの微妙な変更を回避しようと、何週間も格闘したあと、アップグレードをあきらめて、それらの変更をロールバックしたのだ。

複数の異なる環境

　たいがいのソフトウェアは、その生涯のうちに、いくつもの環境で実行されるだろう。そういう環境の数や名前は不定だが、そのプロセスは通常、次のようなものになる。

1. 開発者が自分のローカルマシンで、そのソフトウェアを実行する。
2. それを、自動的あるいは手作業のテストのために、テスト環境へと配置（デプロイ）する。
3. 可能な限り製品を模倣したステージング環境へと配置する。

4. 製品環境にリリースし、配置する（パッケージソフトウェアの場合は、顧客に出荷する）。

　この多段階プロセスの目的は、ソフトウェアを製品としてリリースする前に正しく動作することを確認することだが、この検証の価値は、複数の環境でどれだけの同等性（parity）を達成できるかによって直接的な影響を受ける。ステージング環境が、製品環境の（かなり忠実な）複製でない限り、そのソフトウェアの振る舞いが製品でどうなるかを示すという意味での価値は、低下するだろう。同様に、開発環境とテスト環境も、製品環境に忠実であればあるほど有意義になり、環境に関するソフトウェアの問題点を、ステージング環境へのデプロイを待たずに素早く見つけることが可能になる。たとえば、同じバージョンの MySQL を、すべての環境で使っていれば、MySQL のバージョン間でのわずかな違いで、ソフトウェアが、ある環境では正しく動作するのに別の環境では失敗するというようなリスクを未然に防ぐことができる。

　けれども、これら複数の環境を常に完全に揃えておくことは、自動化しなければ容易ではない。もし手作業で管理していたら、ほぼ確実に相違が出現するだろう。そういう環境の相違は、次のように、さまざまな形で現れる。

- アップグレードが製品からトリクルダウンする ― たとえば運用（Ops）チームが、ゼロデイ攻撃（zero-day exploit）に対処するため、製品の Tomcat をアップグレードしたとしよう。その数週間後、誰かが、そのアップグレードがまだステージング環境に適用されていないことに気がつき、それが実行される。さらに数週間が経過して、誰かがようやく、テスト環境のアップグレードに着手する。その Tomcat は、開発（Dev）チームのマシンで正常に動作していたので、わざわざアップグレードしようとは思わなかったのだ。
- 環境毎に異なるツール ― 開発者のマシンでは、たとえば SQLite や H2 のように軽量なデータベースを使っているのに、他の環境では「正規の」データベースを使っているかも知れない。
- 場当たり的な変更 ― あなたが実験的な新機能のプロトタイプを試作していたとしよう。その機能は Redis に依存するので、あなたはテスト環境に Redis をインストールした。結局、その新機能は導入しないことに決まり、Redis は不要になったが、あなたはアンインストールしないで放っておいた。何年か経って、いまだに Redis が、そのテスト環境で実行されているが、理由は誰も覚えていない。

　こういう環境間の違いが長年にわたって蓄積されていくと、ついにはソフトウェアの最も恐ろしい現象が現れるだろう。「製品にだけ現れるバグ」というやつだ。これは製品においてのみ、ソフトウェアと、その周辺の環境との相互作用によって起こされるバグだ。他の環境で、いくらテストをしても、このバグを捕捉する役には立たない。そのバグは、他の環境では決して発生しな

いのだから、要するに無駄な努力になってしまうのだ。

　第3部では、自動化によって、すべての環境を同期させ、最新の状態に保つ方法を調べる。そうすれば、開発とテストの実行が、よりスムーズになり、このような問題を防ぐことができるはずだ。

1.4　レガシーカルチャー

　「レガシーカルチャー」などという言葉は、たぶん論争のタネになるかも知れない。誰も自分たちのカルチャーを、レガシーだと思いたくないからだ。けれども私は、レガシープロジェクトの保守に時間を費やしすぎた多くのソフトウェアチームが、ソフトウェアをどのように開発するかについて、また、お互いにどうコミュニケーションするかについて、ある種の共通した性質を持っていることに気がついた。

変化が怖い

　多くのレガシープロジェクトは、あまりにも複雑でドキュメントが貧弱なため、その保守を任されているチームでさえも、すべてを理解していない。たとえば、次のことがわからない。

- どの機能なら、もう使われていないので、安全に削除できるのだろうか？
- どのバグならば修正しても安全なのだろうか？（ユーザーの中には、そのバグに依存し、機能のひとつと思っている人がいるかも知れない）
- 振る舞いを変更する前に、どのユーザーに問い合わせる必要があるのだろうか？

　こういう情報が欠如しているので、多くのチームは現状を最も安全な選択肢として尊重するようになり、ソフトウェアに「不必要な変更」を加えることを恐れるようになってしまう。どのような変更も、まったくのリスクと見なされ、変更によって利益が得られる可能性は無視される。このため、プロジェクトは進展のない沈滞の状態に陥り、開発者は現状を維持することに勢力を注ぎ込み、まるで琥珀の塊に封じ込められた蚊のように、ソフトウェアをあらゆる外的影響から保護しようとするのだ。

　皮肉なことに、彼らがリスクを嫌悪するあまりソフトウェアの進化を許さないために、彼らの組織が競合他社に遅れを取るという非常に大きなリスクにさらされることが多い。もし他社が、新しい機能を、あなたの組織よりも早く追加することができるのなら（あなたのプロジェクトが沈滞モードに入っていたら、きっとそうなるだろうが）、彼らがあなたの組織から顧客と市場を奪い取るまで、あまり時間がかからないだろう。それはもちろん、開発チームが恐れていた変更のリスクよりも、ずっと大きなリスクである。

だが、こんな結果を招く必要はないのだ。無鉄砲で熱血的なアプローチによって、すべてのリスクを無視し、手当たり次第に変更をかけていくのは、間違いなく破滅へのレシピなのだから、もっとバランスの取れたアプローチが適切だ。もしチームが釣り合いの取れた大局観を維持することができ、それぞれの変更についてメリットとリスクを秤にかけるとともに、そういう判断を下すのに役立つ「欠けている情報」を積極的に探すならば、そのソフトウェアは、進化して変化に対応することができるだろう。

レガシープロジェクトに対する変更の例と、それらに関連するリスクとメリットを、表1–1に示す。これには、そのリスクに関して情報を集める方法を示唆するカラムも入っている。

表1–1：レガシープロジェクトに対する変更と、それらのメリットとリスク

変更点	メリット	リスク	必要な行動
古い機能の除去	・開発が容易になる ・性能が向上する	・まだその機能を使っているユーザーがいるかも	・アクセスログをチェックする ・ユーザーに問い合わせる
リファクタリング	・開発が容易になる	・過失によるリグレッション	・コードレビュー ・テスト
ライブラリのアップグレード	・バグフィックス ・性能が向上する	・ライブラリの振る舞いが変化することによるリグレッション	・変更履歴を読む ・ライブラリのコードをレビューする ・主な機能を手作業でテストする

知識の孤立

開発者にとって、ソフトウェアを書くときや、保守するときに遭遇しやすく、しばしば最大の問題となるのは、知識の欠如である。それには、次のようなケースがあるだろう。

- ユーザー要件と、ソフトウェア機能の仕様に関するドメイン情報
- ソフトウェアの設計、アーキテクチャ、内部に関する、プロジェクトに固有の技術的情報
- 一般的な技術的情報。たとえば、効率のよいアルゴリズム、言語の高度な機能、便利なコーディングのトリック、使えるライブラリなど

チームワークのメリットとして、たとえある特定の知識をあなたが持っていなくても、同僚がそれを提供してくれるかも知れない、というのがある。それを実現させるために必要なのは、あなたが彼らに情報の提供を頼むか、あるいは（もっとよいのは）彼らが自発的に情報を提供することだ。

そんなことは当然だと思われるかも知れないけれど、残念ながら多くのチームで、こういう知識の受け渡しが発生しないのである。あなたが積極的に働いて、コミュニケーションと情報共有

の環境を促進しない限り、それぞれの開発者は、情報をサイロのように貯蔵して孤立する。彼らの有用な知識は、チーム全体の利益として共有される代わりに、それぞれの頭の中に、使われることなく居座ったままとなる。

チーム内のコミュニケーション不足を招く要因としては、次のようなものがあるだろう。

- 顔を合わせてのコミュニケーションが足りない — よく見かけるのは、隣の椅子に座っている開発者と、Skype や IRC でチャットしているという光景だ。こういうツールにも用途はあって、とくにチームにリモートワーカーがいるときや、邪魔にならないように誰かにメッセージを送りたいときには適切だが、ほんの 1 メートル離れて座っている誰かとリアルタイムで話したいときに IRC を使うのは、あまりに不健康ではないか!
- コードの自尊心 — 「もしぼくのコードの働きを、誰にも分かるようにしたら、批判されちゃうかも」なんていうのは、開発者にありがちな心理だけれど、深刻なコミュニケーションの障壁になり得る。
- 忙しそうな顔 — いかにも忙しそうな雰囲気を醸し出すのは、余計な仕事を回されるのを防ぐために、開発者がよく使う戦略のひとつだ(私も有罪で、誰か背広を着た人が自分のデスクに近づいてくるときは、必ずヘッドホンをかけて苦悩の表情を浮かべるようにしている)。けれどもこれでは、アドバイスを貰いたい他の開発者にとっても、近寄りがたくなってしまう。

あなたのチームの中でコミュニケーションを増やすために、やってみることのできる手段は、いくつもある。それには、コードレビューや、ペアプログラミングや、ハッカソンなども含まれる。これらについては、本書の最後の章で、詳しく論じよう。

1.5 まとめ

ソフトウェア開発の実情を嘆く悲惨な話が、まるまる 1 章も続いた。これらの問題すべてに取り組もうとしたら、とんでもなく大変な仕事になりそうに思える。けれども、心配は要らない。すべてを一気に解決する必要はないのだ。本書の残りの部分では、レガシープロジェクトに新しい生命を吹きこむ試みを、ひとつずつ行っていく。

この章で学んだ主なポイントを、まとめておこう。

- レガシーソフトウェアは、たいがい大きく、古く、誰か他の人から受け継いだもので、ろくなドキュメントがない。けれども、このルールには例外がある。Linux カーネルは、これらの条件に、かなり該当するが、品質は高いのだ。
- レガシーソフトウェアは、しばしばテストが抜けているし、テストするのが困難だ。テ

ストが困難ならば、実行されるテストも少ないはずで、その逆も真である。コードベースに現在わずかなテストしかなければ、たぶんテストしにくい設計を含んでいるはずであり、そのために新しいテストを書くことが難しくなっているのだ。

- レガシーコードは、しばしば柔軟性が乏しい。つまり、単純な変更を加えるのにも大量の仕事が必要になる。この状況は、リファクタリングによって改善できるだろう。
- レガシーソフトウェアは、何年も累積された技術的負債によって、動きが取れなくなっている。
- コードが実行される基盤（インフラストラクチャ）には、開発者のマシンから製品まで、注意を向けるべきである。
- ソフトウェアを保守するチームのカルチャーが、改善を妨害する場合がある。

第 2 章

スタート地点を見つける

> **この章で学ぶこと**
> リファクタリングの努力を、どこに集中させるかの判断
> レガシーソフトウェアに対するポジティブ思考
> ソフトウェア品質の計測
> FindBugs、PMD、Checkstyle でコードベースを検査するインスペクション
> Jenkins による継続的インスペクション

第 1 章で、レガシーソフトウェアとは何であり、なぜそれを改善すべきなのかは明確になったと思う。この章では、改善策の立てかたと、その策を実施するときに進捗を測る方法を見ていく。

2.1 恐れとフラストレーションを乗り越える

まずは、ちょっとした心理療法のような思考実験から始めよう。あなたが保守した経験のあるレガシーソフトウェアをひとつ選んでいただきたい。そのソフトウェアのことを、じっくりと考えて、できるだけ多くのことを思い出してみよう。修正したバグのすべて、追加した新機能のすべて、リリースした版のすべてを。あなたは、どんな問題に遭遇したのだろうか。そいつを自分のローカルマシンで実行するだけでも、悪夢だっただろうか。それとも、製品にデプロイする方法を考案するのが至難だっただろうか。とりわけ忌み嫌うようになったクラスが、あっただろうか。リファクタリングに失敗して、何日も浪費した記憶がないだろうか。修正のとき、運に任せて編集した結果、製品に恐ろしいバグが出なかっただろうか。

この「セラピーセッション」が、大きなトラウマに触れないことを願うばかりだが、ともかく、あなたが選んだソフトウェアの詳細が、鮮やかに甦ったと思う。そこで、ひとつ自問していただきたい。「あのソフトウェアに、自分は、どんな気持ちで接していただろうか」。もしあなたが私と同様ならば、レガシーコードに対する感情は、まったくポジティブなものではなかったはずだ。

レガシーソフトウェアに対して、いくらかネガティブな気持ちを抱くのは自然なことだけれど、そういう気分は、とても有害なものだ。我々の判断を曇らせ、改善の仕事を効率よく進めることを妨げるからだ。この章では、そういうネガティブな感情を克服する方法を調べ、よりポジティブな態度を培うことにしよう。また、リファクタリングに対して、感情の邪魔が入らない、客観的・科学的な方法でアプローチするための、ツールやテクニックを紹介する。

とくにレガシーコードによって引き起こされることの多い感情は、恐れとフラストレーションの2つである。

恐れ

私は過去に取り組んだコードで、次のように考えてしまったことがある。

- コードを1行いじるたびに、全然関係ない箇所が壊れる。あまりにも壊れやすいので手に負えない。
- 修正が絶対に必要な部分でない限り、たとえ気になっても手を触れずにいよう。

レガシーソフトウェアでの仕事に対するあなたの反応が、これほど劇的ではなかったとしても、少なくともコードベースの一部に対して、ある種の恐れを抱いたことが、たぶんあったと思う。そのおかげで（おそらく無意識のうちに）消極的なコーディングをするようになり、大きな変更には抵抗を覚えるようになる。どのクラスあるいはパッケージが最も危険なのかがはっきりしたら、できればそれに触れるのを避けようとするだろう。けれどもそれは、非生産的なことだ。なぜなら、そういう「危険な」コードこそが、開発者が最も注意すべきコードであり、おそらくリファクタリングの候補とすべきコードなのだから。

コードを怖がるのは、しばしば「未知への恐怖」である。大規模なコードベースには、たぶんあなたがよく理解していない、大きなコードの区間があるだろう。この未踏の領域が、あなたを最も怖がらせる。というのも、あなたは、そのコードが何をするのかも、どのように処理するのかも、あなたが親しんでいる部分と、どのようにリンクされているかも知らないからだ。

たとえばあなたが、TimeTrackという通称で呼ばれている、会社の就業管理（emproyee time tracking）システムの保守を任されたとしよう。これは社内で何年か前に開発されたJavaのレガシーアプリケーションで、それをほとんど1人で開発した人は、もう会社を離れ、残念なことにテストや文書を、ほとんど残してくれなかった。あなたが見つけたドキュメントで、ただひとつ役立ちそうなのは、図2-1に示す構成図である。

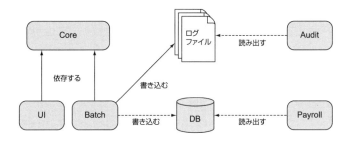

図2-1：就業管理システム、TimeTrack の構成図

このアプリケーションには、数多くのコンポーネントがある。

- Core は、複雑なビジネスロジックを実装している（数多くのユーティリティクラスを含む）。
- UI は、従業員が自分の就業時間を記入する Web インターフェイスを提供する。また、管理職のためにも、従業員たちが、どのように時間を費やしているかのリポートを作ってダウンロードする機能を提供する。この UI は、Struts をベースとした、レガシーの自社製 Web フレームワークを使って組まれている。
- Batch には、データを Payroll（給与支払名簿）システムのデータベース（DB）に挿入する「夜間バッチ」が、いくつも含まれる。
- Audit（監査）は、毎年税務署に提出する法令遵守の報告書を生成する目的で、「夜間バッチ」のログ出力を収集して処理する。

これまであなたが行った保守は、Web UI に小さな機能を追加するだけだ。UI コンポーネントについては、それなりに知っているが、他のコンポーネントには、ほとんど触っていない。そしてあなたは、Core コンポーネントで見つけたスパゲティコードの一部をクリーンアップしたいけれど、Payroll 用の夜間バッチも Core に依存することを知っていて、そこが壊れるのを恐れている（もし会社全体の給与支払いが、不正確になったり、遅れたりしたら、ただで済むわけがない）。言い換えると、あなたはシステムの中で、自分が一番知らない部分を恐れている。

この「未知への恐れ」を克服する最良の方法は、そのコードに飛び込んで、いじり始めることだ。あなたの IDE で Core プロジェクトを開き、メソッドの名前を変えたり、クラス間でメソッドを移動したり、新しいインターフェイスを導入したり、コメントを加えたり、とにかく思いつく限り、コードをクリーンで読みやすい状態にするのに役立ちそうなことは、なんでもやってみる

のだ。このプロセスは「調査的リファクタリング」（exploratory refactoring）と呼ばれていて[1]、多くの利点がある。

調査的リファクタリングの利点

　調査的リファクタリングによって、コードに対するあなたの理解が深まることが、最も重要である。調査すればするほど、理解が増し、理解が増せば増すほど、怖いものが少なくなる。知らず知らずのうちに、あなたは、そのコードベースのマスターになり、主要なパーツと、それらの相互依存性について、少なくとも一通りの知識を得ているだろう。そうなれば将来の変更は、ずっと容易になる。バグ修正でも、新機能の追加でも、さらなるリファクタリングでも、予期せぬ副作用を恐れることなく作業できるはずだ。

　コードベースに対する理解を深めることが調査的リファクタリングの主目的であり、それに参加する開発者を増やせば、より大きな効果が得られる。だから調査的リファクタリングに、もう1人の開発者を誘おう。いや、できればチーム全体を一室に集めて、大きな画面でコード全体を見ていこう。そうすれば、それぞれの開発者が、コードのさまざまな部分について、少しでも親しむことになる。また、その知識をシェアする絶好のチャンスにもなる。

　第2の利点として、調査的リファクタリングをするとコードが読みやすいものになる。アーキテクチャのレベルで根本的な変更を達成するのは無理だとしても、個々のクラスやメソッドのレベルにおけるコードの読みやすさ（readability）には、調査的リファクタリングによって顕著な改善がもたらされるはずだ。このような改善は累積するものだから、もしあなたと、あなたのチームに、調査的リファクタリングを定期的に行う習慣ができたら、コードがだんだん扱いやすくなるのがわかるだろう。

身近な援助

　調査的リファクタリングを実行するときは、いつでも頼りになって、あなたを守ってくれる、強力な味方の存在を忘れないようにしよう。

■バージョン管理システム

　調査的リファクタリングを行った結果が手に負えなくなり、コードが正しく動作するという自信がなくなったら、コマンドひとつで変更を取り消し、コードを既知の安全な状態に戻すことができる。この素晴らしい安全ネットがあるから、いつコードにトラブルが発生しても元に戻せるという安心感を持って、ありとあらゆる野心的な実験を試みることができる。

■統合開発環境

　Eclipse や IntelliJ など現在の IDE は、強力なリファクタリング機能を提供してくれる。これらは広範囲な標準的リファクタリング機能を実行でき、人間が手作業で編集したら何分も何時間

---

[1] 訳注：マイケル・フェザーズ著『レガシーコード改善ガイド』（翔泳社、2009年）の「16.3 試行リファクタリング」（scratch refactoring）に相当する。

もかかるようなことを、ほんの数ミリ秒で行うことができる。それだけでなく、これらのリファクタリングを、タイプミスをしない IDE は、人間よりずっと安全に実行できるのだ。

　もしリファクタリングを本格的に行うのなら、IDE を効率よく使う方法を学ぶべきだ。「Refactor」メニューに入っている全部の項目をチェックして、それぞれ実際に何を行うのか理解しておこう。

■コンパイラ

　静的にコンパイルされる言語（たとえば Java など）を使っているのなら、コンパイラの援助によって、あなたの変更が及ぼす影響を素早く検出することができる。リファクタリングのステップを終えるごとにコンパイラを実行して、コンパイルエラーが出ていないかをチェックするのだ。このようにコンパイラを使って素早いフィードバックを得る手法は、しばしば「コンパイラまかせ」（leaning on the compiler）と呼ばれる[2]。

　Python や Ruby など、動的な言語を使っている場合は、頼るべきコンパイラがないので、もっと注意深くする必要がある。Ruby で開発を行う人が、テストの自動化に情熱を傾ける理由のひとつが、これだ。彼らはテストを使って、コンパイラから得られないサポートを受けるのだ。

■開発の仲間

　誰でも間違うことはあるのだから、あなたが行った変更を開発の仲間にレビューしてもらうのは、常によい考えだ。リファクタリングするときは、ペアで作業するのもよいかも知れない。片方の開発者（ナビゲータ役）は間違いをチェックしてアドバイスを提供する。もう 1 人の開発者（ドライバー役）は、リファクタリングの実施に焦点を絞る。

仕様化テスト

　調査的リファクタリングを補完する手段として、「仕様化テスト」（characterization test：マイケル・フェザーズによる造語）[3]を追加するのもよいだろう。これは、システムの指定された部分が、現在どのように振る舞うかを実証するテストのことだ。このテストの目的は、システムが実際にどう振る舞っているかを記述することであって、それは仕様書の記述と必ず同じになるとは限らない。レガシーコードの場合、普通は既存の振る舞いを保存することが最も重要なゴールである。「仕様書テスト」を書くことによって、コードの振る舞いに関する理解が、しっかりと固まる。将来そのコードに変更を加えるときには、意図しないリグレッションから自分自身を守るための知識があるので、安心して自由に行うことができる。

　たとえば TimeTrack アプリケーションの Core コンポーネントに、数多くの、よく似ているが微妙に異なるユーティリティメソッドがあるとしよう。それらは日付やタイムスタンプの操作とフォーマッティングを行うのだが、convertDate、convertDate2、convertDate_new などという意味のない名前が付いている。この場合、あなたは「仕様化テスト」を書いて、これらのメ

---

[2] 訳注：わざとエラーを発生させて、変更すべき場所（参照先など）をコンパイラに教えてもらう手法もある。『レガシーコード改善ガイド』の 23.4 節を参照。

[3] 訳注：詳しくは『レガシーコード改善ガイド』の 13.1 項と用語集を参照。

ソッドが、それぞれ正確には何を行うもので、どこが違うのかを、はっきりさせたいだろう。

フラストレーション

　私の場合、過去にレガシーソフトウェアによって引き起こされた、ネガティブで役に立たない考えは、次のようなものだった。

- こんなバカでかい泥の固まりを修正するのか。どこから手を付けたらいいのか、それさえわからない。
- どのクラスも、前の（それとも次の）クラスと同じくらいダメだ。あてずっぽうにクラスを選んで、リファクタリングを始めるか。
- この `WidgetManagerFactoryImpl` には、本当にうんざりだ。こいつを書き直すまで、他のは後回しだ。

　レガシーコードを相手にする仕事では、本当にいらいらすることがある。最も単純な修正でも、同じコードが20回もコピー＆ペーストされていたりする。新しい機能の追加にも、本来は数分のはずが何日もかかったりする。むやみに複雑なロジックを追いかけようとすると、本当に気が滅入ってくる。こういうフラストレーションは、しばしば「やる気の喪失」や「やけっぱちの行動」を引き起こす。

■やる気の喪失
　あなたは、自分のリファクタリングの努力は望みのないものだと、あきらめてしまう。将来もレガシーの泥沼であがくしかない。このソフトウェアは呪われている。まったく救いようがない。

■やけっぱちの行動
　あなたは、リファクタリングツールで、コードベースをランダムに突き刺し始める。たぶん、あなたが一番嫌いなクラス、この何か月か、ずっと相手にしてきたクラスが、あなたの衝動の最初の生け贄だ。その後は、ランダムに選んだクラスに襲いかかり、十分に発散して正気に戻るまで、やめないだろう。そこであなたは「本当の」仕事に戻るが、また2週間ほど経つと、フラストレーションが溜まり、同じことを繰り返さずにはいられない。

　こんな異端のリファクタリングでも、爆発的なエンドルフィンの満足は得られる。撲滅運動みたいなリファクタリングだが、成功すれば、そのソフトウェアの品質にプラスの違いが現れる。だが、重要なのは、どれほどの違いを得たのか、と自問することだ。たしかにあなたは、自分がリファクタリングしたクラスを改善した。しかし、それらのクラスはコードベース全体から見て価値のあるものだろうか。コードに対する多くの変更にとって、それらのクラスはクリティカルパスにあるだろうか。つまり、開発者たちが、しばしば読んで更新する必要のあるクラスだろうか。たまたまあなたをいらだたせたが、コードベース全体から見ると、比較的マイナーな、隅っこの荒れ地ではないだろうか。そして数量的に見て、どれほどの違いを達成したのだろうか。コード

ベースの何パーセントを、これまでにカバーできたのだろうか。具体的なデータなしで、これらの疑問に答えることは困難だ。

ソリューション

　ソフトウェアに「呪われた」というマークを付けて無視しても、誰の役にも立たないのは明らかだから、やる気を維持する方法が必要である。リファクタリングの努力によって違いが出ていることを、我々に知らせてくれる手段が必要だ。それには、コードの品質を示す測定方法を、ひとつかそれ以上、選ぶことだ。それらを定期的に測定すれば、時の経過に従って、どのように数値が変化したかを見ることができ、どれほどコードの品質が向上したかを示す単純な指標が与えられる。その動向をグラフによって可視化して、チームから見られるようにすれば、本当によいモチベーションが得られるだろう。それらの数値で、もし改善が見られなくても、それによって努力目標、すなわち特定のゴールが与えられる。そのほうが、曖昧な「品質を改善しなければ」という気持ちよりも、ずっとやる気を起こさせるだろう。

　やけっぱちなリファクタリングの急襲について言えば、もし我々がコードの品質を改善するために本当の衝撃を与えたいのなら、もっとシステマチックなアプローチが必要なはずだ。リファクタリングの最初のターゲットとして相応しいものを選ぶには、正統な根拠を持って判断できるような手段が必要だ。そして、最初に選んだターゲットの仕事を終えたら、次のターゲットも、その次のターゲットも、同じ判断のプロセスを使って選択できなければならない。リファクタリングは、そうして進行させるべきなのだ。とはいえ、リファクタリングのプロセスに終わりはないのだから、あなたのソフトウェアの、現在と将来のスナップショットに基づいて、それらの判断を下す助けになるようなデータが必要である。

　要約すると、我々は次の2つの理由により、ソフトウェアに関するデータを集める必要がある。

- ソフトウェアの品質を数値化し、その数値が、時間の経過に従って、どのように変化したかを示すため。
- リファクタリングの次のターゲットを選択する基準とするため。そのターゲットは、（何らかの指標に従って）他のコードよりも品質が劣る部分か、あるいは、その部分をリファクタリングすることによってチームが大きな価値を得られるような部分だ（チームの開発者たちがバグ修正や新機能を実装するとき、しばしば触れるクラスなら、その候補となるだろう）。

　この章の残りの部分では、そのデータを収集し、チームに見せるために利用できる、テクニックとツールについて論じる。そして本章の終わりには、さまざまな指標を使って品質を自動的かつ継続的に計測し、その結果を収集し、グラフとダッシュボードを使って、それらを可視化するシステムが、すでに設置されているだろう。

2.2　ソフトウェアについて有益なデータを集める

レガシーソフトウェアについての計測値を集めるのは、次のような疑問に答えるためだ。

- コードは最初、どのような状態にあるのか。本当に、あなたが思っているほど悪い状態なのか。
- 所与の時点で、リファクタリングすべき次のターゲットは、どれか。
- あなたのリファクタリングは、どれほど進捗したか。品質向上のペースは、新たな変更によって加わるエントロピー（乱雑さ）に対抗できるほど、十分に速いだろうか。

まずは、何を計測するのかを決める必要がある。その判断はソフトウェアの性質に強く依存するが、簡単に答えると、できる限り何でも計っておく、ということになる。あなたの判断の材料になる生データは、手に入るだけ多く集めておくべきだ。それには以下に示す指標のいくつかが含まれるかも知れず、このリストにない他のデータが、数多く含まれるかも知れない。

バグと、コーディング規約に対する違反

　静的解析（static analysis）ツールは、コードベースを解析して、バグの可能性や書き方の悪いコードを検出することができる。静的解析の処理は、コード（人間が読めるソースコードか、あるいはコンパイル後の、マシンが読むコード）を隅々まで見て、事前に定義されているパターンまたはルールの集合にマッチするコードにフラグを立てる。

　バグを見つけるツール（FindBugsなど）は、たとえば自分がオープンした`InputStream`をクローズしないコードにフラグを立てるかも知れない。結果としてリソースリークが発生する可能性があるから、バグと見なすことができるのだ。また、スタイルチェックツール（Checkstyleなど）は、与えられたスタイルルールの集合に違反するコードを探す。これは、不正確にインデントされたコードや、Javadoc形式のコメント（APIの仕様を記述するドキュメンテーションコメント）のないコードに、フラグを立てるかも知れない。

　もちろんツールは完璧ではないから、偽陽性（false positive）の間違い（たとえば、バグではないのにバグのフラグを立てる場合）も、偽陰性（false negative）の間違い（たとえば、深刻なバグを見落とす場合）もある。けれどもツールは、コードベース全体の状態について優れた指標を提供するし、とくに品質の低いコードのホットスポットも指摘できるので、次にリファクタリングを行うターゲットの選択にも、とても便利に使えるだろう。

　Javaコード用ツールでは、FindBugsとPMDとCheckstyleがビッグスリーである。これらをプロジェクトに使う方法は、2.3節で示す。

> **その他の言語**
> この本で論じるのは、Java コード用のツールだけだが、いま主流となっているほとんどのプログラミング言語には、それぞれの解析ツールが存在する。もしあなたが Ruby で仕事をしているのなら、たぶん、Rubocop、Code Climate、Cane といったツールを調べればよいだろう。

性能

あなたが行うリファクタリングでは、レガシーシステムの性能を向上させることが目標のひとつかも知れない。もしそうなら、性能を計測する必要がある。

性能テスト

すでに性能テストを実施しているのなら素晴らしいことだ。まだなら書く必要があるが、ごく単純なテストから始めることができる。たとえば、図 2-1 でアーキテクチャを見た TimeTrack システムを思い出していただきたい。Audit（監査）コンポーネントは、夜間バッチが出力するログを処理してリポートを作成する。バッチが毎晩、何万ものログを出力し、Audit コンポーネントが 1 年分のログを処理しなければならないとしたら、ずいぶん大量のデータになる。だから、このシステムの性能は最大限に向上させたい。

この Audit コンポーネントの性能をテストするのなら、次のテストから始めることができる。

1. このシステムを、既知の状態で開始する。
2. ダミーのログデータを百万行、流し込む。
3. データを処理して監査リポートを生成するのにかかる時間を計測する。
4. システムをシャットダウンして、クリーンアップする。

そのうち、もっと粒度の細かい性能データを出せるようにテストを拡張したくなるかも知れない。そのためには、テスト対象のシステムに何らかの変更が必要かも知れない。たとえば、性能を示すログの出力とか、システム各部の性能を計測するための計時 API の追加が考えられる。

もしシステム全体を、テストの前に始動するのに（そして後処理にも）時間がかかり、重荷となるのなら、システム全体ではなく個々のサブシステムの性能を測る、より粒度の細かいテストを書くべきかも知れない。そのようなテストならば、セットアップが容易で実行も高速になることが多いが、ソフトウェアの各部を隔離した状態で実行できることが条件となる。レガシーアプリケーションの場合、それが難しい場合が多いから、そのようなテストを書く前に、たぶん何らかのリファクタリングを行う必要があるだろう。

たとえば Audit コンポーネントで、図 2-2 に示すように、処理のパイプラインに 3 つの段階があるとしよう。入力のログデータを字句解析（parse）する段階、リポートの内容を計算する

段階、そして、リポートをレンダリングしてファイルに書く段階である。このシステムのボトルネックを見つけるために、各段階で別々の性能テストを書きたいとする。けれども、処理の各段階のコードが密に結合していたら、個々の段階を隔離してテストするのは困難だ。このような性能テストを書くには、事前にコードを3つの別々のクラスにリファクタリングする必要が生じるだろう。リファクタリングのテクニックについては、第4章で詳しく述べる。

図2-2：Audit コンポーネントの処理パイプライン

製品の性能を監視するモニタリング

もしあなたのソフトウェアがWebアプリケーションならば、製品システムから性能データを簡単に収集できる。まともなWebサーバーならば、あるログファイルへのリクエストごとに処理時間を出力できるはずだ。この応答時間（response time）のデータを、1時間ごと、1日ごとなどで集計し、百分位数（percentile）で報告するような、シンプルなスクリプトを書けるだろう。

たとえば、あなたのWebサーバーが、毎日1個のアクセスログファイルを出力し、その応答処理時間が、タブで区切られたファイルの最終カラムにあるのなら、次のシェルスクリプトにより、所与の日付のアクセスで99パーセンタイルの応答時間を出力できる。このスクリプトを毎晩実行し、結果を開発チームにメールで送ることができるだろう。

```
                    ↓ ログファイルの最後のカラムだけを選択
awk '{print $NF}' apache_access_$(date + %Y%m%d).log | \
    sort -n | \    ← リクエストを処理時間の昇順にソート
    awk '{sorted[c]=$1; c++;} END{print sorted[int(NR*0.99-0.5)]}'
                    ↑ 99 パーセンタイルに相当する応答時間の行を出力
```

このスクリプトは非常に簡単なものだが、あなたのソフトウェアの品質を追跡するのに使える単純で理解しやすいデータを、毎日提供してくれる。これを開始地点として、あなたの好きなスクリプト言語で、もっと強力なプログラムを書くことができるだろう。そのとき、次のことを考慮すべきかも知れない。

- 画像、CSS、JavaScript、その他の静的ファイルなどを、ノイズとしてフィルタリングする。
- 性能上のホットスポットにフラグを立てるために、URLごとの性能メトリクスを計測する。

- 結果をグラフで出力して、性能の可視化を容易にする。
- 数か月分のデータを取れたら、チームのメンバーが性能の推移を見られるように、オンラインアプリケーションを構築する。

けれども、先に進む前に注意すべきことがある。この種の分析に使えるツールは、すでに世の中にたくさんあるのだ。既存のオープンソースツールを使えるときに、わざわざ自分でスクリプトを書いて「車輪の再発明」をする必要はない。私が製品システムの性能を計測し、可視化するのに使っている、Kibana は、素晴らしいツールのひとつだ[4]。

Kibana を使うと、ログデータを可視化するダッシュボードを簡単に構築できる。ただしこれは、Elasticsearch というサーチエンジンに依存するので、Kibana を使う前に、あなたのログデータを Elasticsearch のインデックスに入れておく必要がある。私はたいがい、これを Fluentd というシステムを使って行う。この構成の素晴らしいところは、ログデータが製品サーバーから Elasticsearch へと直接フィードされるので、Kibana ダッシュボードで数秒後に見ることができるという点だ。したがって、これは、あなたのシステムの長期的な性能の動向を可視化するだけでなく、製品システムの性能をリアルタイムに監視するモニタリング用にも利用でき、問題点を見つけて素早く対処することが可能である。

図 2-3 は、典型的なセットアップを示している。アプリケーションのログは、Fluentd によっ

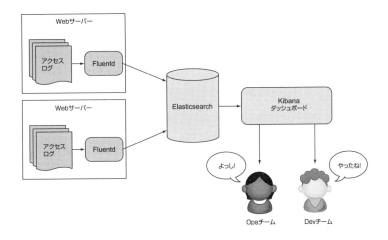

図2-3：サイトの性能を、Fluentd と Elasticsearch と Kibana で可視化する

---

[4] 訳注：日本語版ページ（https://www.elastic.co/jp/products/kibana）を参照。また、「製品」紹介ページで、Elastic Stack の概要を理解できる（このスタックに Elasticsearch、Kibana、Logstash、Beats が含まれる）。

て収集され、リアルタイムに Elasticsearch へと送られる。ここでログにインデックスが付けられ、Kibana ダッシュボードで見ることが可能になる。

図 2-4 に、Kibana ダッシュボードにおける詳細の例を示す。Kibana ではログデータを、折れ線グラフや棒グラフを含む数多くの方法で可視化することができる。

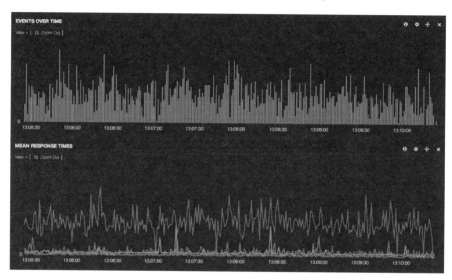

図2-4：Kibana ダッシュボードのスクリーンショット

Kibana を使うと、開発者だけでなく、あなたの組織のすべてのメンバーが理解できるようなダッシュボードを、簡単に構築できる。これは、あなたが行うファクタリングプロジェクトの利点を知らせたいときや、チームの進捗を技術屋ではない関係者の皆さんにデモするときなどに便利だろう。このダッシュボードを、オフィスで目に付きやすい位置に、ずっと表示していれば、大いにやる気も出るだろう。

エラーの回数

性能を計測するのは、まったく良いことだが、それは仕事を正しく行ってユーザーが期待している結果を出し、エラーを出さないことが前提であり、そうでなければ、いくらコードの実行が高速でも意味がない。

製品で発生するエラーの回数は、あなたのソフトウェアの品質をユーザーの立場から示す、単純だが有効な指標である。もしあなたのソフトウェアが Web サイトなら、そのサーバーが 1 日に生成する「500 Internal Server Error」応答の回数を数えることができるだろう。この情報は、あなたの Web サーバーのアクセスログから入手できるはずだから、毎日のエラー応答を数えて、その数を開発者たちにメールで送信するスクリプトを書くことができるだろう。前項で紹介した、

FluentdとKibanaをベースとするシステムを使っても、エラーの頻度を示すことができる。もし詳細なエラー情報（スタックトレースなど）が必要で、エラーをリアルタイムに見たければ、私はSentryというシステムを、お勧めする[5]。

もしあなたのソフトウェアが、自社のデータセンターではなく顧客の環境で実行されるのなら、すべての製品ログデータにアクセスするという贅沢は許されないが、それでもエラーが発生する回数を推測することは可能である。たとえば、製品に自動的なエラー報告機能を導入して、例外が発生したらいつでもサーバーと交信するようにしておくのだ。もっと「ローテク」なソリューションとしては、怒った顧客が送ってきたサポート要求の数を数えておく、というのもあるだろう。

よくあるタスクを計時する

我々はソフトウェアのコードだけでなく、「開発プロセスを含むソフトウェア全体」を改善する計画を立てているのだから、次のようなタスクの計測も有益だろう。

■開発環境を最初からセットアップするのにかかった時間

新しいメンバーがチームに参入するたびに、彼らがソフトウェアの完全に機能するバージョンを取得して、自分のローカルマシンで関連するすべての開発ツールを実行させるまで、どれだけ時間がかかるか調べるように頼んでおこう。第7章では、この時間を自動化によって短縮する方法を見る。それによって新しい開発者が参入するときの障壁を低くし、できるだけ早く生産的な仕事を開始できるようにするのだ。

■プロジェクトのリリースまたはデプロイにかかった時間

もし新規リリースの作成に長い時間がかかるのなら、そのプロセスに手作業の段階が多すぎるのかも知れない。ソフトウェアをリリースする処理は、もともと自動化に適していて、そのプロセスを自動化すれば高速化するだけでなく、ヒューマンエラー（勘違いやタイプミスなど）の可能性も減らすことができる。リリースのプロセスを簡単で高速なものにすれば、より頻繁なリリースが促進され、その結果としてソフトウェアの安定性が向上するだろう。リリースとデプロイメントの自動化については、第9章で論じる。

■バグ修正の平均時間

この数値は、チームメンバー間のコミュニケーションについての良い指標になる。開発者1人でバグの追跡に何日もかかったのに、別のチームメンバーが以前に同様な問題を見て数分で修正していたことが後になって判明することが多い。もしバグ修正が素早く行われるなら、あなたのチームのメンバー間のコミュケーションが良好で、貴重な情報を共有している可能性が高いだろう。

---

[5] 訳注：Sentryは有料だが、https://getsentry.com/pricing/によれば、無料トライアル期間があるようだ。日本語の情報は、「Sentry エラー バグ 監視 管理」などで検索できる。

よく使われるファイル

自分のプロジェクトで、どのファイルが最も頻繁に編集されるかを知っておくと、リファクタリングで次のターゲットを選ぶときに、とても役に立つ。もし特定のクラスが開発者によって、とても頻繁に編集されているのなら、それはリファクタリングの理想的なターゲットのひとつだ。

これは他の計測値と違って、プロジェクトの品質を計るものではないが、それでも有益なデータである。

このデータを自動的に計算するには、あなたが使っているバージョン管理システムを利用できる。Git なら、次に示すスクリプトによって、最近の 90 日間で最も頻繁に編集された 10 個のファイルのリストが得られる。

```
                        最近の Git コミットのリスト（変更されたファイルのすべて）
                        ↓
git log --since="90 days ago" --pretty=format:"" --name-only | \
    grep "[^\+s]" | \           ← 空白行を削除
    sort | uniq -c | \          ← それぞれのファイルの出現回数を数える
    sort -nr | head -10
         ↑
    出現頻度の降順でソートしてトップ 10 を出力
```

次に示すのは、ランダムに選択したプロジェクト（Apache Spark）で、上記のコマンドを実行した結果である。

```
59 project/SparkBuild.scala
52 pom.xml
46 core/src/main/scala/org/apache/spark/SparkContext.scala
33 core/src/main/scala/org/apache/spark/util/Utils.scala
28 core/pom.xml
27 core/src/main/scala/org/apache/spark/rdd/RDD.scala
21 python/pyspark/rdd.py
21 docs/configuration.md
17 make-distribution.sh
17 core/src/main/scala/org/apache/spark/rdd/PairRDDFunctions.scala
```

これによれば、ビルドファイルを除くと、最もよく編集されたファイルは、`SparkContext.scala` だった。もしこれが、リファクタリングしようとしているレガシーコードベースだったら、たぶん、あなたの注意をこのファイルに向けるのが賢明だろう。

長期にわたって製品化されているアプリケーションでは、多くの領域が、まったく変化しない状態になって、開発が進行しているのは、ごく少数の機能の周辺に限られる。たとえば、我々の TimeTrack アプリケーションでいえば、就業時間を入力する UI は、もう何年も変化していないけれど、リポート生成については、管理者たちが、あれこれ新しい（しかも、はっきりしない）新機能の要求を、定期的に持ち込んで来ている、というようなことがありそうだ。その場合、リ

ファクタリングの努力はリポート生成モジュールに集中させるのが当然だろう。

計れるものならなんでも

　収集できるデータの例を、いくつかあげてきたが、すべてを網羅しているわけでは、まったくない。なにを計測すべきかについては、無限の可能性がある。あなたのチームで短時間のブレインストーミングをやってみれば、計測すべき指標について、他にも数多くのアイデアが提案されるだろう。

　もちろん、何かを計測できるというだけで、それが有益なデータだということにはならない。コードベースに出現するZの文字数だとか、開発者たちの手に指が何本あるかの平均だとか、製品サーバーと月との距離だとか、そういう数値は計測可能でも、品質との関係を読み取ることなど困難に違いない。

　そういうバカげた例を除外すると、いつだって、情報が不足しているより、むしろ多すぎるほうがましであることは確実だ。つまり一般に、役に立つかどうか疑わしいときは、とにかく計測してみるのがよい。あなたと、あなたのチームが、そのデータに取り組んでみれば、どの計測値が、その特定のニーズに最適なのか、だんだんと判明するだろう。使い物にならないとわかった計測値は、捨ててしまってかまわない。

2.3　FindBugs、PMD、Checkstyleで検査する

　レガシーコードベースのリファクタリングを準備しているときは、バグや、設計上の問題や、スタイル違反を探してくれる静的解析ツールを使うのが、絶好のスタートになる。

　Javaコード用の、最も人気のある静的解析ツールを3つあげるなら、FindBugsと、PMDと、Checkstyleだろう。これらのツールは、どれもJavaコードを解析して問題を報告するのだけれど、目的がそれぞれ少しずつ異なっている。

　FindBugsは、その名前が示すように、Javaコードの潜在的なバグを見つけるツールだ。「潜在的な」（potential）というのは「そのコードを実行したらバグが出るかも知れないが、本当に出るかどうかは、使い方と渡すデータに依存する」という意味だ。どんな自動化ツールでも、100%の確信を持って、ある特定のコードがバグだと判定することはできない。そもそもバグの定義が、かなり主観的なものだ。誰かにとってはバグなものが、他の人にとっては機能だったりするのだから。とはいえFindBugsは、疑わしかったり、明らかにおかしかったりするコードを検出するのが、とても上手なのだ。

　PMDも、コードから問題を見つけるツールで、そのルールセット（ruleset）には、FindBugsと重複する部分がある。ただし、FindBugsが「バグっぽい」コードを探すのに対して、PMDは、「厳密には間違いと言えないが、ベストプラクティスに従っていないのでリファクタリングが必要」なコードを探すのに便利だ。たとえば、FindBugがヌルポインタをデリファレンスするか

も知れないコード（その結果は恐怖の `NullPointerException`）を検出してくれるのに対して、PMD は、オブジェクト間の結合が過密だと指摘してくれるのだ。

最後に、Checkstyle は、すべてのソースコードがチームのコーディング規約に従っていることを確認するのに使える。フォーマッティングや命名のような細かいことでも、コードベース全体で統一されていれば、読みやすさに大きな違いが生じる。コードは書くよりも読む時間のほうが（とくにレガシーコードの場合）ずっと長いはずだから、できるだけ読みやすくする努力は、意味のあることだ。

私は、この 3 つのツールを、FindBugs、PMD、Checkstyle の順番に適用することを推薦する（図 2-5）。こうすれば、最も重要な問題から順番に修正していくことが可能だ。

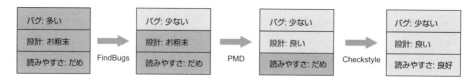

図2-5：静的解析ツールを使ってコードを改善する

1. たとえば `NullPointerExceptions` のような、致命的なバグを修正する。
2. 設計の問題点を、リファクタリングで解決する。
3. コードのフォーマットを整形して、読みやすくする。

コードが美しく整形されていても、全体の設計がスパゲティでは、あまり意味がないし、正しく動作しないコードをリファクタリングするのも、同様に無意味なことだ。

あなたの IDE で FindBugs を実行する

我々のレガシーコードベースに対して最初に実施したいのは、明らかに間違ったコードを探して取り除くことだ。その援助として FindBugs を使おう。

FindBugs は、メリーランド大学で開発された、フリーでオープンソースなツールだ[6]。その仕組みは、Java コンパイラによって生成されたバイトコードを解析して、疑わしいパターンを検索するという方法である。バグらしきものを見つけたら、そのたびに「確実性」（confidence rating）を割り当てる。これは、そのコードが、どのくらい確実にバグを含むかを示す指標だ。また、Findbugs データベースにある、それぞれのパターンには、「深刻さの順位」（scariness

---

[6] 訳注：FindBugs の Web ページ (http://findbugs.sourceforge.net/) のほか、日本語マニュアル (http://findbugs.sourceforge.net/ja/manual/)、日本語版 Bug Descriptions (http://findbugs.sourceforge.net/bugDescriptions_ja.html) を参照。

ranking）が割り当てられていて、こちらは、もしその種類のバグがコードに入っていたら、どれほど恐ろしいかを示す。たとえば、`serialVersionUID` を `Serializable` クラスに追加し忘れるよりも、`NullPointerException` のほうが、あなたのプログラムの実行に与える影響は、ずっと深刻なのが普通だ。

FindBugs はさまざまな方法で実行できるが、最も簡単なのは IDE のプラグインを使う方法だ。そうすれば、バグをクリックすることによって、問題のコードへと、直ちにジャンプすることができる。また、IDE プラグインなら、パッケージや、バグの深刻さや、バグのカテゴリーなどでフィルタをかけられるので、ノイズ（雑音）をカットして重要なバグに集中できる。プラグインは、Eclipse、IntelliJ IDEA、NetBeans など、数多くの IDE で利用できる。プラグインをインストールする方法は、あなたの IDE のドキュメントを読んでいただきたい。

コンパイルを忘れるな!
FindBugs はコンパイルしたバイトコードに対して実行されるが、あなたが IDE で見るのはソースコードである。もしソースコードとバイトコードが同期していなければ、FindBugs の解析結果は、きわめて紛らわしいものになりかねない。FindBugs を実行する前に、必ずコードをコンパイルしよう。

図 2-6 のスクリーンショットは、FindBugs の IDE プラグインを、IntelliJ IDEA で実行した結果を示している。この場合のコードベースは、ごく小さなもので、FindBugs が見つけたバグは、プロジェクト全体で、ただ 1 個である。もしこれを自分でやってみたければ、私が使ったプロジェクトが GitHub にある：https://github.com/cb372/externalized。ただし、0.3.0 というタグをチェックアウトすること。後のバージョンでは、このバグが修正されている。

このプラグインは、バグの場所と深刻さなどに関する情報とともに、違反を見つけた FindBugs ルールをわかりやすい英語で説明している[7]。バグをダブルクリックすると、対応するソースファイルがエディタで開かれるので、それを調べて修正できる。

ここで FindBugs が見つけたバグは、正真の問題だ。これは私が書いたコードだが、どうやら `switch` 文で `default` ケースを書き忘れたらしい。こういうのは、私みたいに無精なプログラマが、よくやるミスだ。この例で、`default` ケースがないことによって、実際に間違った振る舞いが生じるわけではないのだが、それでもコードを読む人にとってわかりやすいように、必ず `default` ケースを入れるのがよい習慣である。

コードをどう修正すれば警告が消えるかは、普通は FindBugs が提供する説明によって判明する。この場合に適切な修正方法を、リスト 2-1 に示す。

---

[7] 訳注：画面右下のペインに注目。Medium Confidence はバグの確実性（中程度）を、Dodgy code というのはバグのカテゴリーを示す。

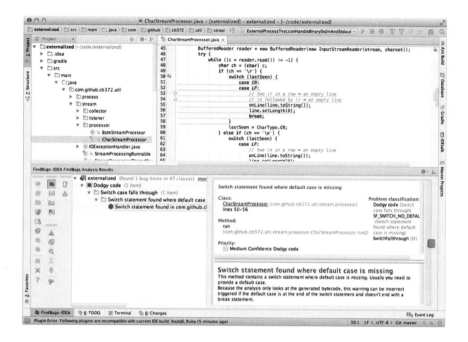

図2-6：FindBugs の解析結果を示す例

リスト2-1：FindBugs の警告に対する修正

```
switch (lastSeen) {
    case CR:
    case LF:
        // two \r in a row = an empty line
        // \n followed by \r = an empty line
        onLine(line.toString());
        line.setLength(0);
        break;                                    この default ケースを追加すれば
    default:                              ←     私の意図は、このコードを読む
    // not a line-break - do nothing              誰にも明らかになる
        break;
}
```

ところで、この例は FindBugs も誤りと無縁ではないことを示している。FindBugs が `default` の不在を見つけたファイルには、実は、まったく同じ問題を含む例が、まだ2つあるのだが、どういうわけか FindBugs は、それらを見つけられなかった。どうやら自動化されたツールにも、昔ながらのコードレビューに勝てないことがあるようだ。

図 2-7 は、もっとずっと大きな Java コードベースで FindBugs を実行した結果を示している。これは、Apache Camel プロジェクトの `camel-core` モジュールだ。この結果のほうが、

FindBugs が見つけたバグが多いので、より興味深いだろう。これを見ると、このツールがバグをカテゴリーに分けて整列してくれるので、ある種のカテゴリーのバグについて、修正を優先して行いやすいことがわかるだろう。また、バグを Of Concern（気になる）から Scariest（最も恐ろしい）にいたる「深刻さ」(scariness) のランクで分類することもできる。

図2-7：FindBugs を、より大きなコードベースで実行する

偽陽性（false positives）に対処する

　FindBugs は強力なツールだが、静的解析の能力には限界がある。ときに FindBugs は、偽陽性の判断を下す（誤検出）。つまり、人間であるあなたにはバグではないことがわかるコードに、バグのフラグを立てることがあるのだ。

アノテーションを使う

　幸い、FindBugs の開発者たちは、そういう不慮の事態を考慮して、ある特定のコードに「バグではない」というマークを付ける方法を提供している。Java のアノーテーションを使って、ある種のフィールドまたはメソッドを、1つ以上の指定のルールでテストしないよう FindBugs に伝

えることができる。次に、その働きを示す例を挙げる。

リスト 2–2 に示すクラスには、name というプライベートフィールドがある。何らかの理由により、このクラスは常に Java のリフレクションを使って、そのフィールドの get/set を行うので、FindBugs のような静的解析ツールには、このフィールドが 1 度もアクセスされないように見える。

リスト2-2：Java のリフレクションによって FindBugs が下す偽陽性の判断

```
public class FindbugsFalsePositiveReflection {
    private String name;

    public void setName(String value) {
        try {                                    setter はリフレクションを使うので、
                                                 フィールドのアクセスに名前を指定する
                                                              ↓
            getClass().getDeclaredField("name").set(this, value);
        } catch (NoSuchFieldException | IllegalAccessException e) {
            e.printStackTrace();
        }
    }

    public String getName() {
        try {                                    getter も同様で、
                                                 フィールドを直接参照しない
                                                              ↓
            return (String) getClass().getDeclaredField("name")
                    .get(this);
        } catch (NoSuchFieldException | IllegalAccessException e) {
            e.printStackTrace();
            return null;
        }
    }
}
```

たしかに、このコードに対して FindBugs を実行すると、name フィールドが未使用なのでクラスから削除すべきですよ、という警告が出てくる。けれども、そのフィールドが実際に使われていることは、あなたにはわかっているのだから、FindBugs に対して、「おっしゃることはごもっともですが、この特定のケースに関しては、完全に間違いですよ」と言ってやりたい。だから、まさにそれを知らせるアノテーションを追加しよう。

アノテーションを FindBugs で使うには、dependency（依存性）として追加する必要がある。そのライブラリは JAR にパッケージングされていて、Maven Central から入手できる。本書執

筆の時点で最新のバージョンは 3.0.1u2 だ[8]。Maven を使っているのなら、次の依存性を、あなたの pom.xml ファイルに追加しよう。

```
<dependency>
    <groupId>com.google.code.findbugs</groupId>
    <artifactId>annotations</artifactId>
    <version>3.0.1u2</version>
</dependency>
```

アノテーションライブラリに依存性を入れたら、アノテーションを `name` フィールドに追加できる。次のリスト 2–3 は、アノテーションを追加したフィールドを示す。

リスト2-3：FindBugs の@SuppressWarning アノテーションを追加したフィールド

```
@SuppressFBWarnings(
    value = "UUF_UNUSED_FIELD",
    justification = "This field is accessed using reflection")
private String name;
```

このアノテーションには、`value` と `justification` という 2 つのフィールドがある。`value` フィールドは、FindBugs に対して、どのバグパターンを抑制したいのかを知らせる。そして `justification` フィールドは、あなた自身と他の開発者に対して、なぜその警告を抑制したのかを気付かせるためのコメントである。

フィルターファイルで除外する

アノテーションは、偽陽性の数が少なければ便利だが、FindBugs が出す偽陽性が多すぎて、結果が扱いにくくなるときがある。そういう場合、すべてのクラスを巡回してアノテーションを追加するのは、あまりに面倒なので、あるカテゴリーの警告を、パッケージまたはプロジェクトのレベルで抑制する、簡単な手段が欲しい。それには、「除外フィルターファイル」を使うのだが、まずは、もうひとつ例を見よう。

近頃あなたの会社にデータアナリストが加わった。効率化とコスト削減の方法を探すために、従業員がどのように時間を使っているか調査する仕事を任されたという。そして彼らは、勤労時間に関する情報を XML フォーマットで簡単に取り出せるような API を、TimeTrack アプリケーションに追加してくれ、とあなたに頼んだ。あなたはアプリケーションの既存の UI コンポーネントに、その API を追加することにしたのだが、それらのコンポーネントは、Apache Struts をベースとする自社製の Web フレームワーク上に構築されている。

API 応答を生成するときに、モデルクラスを XML にシリアライズする必要がある。幸い、自

---

[8] 訳注：最新情報は、FindBugs Annotations (http://mvnrepository.com/artifact/com.google.code.findbugs/annotations) を参照 (英文)。

社製 Web フレームワークが、その処理を行ってくれるのだが、そのために、コードに次のような制限が課せられてしまう。

- すべての日付は、`java.util.Date` のインスタンスでなければならない（だから、Joda Time ライブラリにあるような、変更を許さないイミュータブルな日付型を使うことができない）。
- 値のリストは配列に格納しなければならない。このフレームワークは、`java.util.ArrayList` のようなコレクション型をシリアライズする方法を知らないからだ。

これらの制限を考慮すると、ある 1 日に従業員が記録した仕事を表すモデルクラスは、次のようなものになりそうだ。

リスト2-4：WorkDay ビーン

```java
package com.mycorp.timetrack.ui.beans;

public class WorkDay {
    private int employeeId;
    private Date date;
    // work record = tuple of (projectId, hours worked)
    private WorkRecord[] workRecords;
    public int getEmployeeId() {
        return employeeId;
    }

    public void setEmployeeId(int employeeId) {
        this.employeeId = employeeId;
    }

    public Date getDate() {
        return date;            ← java.util.Date を返す（これはミュータブル）
    }

    public void setDate(Date date) {
        this.date = date;
    }

    public WorkRecord[] getWorkRecords() {
        return workRecords;     ← 配列を返す（これもミュータブル）
    }

    public void setWorkRecords(WorkRecord[] workRecords) {
        this.workRecords = workRecords;
    }
}
```

もし FindBugs を、このコードに対して実行したら、4 つの警告が出るだろう。そのうち 2 つは、パブリックメソッドに引数として渡されているミュータブルオブジェクト（`WorkRecord[]` や `java.util.Date`）にリファレンスを格納すべきではない、という警告である。なぜなら、そのオブジェクトを渡したクラスが、あとでその初期状態に予期せぬ変更を加えるかも知れず、そのせいで不可解なバグが生じる可能性があるからだ。

あと 2 つも、同様なもので、パブリックメソッドの結果としてミュータブルオブジェクトを返してはならないという警告だ。なぜなら、呼び出し側が、受け取ったオブジェクトを更新するかも知れないからである。

どれも、もっともな忠告だけれど、あなたは Web フレームワークの制約に縛られているので、これらに従うことができない。理論的には、すべてのミュータブルオブジェクト（getter から返されるものと、setter に渡すもの）のコピーを作れば、これらの警告が出ないようにすることが可能だろう。けれども、この場合、そんなものは不必要なボイラープレート（長々しい決まり文句）にすぎない。なぜならあなたは、それらの getter や setter を呼び出すのが、この Web フレームワークの XML シリアライゼーションコードだけだということを知っているからだ。

あなたは、これらの警告に対処するつもりがないので、単純に抑制したい。そうすれば、FindBugs の解析リポートに入り込む余計なノイズを減らせるからだ。それには、1 個の XML ファイルに定義して FindBugs に渡す「除外フィルター」（exclusion filter）を使える。次のリスト 2-5 は、XML API 用の適切な除外フィルターの定義を示している。

リスト2-5：FindBugs 用の除外フィルター定義

```
<FindBugsFilter>
  <Match>
    <Bug pattern="EI_EXPOSE_REP,EI_EXPOSE_REP2" />
    <Package name="com.mycorp.timetrack.ui.beans" />
  </Match>
</FindBugsFilter>
```

バージョン管理を使え!
このファイルを、コードと一緒にバージョン管理システムに入れておけば、他のすべての開発者も、同じ除外フィルターを確実に使ってくれるだろう。

こういった除外フィルターを使えば、あなたの FindBugs リポートから大量のノイズを排除できる。そうして警告ができるだけ少なくなるような基準を作れば、コードへの変更によって入り込んだ新しいバグを、容易に見つけることができる[9]。

---

[9] 訳注：FindBugs オンライン日本語マニュアルの第 8 章（http://findbugs.sourceforge.net/ja/manual/filter.html）を参照。

PMDとCheckstyle

　Java用として人気のある静的解析ツールとして、ほかにPMDがある。コンパイルされたバイトコードを解析するFindBugsと違って、PMDはJavaのソースコードを解析する。だから、FindBugsが見つけられない、ある種のカテゴリーに属する問題を探すことができる。たとえばPMDは、コードの可読性（readability）に関する問題（カッコの使い方の一貫性など）や、無駄のないクリーンなコードに関する問題（インポート文の重複など）もチェックすることができる[10]。

　PMDで最も有益なルールは、コードの設計と複雑さに関するものだ。たとえば、オブジェクト間の密結合や、クラスの循環的複雑度などを検出するルールがある。この種の解析は、次にリファクタリングを行うべきターゲットを探すとき、とても便利なものだ。

>
> **循環的複雑度**
> 「循環的複雑度」（cyclomatic complexity）とは、あなたのプログラムが、所与のメソッドの内側で辿ることのできる別々の経路の数のことだ[11]。通常これは、そのメソッドにある `if` 文、ループ、`case` 文、`catch` 文などの数を合計した値に、メソッド自身の1を足した数として定義される。一般に、循環的複雑度が高ければ高いほど、そのメソッドを読み、保守するのが難しくなる。

　FindBugsと同じように、PMDでも、最も簡単に実行する方法は、あなたの好きなIDEのプラグインを使うことだ。図2-8の例は、IntelliJ IDEAのQA-Plugプラグインを介してPMDを実行した結果を示している。これと同じプロジェクトに対して、FindBugsが1個の警告しか出さなかったのに（図2-6）、PMDは、なんと260個もルール違反を検出している。

```
▼ externalized Count: 260
  ▼ Efficiency Count: 116
    ▶ Logger Is Not Static Final Count: 2
    ▶ Method Argument Could Be Final Count: 109
    ▶ Redundant Field Initializer Count: 1
    ▶ Use Singleton Count: 4
  ▶ Maintainability Count: 59
  ▶ Reliability Count: 33
  ▶ Usability Count: 52
```

図2-8：PMDの解析結果を示す例

---

[10] 訳注：PMDのWebページ（https://pmd.github.io/）のトップは簡素だが、適切なバージョンを選んで「Online Documentation」をクリックすると、詳しい情報が得られる（英文）。
[11] 訳注：条件複雑度ともいう。

> **PMDは、デフォルトではノイズが多い**
> デフォルトの設定でPMDを実行すると、ノイズが非常に多くなりやすい。たとえばPMDは、メソッドの引数に可能な限り`final`修飾子を加えたがるが、その結果として、典型的なコードベースで何千個という警告が発生することがある。PMDを最初に実行したとき、たとえ無数の警告が出てきても、絶望してはいけない。たぶんそれは、あなたがPMDのルールセット（規則集合）を微調整して、とくにうるさいルールを抑制すべきだ、という意味なのだ。

ルールセットをカスタマイズする

たぶんあなたは、自分のコードやチームのコーディングスタイルに適したルールの集合を見つけるまで、PMDのルールセットをチューニングする必要があるだろう。PMDのWebサイトには、ルールセットに関するドキュメントがあり、ほとんどのルールについてサンプルも掲載されているので、少し時間をかけてドキュメントを読み、どのルールを適用すべきかを決めよう[12]。

警告を抑制する

FindBugsと同様に、PMDでも、警告の抑制はJavaのアノテーションを使って、個々のフィールドやメソッドのレベルで行うことができる。PMDは標準の、`@java.lang.SuppressWarnings`ノーテーションを使うので、あなたのプロジェクトに依存性を加わる必要がない。また、コードの特定の行でPMDを抑制するには、`NOPMD`というコメントを追加する。次のリストに、PMDの警告を抑制するさまざまな方法を示す。

```
@SuppressWarnings("PMD")          ← このメソッドでは、全部のPMD警告を抑制
public void suppressWarningsInThisMethod() {
    ...
}

@SuppressWarnings("PMD.InefficientStringBuffering")   ← 特定のPMD警告を抑制
public void suppressASpecificWarningInThisMethod() {
    ...
}

public void suppressWarningsOnOneLine() {
    int x = 1;

    int y=x+1;  //NOPMD            ← この1行に関する全部のPMD警告を抑制
    ...
}
```

---

[12] 訳注：訳注10の「Online Documentation」ページを開くと、左側の縦長のカラムに、CUSTOMIZING PMDというグループがあり、その中にルールに関する項目が並んでいる。「警告を抑制する」ドキュメント項目は、USAGEグループにある（PMD: Suppressing warnings）。

CheckStyle

　Checkstyle も、Java のソースコードを解析するツールだ[13]。これには、空白やフォーマッティングのような詳細から、クラス設計や複雑さの指標に関わるハイレベルな問題まで、広範囲なルールセットがある。Checkstyle の、ほとんどのルールには、オプションとパラメータがあって、あなたのチームのコーディングスタンダードに合わせてチューニングすることが可能だ。たとえばあなたのチームに、メソッドが含む最大の行数について、厳しい意見があるのなら、Checkstyle に、その値を伝えることができるのだ。

　Checkstyle のルールの一部（たとえば、`CyclomaticComplexity` など）は、PMD でも提供されているので、どちらのツールも使うつもりなら、重複しないようにルールセットをチューニングすべきだ。また、PMD と同様に、Checkstyle も、すべてのルールを許可したら、ノイズだらけのうるさいものになる。あなたのコードベースやコーディングスタイルと関係のないルールは、禁止しておくのがよい。それには、PMD と同様に、XML ファイルかアノテーション（または、その両方）を使うことができる。

　FindBugs と PMD を見て、感触を掴めたと思うので、Checkstyle については、これ以上言わないでおく。FindBugs と、PMD と、Checkstyle には、それぞれ独自の長所があることを指摘しておけば十分だ。これら 3 つを協力させる形で使えば、あなたのコードベースの品質について、非常に有益な洞察が得られるだろう。

　これらのツールのユースケースを、まとめておく。

- FindBugs は、スレッド安全性や正確さなどに関する、コードレビューでは見落としやすい微妙なバグを見つけるのに便利である。
- PMD は、FindBugs と重なる機能が多いが、コンパイルされたバイトコードではなくソースコードを解析するので、別種のバグをキャッチできる。
- Checkstyle には、PMD と重なる機能もあるが、こちらはバグを見つけるよりも、あるコーディングスタンダードを基準として、コードのスタイルを検証するのに便利である。

2.4　Jenkins による継続的インスペクション

　前節では、静的解析ツールを使ってコードの品質についてリポートを生成する方法を学んだ。けれども、いままでに見たのは、これらのツールを開発者の IDE 内部から実行する方法だけだ。それはプロジェクトを検証する、非常に有益な方法だが、2 つ欠点がある。

---

[13] 訳注：Checkstyle の Web ページ (http://checkstyle.sourceforge.net/) を参照（英文）。日本語の書籍では、『改定新版 Jenkins 実践入門』（技術評論社、2015 年）、『実践 Java コーディング作法』（日経 BP、2014 年）に記述がある。Web の記事もあるので検索されたい。

- 結果を見るのは、その開発者だけである。チームの皆に、その情報をシェアするのは難しい。
- そのプロセスは、開発者がツールを定期的に実行することを忘れないことに依存している。

この節では、これらの問題を解決するために、検証（inspection）のプロセスをビルドサーバーを使って自動化し、その結果がチーム全体から見られるようにする。

継続的インテグレーションと、継続的インスペクション

我々が望む理想のシステムは、コードの品質を（開発者の努力なしに）自動的に監視し、その情報をチームのメンバー全員が利用できるようにするものだ。そのためには、図2-9に示すようなワークフローをセットアップすればよい。こうすれば、ビルドサーバーは、誰か開発者が新しいコードをチェックインするたびに、検証ツールを自動的に実行し、その結果はダッシュボードに反映されて、チームのメンバーが都合のよいときに見ることができるようになる。

誰か開発者が新しい変更をコミットしてバージョン管理に入れると、ビルドサーバーでビルドが自動的にトリガされる。このビルドサーバーは、ソフトウェアのビルド成功することを確認し、静的解析ツールや自動テストなど、その他のタスクを実行する。

もしビルドに問題があれば（たとえば変更のせいでコードがコンパイルされなかったり、新しいFindBiugsの警告が出たら）、ビルドサーバーは、そのコミットを行った開発者に通知する。この迅速なフィードバックによって、開発者は自分のミスを簡単に直せるだろう。

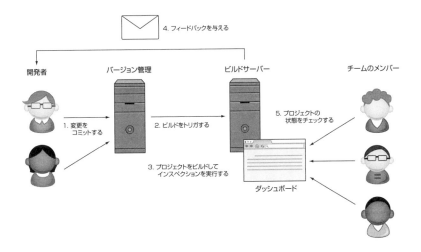

図2-9：継続的インスペクションのワークフロー

また、ビルドサーバーはオンラインダッシュボードも提供する。チームのメンバーは、これを使ってソフトウェアの現状をチェックできる。こうすれば、ソフトウェアの品質に関する情報が、みんなに行き渡り、誰かがループの外に取り残されることがなくなる。

このようにビルドサーバーを使うことを、ときに「継続的インスペクション」と呼ぶ。これは、1990年代の後半にエクストリームプログラミング（XP）運動から生まれた「継続的インテグレーション」（CI）と呼ばれる慣習の派生物だ。CIと密接な関係にあるため、ビルドサーバーは、しばしばCIサーバーとも呼ばれる。私は、この2つの用語を同じ意味で使うことにする。

この本で私がCIサーバーとして使うのは、Jenkinsだ。他にも利用できるCIサーバーの種類は多いので、もしあなたがまだJenkinsを使っていないのなら、それを選ぶ前に他のサーバーも使ってみたいかも知れない。人気のあるCIサーバーとしては、JetBrainsのTeamCity（`https://www.jetbrains.com/teamcity/`）、AtlassianのBamboo（`https://ja.atlassian.com/software/bamboo`）などがあり、Travis CI（`https://travis-ci.com/`、`https://travis-ci.org/`）のようにホストされている有料サービスもある。

だが、とにかくJenkinsをインストールして、我々のコードのビルドとインスペクトができるようにしよう。

Jenkins のインストールとセットアップ

まず最初に、Jenkinsを走らせるマシンが必要だ。開発用にセットアップするのなら、たぶんチーム全体からアクセスできるサーバーに置く必要があるだろう。けれども、今のところは、たぶんあなたのローカルマシンにインストールするのが最も簡単だ。それで試してみよう。Jenkinsのインストールは、とても簡単で、Windows、OS X、および各種のUNIXのためのネイティブパッケージを利用できる。埋め込みのサーバーが付属していて、必要なツールのほとんどを自動的にインストールできるから、あらかじめ準備しておく必要があるのはJDKだけだ[14]。

Jenkinsのインストールと起動が完了すると、`http://localhost:8080/`にUIが現れる。何も問題なければ、図2-10のような画面になるはずだ。

インストール後の設定事項は、主に次の2つである。

- Mavenなどのツールを、どこでサーチすればいいかをJenkisに知らせる。ほとんどのツールを自動的にダウンロードしてインストールしてくれる。
- プラグインをインストールする。Jenkinsは高度にモジュール化されていて、非常に多くのプラグインを利用できる。たとえばGitリポジトリのクローニングや、FindBugs

---

[14] 訳注：Jenkins 公式サイト（`https://jenkins.io/`）からwarファイルかネイティブパッケージをダウンロードできる。英文ドキュメント（`https://wiki.jenkins-ci.org/display/JENKINS/Installing+Jenkins`）、日本語ドキュメント（`https://wiki.jenkins-ci.org/display/JA/Jenkins`）を参照。

図2-10：新規に Jenkins をインストールしたときの画面（訳者の Windows 環境）

との統合などには、プラグインが必要だ。

Jenkins を使ってコードのビルドと検証を行う

　FindBugs と PMD と Checkstyle を使ってコードを検証してくれ、と Jenkins に頼むことにしよう。いままでは、これらのツールを IDE の中でだけ使ってきたが、まさか Jenkins が開発者みたいに IDE を立ち上げるとは思えない。そこで、Jenkins が実行方法を心得ている Maven に、これらのツールを統合しよう。それぞれのツールに対応する Maven プラグインがあるので、その統合はとても単純にできる。要するに、3 つのプラグインブロックを、あなたの pom.xml に追加すればいいのだ。詳しくは、それぞれの Maven プラグインの、オンラインドキュメントを読んでいただきたい。Jenkins をサンプルプロジェクトで使ってみたいという人のために、本書（原著）専用ページのソースコードアーカイブと、GitHub（https://github.com/cb372/ReengLegacySoft/tree/master/02/NumberGuessingGame）に、単純なサンプルプロジェクトを入れてある。

　Jenkins のジョブを新規に作成するときは、大量の設定項目があるが、ほとんどすべてにデフォルトの値を使える。以下は、私が新しいジョブを作成し設定するときに行った手順だ。

1. ジョブを作成し、名前を付け、「Build A Maven2/3 Project」オプションを選択する。
2. 自分の Git リポジトリの詳細を記入する。
3. Jenkins に、実行すべき Maven タスクを知らせる（`clean compile findbugs:findbugs pmd:pmd checkstyle:checkstyle`）。

4. FindBugs、PMD、Checkstyle との統合を有効にして、それぞれ独自のリポートをダッシュボードに発行できるようにする。
5. 設定の変更を保存し、ビルドを実行する。

ビルドが完了したら、これらのツールが出力した警告をブラウズできるはずだ。たとえばFindBugs の警告リポートは、図2-11 に示すようなものになるだろう。

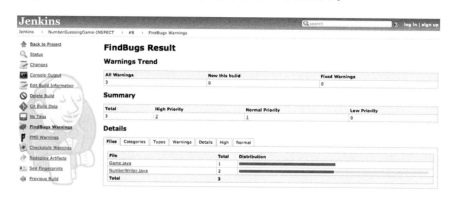

図2-11：FindBugs の結果を Jenkins UI でブラウズする

このうち、いくつかの警告について修正を試みた後、再びビルドしてみよう。すると、今回はビルドが複数になったので、Jenkins は自動的に「トレンドグラフ」を表示して、警告の数がどう遷移したかを見せてくれる。もし、そのグラフの勾配を右下がりにできれば（つまり、バグの数が減少しているのなら）、あなたのチームのやる気も、ぐんと上がるだろう。図2-12 に、トレンドグラフの例を3つ示す。

Jenkins は、ほかにどういう役に立つか

Jenkins が何をしてくれるかの感触は、これで掴めたと思うが、実はまだ表面に触れた程度にすぎない。Jenkins の莫大なプラグインは非常に広範囲であり、名前を聞いたことのあるビルドツールなら、どれでも使えるほか、任意のシェルスクリプトを実行する能力もあり、複数のビルドを連結して複雑なワークフローを組み立てる機能もあるので、本当は無限の可能性があるのだ。

次にあげるのは、私が Jenkins で自動化に成功したことの一部にすぎない。

- ユニットテストを実行
- Selenium を使った徹底的な UI テストの実行
- ドキュメントの生成

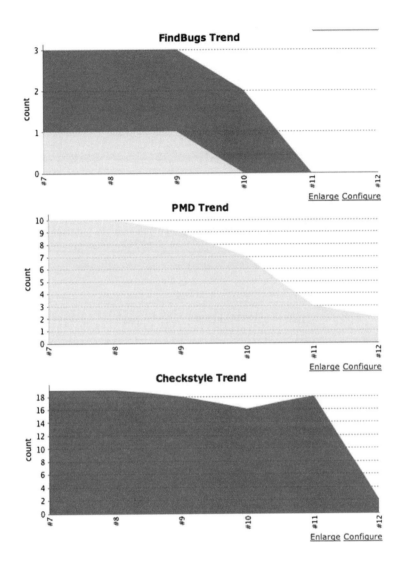

図2-12：嬉しいグラフ

- ソフトウェアをステージング環境に配置
- パッケージを Maven リポジトリに公開
- 複雑な複数段階の性能テストを実行
- 自動生成された API クライアントをビルドして公開

おわかりのように、まるで限界がない。私が参加していて成功を収めた開発チームの多くで、

Jenkins は主要なメンバーの 1 人だった。繰り返しの多いタスクの自動化によってチームの生産性を上げるだけでなく、Jenkins はコミュニケーションハブとしての役目も果たす。つまり Jenkins は、そのソフトウェアについての便利な最新情報すべてが結集される場所であり、チームのワークフローのすべてが集大成される場所でもある。もしあなたが、ユニットテストの正しい実行方法や、システムをデプロイする正確な手順を知りたければ、ただ Jenkins の対応するジョブを開いて、その設定を見ればよいのだ。

Jenkins は、チームの開発者と、それほど技術的ではないメンバーとの間のコミュニケーションギャップを埋める役にも立つ。私は前に、さまざまなランキングデータを表示するサイトの仕事をしていた。1 時間ごとに一群のスクリプトが実行され、そのランキングデータを再計算してデータベースを更新するのだが、テスターの 1 人が私に、ステージング環境で更新プロセスを手作業で始動する方法はないだろうか、と尋ねた。それができれば、彼は担当している手作業のテストが可能になるまで 1 時間も待つ必要がなくなるからだ。2 分もかからずに、私はステージングサーバーに SSH で入ってスクリプトを実行する Jenkins ジョブを用意してあげた。これでもう彼は、いつでもボタンを押すだけで、ランキングデータを更新できるようになっていた。

最後に、あなたのチームで Jenkins を活用するためのヒントを 2 つ 3 つ提供しよう。

バージョン管理側のフック

Jenkins で、とりわけ重要な機能のひとつは、バージョン管理システム（VCS）との統合である。そうすれば、あなたがコードをコミットするたびに、その変更によって予期せぬ副作用が出ないことをチェックするため、Jenkins が自動的にコードのビルドを始動してくれる。もし何かうまくいかなかったら、Jenkins は、ビルドの失敗によって（そしてたぶん、あなたにお叱りの email を送ることで）フィードバックを提供できる。

このフィードバックは、高速であればあるほど有益である。もしコードのチェックと、ビルド失敗を知らせる通知の受信との間に、10 分か 20 分のギャップがあれば、たぶん通知を受け取るときには、もう別の仕事をしているだろう。だからあなたは、そのときやっている仕事を中断し、20 分前にやっていた仕事へと、いわばコンテクストを切り替えて、その問題を解決することになる。

このタイムラグを切り詰める手段は 2 つある。ビルドそのものを高速にする（あるいは少なくとも、何かがうまくいかなかったときに早く失敗するようにする）のがひとつ。ビルドが開始されるまでにかかる時間を短縮するのが、もうひとつの手段だ。もしあなたが、自分の VCS に対する変更を 5 分おきにポーリングするよう Jenkins に設定していたら、どうだろうか。その場合、あなたがチェックインしたコードに気がつくまで 4 分 59 秒かかるかも知れず、その時間は浪費される。

実は、もっと単純なソリューションがある。Jenkins 側でポーリングを設定する代わりに、VCS 側を、変更が起きたら即座に Jenkins に伝えるように設定するのだ。これには、あなたの VCS で

フックを設定すればよい。その詳細は、あなたが使っているVCSの実装に依存するが、いまのVCSはたいがい、Webhooksか、それと同様な機能をサポートしている。

バックアップ

多くのチームでは、いったんJenkinsを使い始めたら、すぐにそれが開発基盤の柱になる。だから、その他の基盤と同じく、失敗に備えた計画を立て、定期的なバックアップを取ることが重要だ。私が仕事に使っているJenkinsのインスタンスは、何百もの重要なジョブが設定されているので、もしあるときハードディスクが壊れ、そのデータがバックアップされていなかったら、どんなカオスが引き起こされるかと考えたら身震いしてしまう。

だが、幸いなことにJenkinsのデータは、すべてXMLファイルに保存されるから、バックアップしやすい。あなたがバックアップする必要のあるフォルダは、`JENKINS_HOME`だ。この環境変数の値は、Jenkins UIの「システム情報」(System Information) 画面に表示される。ただし「ワークスペース」フォルダは除外しよう。ここには、すべてのジョブのワークスペースが含まれる。あなたが実行しているJenkinsジョブの数とスケールによっては、数GBのサイズになるかも知れない。

REST API

Jenkinsには強力なREST APIが組み込まれていて、便利に使えることがある。あるとき非常に多くのジョブの設定に、まったく同様な変更を加える必要があった。もしUIでやったら面倒なことになるが、私はその仕事をさせるスクリプトを書いて、REST APIを利用してジョブの設定を更新した。

また、Jenkinsのコマンドラインインターフェイスを使うと、一般的な管理タスクの自動化を簡単に行うことができる。

SonarQube

もしあなたが、Jenkinsを超えた継続的インスペクションに興味があるのなら、SonarQubeツール (http://www.sonarqube.org) は一見の価値がある。SonarQubeは、コード品質の追跡と可視化を専門とするスタンドアローン型サーバーだ。これにはダッシュボードをベースとする優れたUIがある (オンラインデモを、http://nemo.sonarqube.org/で見ることができる)。また、すべてのコード品質データを1か所に集めて表示する仕事を、実にうまくやってくれる。

SonarQubeは、とても多くのデータを、非常に多くの興味深い組み合わせで提供してくれる。注意していないと、あれこれ見ていて何時間も浪費してしまうから、あまり頻繁にチェックしないように自制しているくらいだ。私は、コードの変更による影響 (たとえば、新しいFindBugsの警告が出たかどうか) のフィードバックを素早く受ける目的にはJenkinsのようなCIサーバーを使い、コード品質の一般的な動向を追跡管理したり、リファクタリングすべき次のホットスポットを見つけたりするときに (つまり、それほど定期的ではなく) SonarQubeを見ることにして

いる。

2.5 まとめ

- レガシーコードベースに対して、あなたが合理的に取り組むのを邪魔するような心理的障壁を自覚しよう。
- リファクタリングを始める前に、そのガイドとなる計測の基盤を作ろう。データを活用して、どこに努力を集中させればよいかを認識し、どれほど進捗したかを計測しよう。
- あなたを助けてくれるフリーソフトウェアは、たくさんある。この章では、FindBugs と PMD と Checkstyle を見た。
- Jenkins のような CI サーバーは、チームで「コミュニケーションハブ」の役割を果たすことができる。

第 2 部

コードベース改良のためのリファクタリング

　第 2 章ではインスペクションの基盤技術をセットアップした。これで、レガシーソフトウェアの「リエンジニアリング」を開始するための準備が整った。

　第 3 章では、コードベースをリファクタリングするか、それとも捨て去ってゼロから書き直すリライトかという、非常に重要な選択について論じる。その判断は、ガイドとなる情報が足りないプロジェクトの初期段階で下されるので、しばしばリスクを伴う。そこで、よりインクリメンタルなアプローチによって、そのリスクを軽減する方法も学ぶ。

　第 4 章、第 5 章、第 6 章では、ソフトウェアのリエンジニアリングを行う 3 つの選択肢について詳しく述べる。その 3 つとは、リファクタリングと、リアーキテクティング（re-architecting）と、ビッグリライト（Big Rewrite）だ。これらは、ある意味では互いの変種みたいなものだが、作業対象のスケールが異なる。リファクタリングは、コードの構造をメソッドやクラスのレベルで変更する。リアーキテクティングは、モジュールやコンポーネントのレベルで行うリファクタリングだ。そしてビッグリライトは、可能な限り高いレベルで行うリアーキテクティングだ。

　第 4 章では、私がこれまでにしばしば自分で使って成功したか、あるいは成功するのを見たことがある、数々のリファクタリングパターンを紹介する。第 5 章では、モノリシックな Java アプリケーションを、いくつもの相互に独立したモジュールに分割するケーススタディを提供するほか、モノリスとマイクロサービスのメリットを比較する。最後に第 6 章では、大きなソフトウェアのリライトを成功させるためのヒントを提供する。

第3章
リファクタリングの準備

> **この章で学ぶこと**
> あなたのリファクタリング計画に皆を参加させる
> リファクタリングか、ゼロ（スクラッチ）から書き直すかを決める
> リファクタリングする価値があるものとないものを区別する

　この章では、現実のコードベースに大規模なリファクタリングを実行するとき直面することが多い「技術的ではない問題」に目を向けよう。理想的な世界なら、美しいコードを作るのに完全な自由と無制限の時間を使えるだろうが、ソフトウェア開発の現実は、しばしば妥協を強いられるものだ。もしあなたがチームのメンバーとして働いていて、そのチームが、（計画と目標、予算と期限を持つ）大きな組織の一部であれば、あなたの同僚である技術者たちと、技術者ではない関係者たち（stakeholders）の両方から、進むべき最良の道についての同意を得るため、あなたの交渉術を発揮する必要があるのだ。

　親身に忠告するのだが、リファクタリングは常に、組織の目標を念頭に置いて行う必要がある。言い換えると、誰があなたに給料を払っているのかを忘れてはいけない。リファクタリングは、それがビジネスに長期的な価値をもたらすと、あなたが証明できるときにだけ行うべきだ。

　大きな改良プロジェクトに乗り出す前に、答えなければならない重要な質問のひとつは、リファクタか、それともリライト（書き直し）か、である。ソフトウェアの品質を、リファクタリングだけで、本当に満足できるレベルまで上げられるだろうか。それとも、ゼロからの書き直しのほうが賢明な選択だと言えるほど、そのソフトウェアは、どうしようもない状態なのだろうか。これは、最後には、あなたとあなたのチームが自分で答えなければならない質問だが、私もできるだけ、あなたが判断を下す助けになるように序言を提供しよう。また、完全なリライトにつきまとうリスクを軽減させるハイブリッドなアプローチも論じる。

> **コラム** 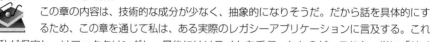　**「サイト」物語**
>
> この章の内容は、技術的な成分が少なく、抽象的になりそうだ。だから話を具体的にするため、この章を通じて私は、ある実際のレガシーアプリケーションに言及する。これは私が保守し、リファクタリングし、最後にはリライトを手伝ったものだ。これを、単に「サイト」と呼ぶことにしよう。
>
> 「サイト」はJavaによる大規模なWebアプリケーションで、SQL DBをバックに持ち、生サーブレットとJSP（Java ServerPages）で構築されていた。私がその会社に参加したとき、「サイト」はすでに10年ほど運用されていた。その会社の主な製品は、数多くのサービスで構成されるポータルサイトと、サイズも人気もさまざまなミニサイト群だったが、「サイト」は主なサイト群のホームであった。

3.1　チームのコンセンサスを培う

　もしあなたが大きなリファクタリングの実行を計画しているのなら、1人で全部やってしまおうとは思わないだろう。できればチーム全体で協力して変更すべきだ。したがって、お互いの仕事をレビューすべきだし、リファクタリングによって収集した情報は、皆で共有すべきなのだ。たとえチームのメンバーが他の仕事で忙しく、リファクタリングの作業のほとんどを結局あなた1人で行うことになったとしても、あなたが行った変更をレビューするくらいのサポートは、やってもらいたいだろう。

　それを実現させるためにはチームの全員から、あなたが達成したいことと、その計画について、必ず同意を得ておく必要がある。チームの目標と作業のスタイルについて、そういうコンセンサスに達するまでには時間がかかるかも知れない。どのくらい時間がかかるかは、主に、チームのコミュニケーションが、どれだけ円滑に行われるかに依存する。率直で開放的な意見の交換と有益な情報の共有が当然だと思われるような環境を培うことが、欠かせないのだ。

　どのチームもユニークな性格を持つ。チームのコミュニケーションを、どうやって確立させるかは、どんな人々が働いているかに依存する。だから、あなたがチームで遭遇しそうな人々の性格をいくつか検討し、彼らが協力して働くようにするは、どうすればいいのかを考えよう。

　先に進む前に断っておくが、これらはあくまで誇張されたカリカチュアにすぎず、たぶん我々は、それぞれの性格を少しずつ持っているのだ。ほとんどの開発者は、図3-1に示すスペクトルの両極端より、少しは円満な人物であろう。そうであることを願いたい。

伝統主義者

　伝統主義者（Traditionalist）は、どのような変更も、ひどく嫌がる保守派の開発者だ。彼らだって、扱いにくいレガシーソフトウェアシステムの仕事を、他の連中より楽しんでいるわけではないのだが、リファクタリングは不必要なリスクだと考えている。「壊れていないのなら直

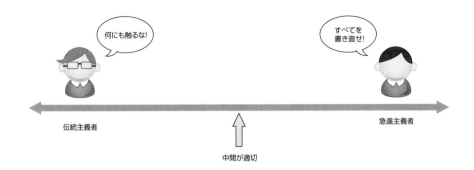

図3-1：レガシーコードに対する開発者の態度（極端な2人と、その間の領域を示すスペクトル）

すな」というのが、彼らのモットーだ。たぶん彼らは、レガシーシステムに対するだめな変更によって生じたリグレッションで、何度も痛い目にあったのだろう。あるいは、このレガシーシステムとともに人生のさまざまな経験を積み、システムが問題なく動作するのを何年も見てきた彼らは、なぜ今になって修正するのか、理解できないのかも知れない。

また、伝統主義者はリファクタリングを、我々開発者が給料を貰っている本来の仕事（具体的には新機能の追加とバグ修正）からの無用な逸脱だと考えているかも知れない。彼らは命じられた仕事を、できるだけ早く、余計な面倒は最小限にして、こなしたいのであり、コードベースに対する「不必要な変更」が、その役に立つなどということは理解できないのだ。

こういう伝統主義者が、我々のチームと、そのリファクタリングの努力から離脱しないように、できればリファクタリングが長期的には価値のある仕事なのだと納得してもらう方法を考えてみよう。

ペアプログラミング

コードベースを改善しているとき、あなたとペアを組んでもらうことを、伝統主義者に頼むのが有益かも知れない。たとえば（前章で説明した）FindBugsのセットアップを終えた後、2人で組んで、ある特定のFindBugs警告の修正に取り組むのだ。もしあなたが、たとえば潜在的なヌルポインタ参照のような本当にイヤらしい、修正すべきバグを見つけられたら、最も効果的だ。まずは、どうしたらヌルポインタが発生するかを実例で示し、それから、単純なヌルチェックの追加によって修正できることを示す。そして最後に、その修正をコミットしてJenkinsがビルドを実行したら、FindBugsの警告が消えることを示す。こうすれば伝統主義者も、そのFindBugsとやらが本当はどういうものなのか、はっきりと理解でき、自分でFindBugsの警告と取り組むことについて、確信を持ち、本気になることができるだろう。

その後ならば、ペアを組んで単純なリファクタリングを行う段階に進める。もし重複するコード断片が数多く存在していたら、それら全部の代わりになるメソッドを抽出できるだろう。その過程で、あなたは、コードベースで変更すべき箇所が多数ではなく1か所になるのだから、新機

能の追加やバグ修正が、実装しやすくなり、エラーも出にくくなることを説明できる。

ペアプログラミングは、最初は慣れるのが難しく思えるかも知れない。得意だという人もいるが、伝統主義者は、たぶん試してみるのも嫌がるだろう。それは理解しなければならない。最悪なのは、嫌がっている人にペアプログラミングを押しつけることだ。最初はゆっくり、たぶんペアリングのセッションは15分くらいを限度として、そこから時間を伸ばしていくのがいいだろう。

伝統主義者は、たぶん自分の仕事を終えることに、もっと興味があるだろうから、最初は、その人をドライバー役にして、あなたはナビゲータ役に回るのもよい。バグの修正でも、その他、たまたま相手がやっていた仕事を、まずはやらせよう。その間に、あなたはドキュメンテーションを調べてあげたり、そのコードのためのテストを書いたり、そのためのコードを書く他の方法を提案したりすればよい。

> **「サイト」物語**
> 「サイト」の保守チームの態度は、スペクトルの伝統主義者側に偏っていた。たとえば私がチームに参加したとき、彼らはアプリケーションの依存関係を、もう何年もアップグレードしていなかったが、それは、アップグレードが副作用をもたらす可能性が心配だからだった。それに、チームの中でのコミュニケーションも欠けていて、どの開発者も隣の人が何の仕事をしているのか、ほとんど知らなかった。
> この両方の問題に対処しようとして、私はJenkinsを使った継続的インスペクションの設定を、まず行い(これは第2章で説明した)、それからコードレビューのポリシーを立て、最後にペアプログラミングをチームに導入した。
> その結果は、全体的に見ると、きわめて良好なものだった。いま、そのチームはJenkinsのヘビーユーザーになっていて、コードレビューも当然のように行っている。ペアプログラミングは、それほど浸透しなかったので、結局私は、それを推進する努力をやめにしたのだが、少なくとも以前よりは開発者間のコミュニケーションが増えたように思う(たとえ彼らが、ペアプログラミングの時には、そうしなかったとしても)。

技術的負債を説明する

もし伝統主義者たちが、レガシーシステムにおけるリファクタリングの意義を認めず、現状に問題はないのだと反論したら、彼らに技術的負債の概念を説明する価値があるだろう。

> **技術的負債**
> ソフトウェアプロジェクトで未解決な問題が累積することを負債(借金)にたとえたのは、wikiの発明者でもあるウォード・カニンガム(Ward Cunningham)である。

伝統主義者は、たぶん同じシステムの仕事を長年やっているせいで、技術的負債の累積によって開発の速度が徐々に遅くなっていることに気付かないのかも知れない。手早いハック、コピー

&ペーストされたコードの断片、「いまはこれでいいや」という調子のバグ修正、それらのひとつひとつが新たな技術的負債となり、チームが支払わなければならない利子の金額を増大させる。そのチームがコードベースに対して新たに変更を加えたいときは、いつも本当に行おうとしている作業に集中できず、コードベースの「ごまかし」を回避するため、不釣り合いに長い時間を費やさなければならない。ところが負債は徐々に累積するので、同じコードを毎日相手にしていたら、その発生に気付くのが困難だ。ときには新参者の目に映さないと、そのプロジェクトの進行が、どれほど遅くなっているかを認識できない。

確実なデータがあれば、問題を理解してもらうのは容易なことだ。いつバグが登録され、いつ修正されたかを、問題追跡システムで記録してあるのなら、数年前のバグ修正にかかった時間と、同様なバグを最近修正するのにかかった時間を比較してみよう。たぶん開発のスピードが落ちていることを示す証拠が見つかるに違いない。

もちろん、技術的負債は開発のスピードだけの問題ではない。累積した負債は、プロジェクトの柔軟性も損なう。たとえば、会社にとって最大の商売敵が、素晴らしい新機能 X を彼らの製品に追加したとしよう。あなたの上司はパニックを起こし、「同じような機能をうちの製品にも追加しなけりゃいかん。開発にどのくらいかかるだろう」と訊いてきた。あなたはチームと相談し、設計のスケッチを始めるが、どうやら既存のコードベースは、あまりにも複雑で壊れやすいため、機能 X を追加するのは事実上不可能だということになる。ボスは、そんな話を聞きたくないだろうが、それは累積した技術的負債の直接的な結果なのだ。

急進主義者

急進主義者 (Iconoclast) は、逆にレガシーコードを憎悪する革新派の開発者である。彼らはコードベースにある全部のファイルを直すまで満足しない。「書き方がヘタなコードを見るのは我慢できない」というのだが、「書き方がヘタなコード」の定義は、「誰か他のやつが書いたコード」と、ほとんど同じであることが多い。

皮肉なことに、急進主義者は、しばしば独断的である。たとえば、もし彼がたまたまテスト駆動開発 (TDD) の狂熱的な信奉者であれば、レガシーコードベース全体を見直して TDD で書き直すことが、彼の個人的な使命だと思い込むだろう。

急進主義者は、もちろんコード品質の改善に熱心であり、それはよいことなのだが、誰にもチェックされることなしに狂熱的なリファクタリングのミッションに邁進したら、大混乱を起こしかねない。

リファクタリングは、たとえ正しく行われるにしても、もともとリスキーな仕事である。コードにひとつ変更を加えるたびに、人間の間違いがバグを引き起こす可能性がある。そして急進主義者が、あまりにも大量なコードのリライトを開始すると、適切にレビューすることは不可能であり、したがって、どこかにリグレッションが入り込む可能性が高い。言うまでもなく、新しいバグを作ることは、リファクタリングによって我々が達成したいことの正反対なのだが。

他の人々が書いたコードに、過度のリファクタリングやリライトを行うと、技術的な影響だけでなく、人間関係にも思わぬ影響があるかも知れない。自分たちが書いたコードを、急進主義者が情け容赦なく見境なしに書き換えているのを見たら、他の開発者たちが憤慨し、チームの雰囲気が険悪になりそうだ。彼らは急進主義者と会話するのが、ますます嫌になって、チーム内で共有される知識も減ってしまう。

そういう急進主義者の情熱を、もっと有益な行動へと導く方法を、いくつか考えてみよう。ただし、コードを改善しようとする彼らの意欲を損ねてはいけない。

コードレビュー

「変更はコードレビューを通過しない限りマスターブランチにマージしてはならない」という規則を作ろう。そして、レビューを通過できるコードのサイズを制限し、大きすぎるコードのレビューは拒絶することを明示しよう。自分の変更が何度も拒絶されたら、急進主義者はすぐに方針を変更し、より管理しやすい断片へと分けるようになるだろう。

自動テスト

あなたが導入すべき、もうひとつの規則は、「すべての変更は自動テストを通過しなければならない」というルールだ。あらゆる変更のためにテストを書かなければならないとしたら、急進主義者の興奮も少しは収まるだろうし、テストは（とくにコードレビューと併用すれば）リグレッションの可能性を減少させる役に立つ。もちろん、製品のコードだけでなくテストのコードもレビューする必要があることを、忘れてはならない。

ペアプログラミング

ペアプログラミングは、伝統主義者だけでなく、急進主義者にも有効だ。急進主義者がドライバーとなってリファクタリングを進める脇で、あなたはナビゲータとして、コードベースの中でリファクタリングが最も有効な箇所へと彼らを導き、重要ではない箇所に対するリファクタリングに長い時間が費やされるのを防ぐ。

コードの領域に境界線を引く

リファクタリングの対象として見る限り、すべてのコードが平等ではない。コードベースのうち、ある種のコードはチームにとって、他のコードよりも価値があるし、ある種のコードは他のコードよりもリスクが高い。たとえばコードベースの中で、よく更新される部分を改善する（つまり読みやすくし、保守と拡張を容易にする）リファクタリングは、どのみち置き換えが予定されているコードのリファクタリングよりも価値が高い。同様に、小さく完結しているコードは、他の多数のコンポーネントが依存しているコードよりも、リファクタリングのリスクが低い。リファクタリングによってリグレッションが発生しても、前者のほうがシステム全体に対する影響が少ないからだ。

所与のコードをリファクタリングするか否か、するならどうやるかを決定するには、価値とリ

スクのバランスを理解することが必要だが、急進主義者は、そのバランスを欠いている恐れがある。コードベースのうち、どの部分が最も重要なのか、どの部分が最もリスキーなのかを、チームで検討すれば、急進主義者が自分の努力を最も有益でリスクの少ないリファクタリングに集中するのに役立つだろう。

> **コラム**　「サイト」物語
>
> 正直に言えば、私は「サイト」を保守していたチームで最も急進的なメンバーだったから、ある程度は自分の暴走から自分を守るために、コードレビューを導入した。山のようなレガシーコードに遭遇した私は、猛烈にリファクタリングしたくてしょうがなかったけれど、あまりにも熱心にリファクタリングするのは危険だということを知っていた。私がコードレビューのポリシーを導入したのには、開発者たちが私の変更をチェックできるように、という理由もあるが、私自身のペースを意図的に落とすという目的もあったのだ。

大切なのはコミュニケーション

　チームの目標とリファクタリングの計画について、あなたがチームのコンセンサスを得ようとしているとき、最も重要なファクターは、そのチームのコミュニケーションを円滑にすることだ。多くの開発チームは、たとえメンバーが同じオフィスに勤務していて毎日のように交流していても、自分たちが仕掛かっているコードについて有益な情報を知らせあうコミュニケーションが、驚くほど難しいことに気がつくのである。

　どのチームもユニークな性質を持っているのだし、必ずコミュニケーションを起こさせるような魔法は存在しないが、私が過去に使ったことのあるテクニックを、いくつか披露しよう。

コードレビュー

　コードレビューは、単にコーディングミスをチェックする技術だと思われがちだが、他にも次のような、おそらく同じくらい重要なメリットがある。

　第1に、レビュアーにとってコードレビューは自分の知識をシェアする機会である。たとえばレビュアーは、コードの入力バリデーションのロジックが、それ自身は正しいけれど、コードベースの他の場所で行われているバリデーションの方法と一致しないことを指摘できるかも知れない。あるいは、コードが実行しているデータ処理について、もっと効率のよいアルゴリズムを提案できるかも知れない。

　第2に、コードを書いた人はコードレビューの場で、チームの他のメンバーに対して自分が何を書いたのかを知らせることができる。こうすれば、どういう種類のコードがコードベースに追加されたかを、誰もが知っていることになり、不必要なコードの重複を減らすのに役立つ。もし私がレビューの場で、誰かがデータのキャッシングに便利なユーティリティクラスを書いたと知ったら、そのクラスを、そのうち自分が書くコードで再利用することに決めるかも知れない。

逆に、そのレビューがなければ、たぶん私は、そのクラスが存在することを知らずに、まったく同じことをするクラスを自作する結果になるかも知れない。

ペアプログラミング

2人の開発者が並んでコードを一緒に書く「ペアプログラミング」（pair programming）は、人々にコミュニケーションさせる役にも立つ。そういう場での対話からは、格式張ったコードレビューでの発言よりも、自由なアイデアの交換が生じやすい。

ただしペアプログラミングは、けっこう疲れるものだ！　私の場合、自分がコードを書いているのを誰かが注目しているというストレスに耐えられるのは、せいぜい1時間か2時間が限度だ。そういうのが得意な人もいるし、相性によって他のペアよりうまくいくから、誰とどうやってペアを組むかは、開発者の個人的な判断に委ねるのが最良だ。自分の経験から言えば、どういう形でもペアプログラミングを強制しようと試みたら、失敗に終わる可能性が高い。

特別なイベント

通常のルーチンワークから離れたイベントならば、どういう種類のものでも、コミュケーションの刺激として有効なことが多い。たとえばハッカソンでも、定例の勉強会でも、ただ仕事あがりに飲みに行くだけでもよいかも知れない。

私が勤めていた、ある会社には、「テックトーク」という2週間に1度の定例イベントがあった。それは1時間のイベントで、たいがい金曜日の午後に開催され、その場で開発者たちは、どういう種類のテクノロジーについても（仕事に関係があっても、なくても）プレゼンテーションをすることができた。そのセッションは短いもので（5分から20分）、とてもリラックスした雰囲気だったから、「スライドを準備するのに努力しなければ」というようなプレッシャーはなかった。そのイベントは、技術者だけでなく、デザイナーやテスターにも好評で、近所の会社に勤めている友達まで、ときどき参加するくらい人気があった。

3.2　組織から承認を得る

何をリファクタリングしたいのか、それを、どのように行うのかについて、あなたと、あなたのチームが合意に達したら、次は組織の残りの人たちを仲間に入れることだ。

正式な仕事にしよう

リファクタリングは、「タダでできるんじゃないか」と想像されることがある。すでに書かれているコードをいじるだけなら時間はかからないだろう、1時間でも空き時間があるときに、少しずつやればいいではないか、という甘い予測だ。

しかし実際には、そうはいかない。たしかに、コードをよい状態に保つためには、小規模なリファクタリングを毎日実行するのがよいが、その方法は大規模なリファクタリングには通用しない。レガシーアプリケーションの、本格的なオーバーホールや、完全なリライトを考えているの

なら、それ専用に時間とリソースを配分する必要がある。

　また、リファクタリングが価値のある仕事で組織にとって有益だということを、運営する側の人々に納得させる必要に迫られることもあるだろう。定義によればリファクタリングは、システムの既存の振る舞いを保存することを目指すのだが、別の言い方をすれば、新機能が（バグ修正さえも）ひとつもない結果を意味する。そのため、商売が大切なステークホルダーたち（上役や出資者たち）にリファクタリングの価値を理解してもらうのが難しくなり、リソースの割り当てを渋る結果になりやすい。

　そこであなたは外交的手腕を振るって、ビジネスマンたちに、なぜリファクタリングが組織に長期的な価値をもたらすのかを説明する必要があるのだが、彼らが即座に納得することを期待してはいけない。そのプロセスを、何回か繰り返す必要があるかも知れないし、たとえリファクタリングにリソースを割り当てるよう説得できたとしても、安心してはいけない。あとでプロジェクトの最終期限が近づいてきた頃に、優先順位の低いタスクを見つけてキャンセルしようと考えた経営陣が、そのプラグを引っこ抜こうとするかも知れない。

　たとえリファクタリングの直接的な結果として、何も新しい機能が生じないとしても、ビジネスにとって何の価値も生みださないということにはならない。しかし期待されるビジネスの価値を、プロジェクトが始まる前に、できるだけ明白に、かつ具体的に示すことが重要だ。たとえば、あなたが示す価値の提案は、次のようなものになるかも知れない。

　このリファクタリングプロジェクトの目標は、

- 新機能 X を、将来は実装できるようにすること
- 機能 Y の性能を、20%向上させること

　これは、ただ単にリソースを割り当ててもらうため上役たちを説得する材料になるだけではない。プロジェクトの範囲を定め、あなたとあなたのチームが、所定の軌道から外れないようする基準としての役割も果たすだろう。特大の文字で印刷してオフィスの壁に貼り付けるのもよい。あなたの額に刺青するのもよい。1 日 1 回、これを tweet するボットを書くのもよい。とにかく、プロジェクトのハイレベルな目標を思い出させる、そういったリマインダーは、何か月か経過した頃、当然のように現れる追加機能の要望（フィーチャークリープ）と闘う役に立つだろう。

　上の例では、リファクタリングが「どんな新機能の実装でも、すべて簡単にする」と主張するのではなく、特定の機能である X と Y をあげていることに注目していただきたい。新機能に関する目標のうち、あらかじめパイプラインに入っているものは、コードの品質改善あるいは保守の容易さに関する漠然とした主張よりも、ビジネスマンには有効に作用する。すでに機能 Z の実装を依頼されているのなら、その実装を始める前に、その機能の実装を容易にする準備段階としてのリファクタリングを、たぶん別に設定すべきだろう（このようにプロジェクトを複数の段階に分けるのは、実装とリファクタリングを同時に行おうとするよりも、ずっと簡単でエラーも少

なくなることが多い）。

> **コラム　「サイト」物語**
> 毎日のリファクタリングを 5 か月ほど続けて、コードの品質向上が高原（プラトー）に達したとき、もっと思い切ったアプローチが必要だと判断した私は、新しいテクノロジーを使って「サイト」の一部をゼロから書き直すプロジェクトを開始した。残念ながら、プロジェクトに明らかなゴールを設定するのは、私がみごとに失敗した仕事のひとつで、その結果、プロジェクトの範囲は、ふくれあがった。リライトは結局 1 年以上もかかり、複数のチーム、複数のシステムにおよんだ。

プラン B：秘密の 20% プロジェクト

　もしあなたが計画しているリファクタリングが、かなり小規模なものなら、わざわざ公式化する段取りを踏むのは、やりすぎかも知れない。そんなときは、ビジネス的な価値や技術的な細目について、ああだこうだと言い合うよりも、さっさとやってしまうほうが手っ取り早いというケースが多いだろう。経験則として、もしリファクタリングを 1 人で 1 週間以内に完了できるなら、このやりかたの候補である。

　「秘密の 20% プロジェクト」のアイデアは単純なものだ。

1. 最初に許可を求めることなく、リファクタリングの作業を開始する。
2. 作業は少しずつ行い、ほかの仕事を妨げるほどの時間は費やさない（これが 20% の意味である。消費するのは自分の時間の 2 割までにすること）。
3. シェアに値する結果を得たら、秘密を明かす。あなたの仕事をチームに公開してレビューしてもらう。
4. 「よくやった」とチームメイトに賞めてもらう。彼らのフィードバックに基づいて、チーム全体が品質に満足するまで改善する。

　もちろん、何も秘密にする必要があるわけではない。開発者が互いに情報を隠すのが通例となったら、とても健全なチームとは言えない。ここでのポイントは、事実が明らかになる前に議論をしすぎると進捗を妨げることがあり、まずは機能するプロトタイプを組んで、それをレビューすれば、物事がずっと早く進むのではないか、ということなのだ。

　かつて私のチームが、大規模なコードベースのバージョン管理システムを Subversion（SVN）から Git に移行する決断を下したときに、このメソッドを使ったことがある。当時のチームは Git に慣れていなかったので、その移行がどれほど困難でリスキーなものかわからず、むやみに心配していた。会議や討論が数多く行われたが、さまざまな噂が飛び交った。たとえば、「我々のソースコードは UTF-8 エンコーディングではないが、それでは Git が処理できないだろう」とか、「数

年前のコミットが全部失われるだろう」とか。そういう間違った噂が、さらに議論を招いた。「大昔のコミットが失われるのは本当に問題なのだろうか」などと。

とにかく進捗が遅く、会議についての会議まで開かれる状態になったので、私は事態を自分で解決しようと決意した。何日かのリサーチとハッキングの後、私は自分のローカルマシンで、その SVN リポジトリを Git に移行することに成功した（これには svn2git ツールを使った）。そして、我々の問題追跡システムと Jenkins サーバーに Git を組み込むことができた。その作業は予想よりも簡単で、悲観的な噂はすべて間違っていたことがわかった。その結果をチームに示したら、彼らの恐れは消散した。そのスクリプトに、ちょっと磨きをかけたら、もう本番の移行を実行する準備ができていた。

3.3　候補を選ぶ（価値と難度とリスクによる分類）

この章で急進主義者について論じたときに述べたように、すべてのリファクタリングが平等なわけではない。ほとんどのリファクタリングは、価値（value）、難度（difficulty）、リスク（risk）の 3 つの軸によって、いくつかのカテゴリーに分類できる。

価値は、そのリファクタリングがチームにとって（そして間接的には組織全体にとって）、どれほど有益かを表す尺度だ。たとえば、電子メールを送信するスクリプトがあるとしよう。これはずいぶん昔に、いまは退社している Perl 使いによって書かれた、2000 行もの難解な Perl コードだ。その大部分は問題なく動作するのだが、何か月かに一度は、誰かが志願して、その中に潜り込み、新機能を追加しなければならない。とはいえ、そのコードがチームに大きなトラブルを起こしているわけではないから、リファクタリングの優先順位は高くない。

いっぽう、あなたのソフトウェアのビルドスクリプトが壊れたらどうなるか、想像してみよう。開発者たちはコードをコンパイルするたびに、ファイルを手作業で、ディレクトリからディレクトリへとコピーしなければならない。これを直すことのほうが、メール送信スクリプトの件より優先順位が高いことは明らかだ。

難度というのは、もちろん、そのリファクタリングを実行することが、どれほど難しいか、あるいは容易かの尺度である。死んだコードを削除したり、長いメソッドを分割したりするのは比較的容易なタスクだが、もっと手応えのあるリファクタリング（たとえば大きなグローバル状態の削除）には、もっと努力が必要だ。

リスクは、しばしば、リファクタリングの対象であるコードに依存しているコードの量に比例する。コードの依存関係が大きければ大きいほど、その変更によって予期せぬ副作用が発生するリスクが大きい。

リファクタリングの標準カテゴリーのうち、候補として推奨するものが 2 つある。これらを見つけるには、第 2 章で収集したデータを使えるだろう（たとえば FindBugs の警告など）。

- 「手が届く果実」（リスク＝低、難度＝低） ― こういうのは手始めに最適だ。
- 「傷んだ箇所」（価値＝高） ― これを直せば、あなたのチームから絶賛される。

図3-2に、これらのカテゴリーが、リファクタリングの3つの軸（価値と難度とリスク）のどこに位置するかを示す。

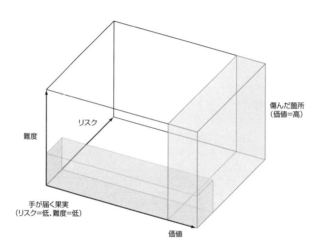

図3-2：「傷んだ箇所」と「手が届く果実」

3.4　決断の時（リファクタか、リライトか）

　レガシーコードを蘇生させる判断を下すとき、あなたとあなたのチームにとって最も重要なのは、リファクタか、それともリライト（書き直し）かの判断だ。手段としてリファクタリングを使っても、そのコードの品質を適切なレベルに引き上げることが可能だろうか。それとも、いまのコードは捨ててしまって、代わりのコードをゼロから書き直すほうが、早くて簡単だろうか。

　サードパーティ製ソリューションは採用しないと決めたのであれば（次のコラムを参照）、リライトのほうが魅力的に思われることが多い。だいたい、まったく新しいシステムをゼロから書くほうが、古いのをリファクタリングするより楽しいに決まっている。書き直しなら、既存のコードに邪魔されることなく、完璧なアーキテクチャを設計するための完全なる自由が与えられ、前のシステムの過ちを全部直すことができるではないか。けれど、世の中はそれほど単純ではなく、リライトにも実に多くの短所がある。まずは、完全な書き直しについて十分な情報を得たうえで片寄りのない判断を下せるように、リライトの是非を論じておこう。

> **リファクタか、リライトか、リプレースか**
> 上記の二者択一が間違っていることに、読者は気がついたかも知れない。事実、レガシーソフトウェアの改善または置き換え（replace）を考慮するときは、リファクタとリライトの他にも選択肢があるのだ。
>
> ある問題に対する解決策を決めてしまう前に、あなたが書くコードは、どの行も、これから何年にもわたって保守される必要があることを思い出そう。だから、社内で開発したソフトウェアを、（商品であれ、オープンソースであれ）サードパーティのソリューションで置き換える可能性も、十分に検討すべきだ。メンテナンスコストに関する限り、最良のコードは「コードなし」である。これは Jeff Atwood による素晴らしいブログポスト、「The Best Code is No Code At All」（https://blog.codinghorror.com/the-best-code-is-no-code-at-all/）で説明されている[1]。
>
> 多くのソフトウェアは、そのときサードパーティによる代替物が存在しなかったという理由で、社内で開発されている。けれども、そのあと市場が劇的に変化したかも知れない。たとえば多くの Web サイトは自社開発のページビュー追跡システムを使っていて、そのためのビーコン（通常は `<img>` タグ）が、どのページにも置かれている。その追跡システムには、Web サーバーのログファイルを解析するためのスクリプトや、解析したイベントを格納するためのデータベースが含まれるかも知れない。さらに、そのデータベースをクエリし、集計し、さまざまなリポートを生成するためのスクリプトも含まれるだろう。
>
> これらすべてが足し合わされて、保守すべき大量のコードが生じている。そのシステムが開発された当時には、妥当なソリューションだったかも知れないが、いま同じようなサイトを構築するのなら、たぶんあなたは Google Analytics のようなサードパーティ製システムを使うのではないだろうか。これなら Google のサーバーがホストだから、あなたの側で必要なメンテナンスは、事実上ゼロであり、たぶん自社製のスクリプト群より、ずっと多くの機能を提供してくれるだろう。

リライトへの反論

最初に明らかにしておくが、完全な書き直しは、ほとんど常によくないアイデアだと私は信じている。けれど「あなたも信じなさい」と言うのではない。できれば納得していただきたい。以下に、リライトに対する詳しい反論を書く。

リスク

レガシープロジェクトの書き換えは、大規模なソフトウェア開発プロジェクトだ。元のシステムのサイズによって、その完成には何か月も、あるいは何年もかかるかも知れない。このようなスケールの開発プロジェクトは、必ず、かなりのリスクを伴う。うまくいかないことが、いくつあるかわからない。

- そのソフトウェアには、とうてい受け入れられないほど多くのバグがあるかも知れない。

---

[1] 訳注：コードの量は少ないほど後の問題が少ないから、究極のコーディングは「コードなし」である、という極論。

- もしソフトウェアが安定していてバグがなくても、ユーザーが望む処理を行わないかも知れない。
- プロジェクトの完了までに、計画より長い時間がかかり、予算を超過するかも知れない。
- プロジェクトの途中で、そのアーキテクチャが基本的に運用不可能であることが判明し、それまでに書いたコードすべてを捨てなければならなくなるかも知れない。
- もっと悪いことに、そのようなアーキテクチャの弱点を、ソフトウェアをユーザーにリリースするまで見つけることができず、負荷をかけてようやく、まったく不安定だとわかるかも知れない。

　これらのリスクは、すべてのソフトウェアプロジェクトに、もともと備わっているものである。これらを緩和するのに役立つソフトウェア開発のベストプラクティスは存在するけれど、リスクが存在することは否定できない。これに対して、既存のコードベースに変更を加えるのなら、ずっとリスクが小さい。既存のシステムは、たぶん製品として何年も稼働しているだろうから、かなり信頼できる基礎であることが自明であり、それを改良することになるからだ。

　ビジネスに投資するステークホルダーの立場から見ると（つまり、収益に関して言えば）、リライトには、これといって期待できる要素がない。一般に、書き換えられたシステムの働きは、古いシステムのそれと、ほとんど同じになるはずだから、まったくメリットが見当たらないと評価される、大きなリスクがある。

　上にあげた例に加えて、既存のシステムの書き換えには、独自のリスクがある。それはリグレッションのリスクだ。既存のソフトウェアには、そのシステムのすべての仕様が（ビジネスのルール全部を含めて）プログラムのソースコードにエンコードされている。これらのビジネスルールをひとつ残らず見つけて、それらを忠実に新しいシステムに移植できると保証できなければ、そのシステムの振る舞いは、書き換えの結果として変わってしまうだろう。このような振る舞いの変更が、エンドユーザーにさえ明らかになったら、対処が必要なリグレッションが生じている。

　また、既存のソースコードには、長い年月に相応しいバグフィックスが含まれているが、リグレッションを防ぐためには、それらも見つけて理解したうえで移植する必要もあるだろう。注意していないと、かつての開発者たちが元のソフトウェアを書いたときに犯したのと、まったく同じ間違いを犯すかも知れない。

　たとえば開発者は、しばしば「コードの幸運なパス」について考えるばかりで、エラー時のために十分な処理を提供しなかったりする。一例として、リモートサービスに対してAPIコールを行うシステムを書き直しているとしよう。元のシステムの開発者は、リモートシステムが応答を返すまでに非常に長い時間がかかるケースを考慮に入れず、そのネットワークリクエストにタイムアウトを入れていなかった。それから何年かたった、ある日のこと、まさにそのケースが製品で出現し、彼らもタイムアウトを追加することになった。そして現在のあなたが、もし元のミスを繰り返して、新しいコードにタイムアウトを入れ忘れたら……、リグレッションの世界へようこそ。

あるバグが 10 年前に最初に作られ、その 5 年後に正しく修正されたのに、いまになって、あなたのリライトで、その醜悪な顔を再び覗かせると考えると、冷や水を浴びせられるような感じだ。

リファクタリングでもリグレッションは発生するが、そのリスクは概して低い。既存のコードベースに対して「小さくて、よく定義された一連の改善」を行う規律のあるリファクタリングでは（その例は、次の章で見ることになるが）、ソフトウェアの振る舞いが保存されるはずである。リファクタリングでは、1 つのステップを終えたら、次の改善ポイントに進む前に、いったん停止してコードレビューを行い、それから自動テストを実行して、振る舞いが変わっていないことをチェックできる。ところがリライトでは、ゼロからスタートして、元のソフトウェアの振る舞いを完璧にエミュレートする何かを構築しようとすることになる。システィーナ礼拝堂の壮麗な天井を修復するのに、フレスコの一部を取り替えるのと、ミケランジェロが手で描いた作品をゼロから再現するのと[2]、どちらが簡単だろうか？

オーバーヘッド

技術者は、ソフトウェアプロジェクトを新規にゼロからセットアップするときのオーバーヘッドを、過少に見積もりやすい。すでに軌道に乗ったプロジェクトで仕事をしているときは、オーバーヘッドの多さを本当に認識することがないからだ。けれども、開発を始めるときは、ビルドファイルや、ロギングユーティリティや、データベースをアクセスするコードや、コンフィギュレーションファイルを読みやすくするユーティリティなど、面白くもないボイラープレート（決まり切ったコード）を山のように書かなければならない。

もちろん、これらの仕事は、たぶんさまざまなオープンソースライブラリに任せられるだろう。たとえば Java のプロジェクトなら、ロギングのライブラリとして Logback を使えそうだ[3]。けれども、それらのライブラリの構成を決め、ラッパーやヘルパーを書き、すべてを繋いでまとめるには、時間と労力が必要だ。たとえば Web アプリケーションのビルドに Spring MVC を使っているのなら、このフレームワークを実際に使うまでに、さまざまな XML ファイルやプログラマブルな機能の設定で丸一日費やすこともあるだろう[4]。

そういうボイラープレート的なコードを書く面倒を減らす手段として、あなたが置き換えようとしているコードベースから一部のコードを借りることができるかも知れない。同じデータベースを再利用する計画ならば、DB のアクセスコードとモデルクラスを古いオブジェクトから、その

---

[2] 訳注：システィーナ礼拝堂の内部壁面と天井は、ルネサンスの巨匠たちによるフレスコ画で埋め尽くされ、何度も修復されている。詳しくは日本語 wiki の「システィーナ礼拝堂壁画修復」を参照。

[3] 訳注：Logback の日本語マニュアル (http://logback.qos.ch/manual/introduction_ja.html) を参照。Qiita の「Logback 使い方メモ」も詳しい。

[4] 訳注：設定が煩雑で、自動生成機能がないという Spring MVC の欠点を補ったフレームワークが、Spring Boot (http://projects.spring.io/spring-boot/)。詳しくは、掌田津耶乃著『Eclipse ではじめる Java フレームワーク入門第 5 版 Maven/Gradle 対応』（秀和システム,2016 年）の「4 Spring MVC/Spring Boot」などを参照。

まま借りてきて、ブリッジ、ラッパー、アダプターの寄せ集めによって、それらを新しいコードベースに押し込むことができそうだ。こういうのは、間に合わせの手段としては便利なもので、素早く準備を終えて面白い作業に進むことができるだろう。けれども、そのコードを後で削除またはリファクタリングする計画が必ず必要だ。そのレガシーコードに立ち戻ってリファクタリングするのを忘れるかも知れず、「自分は大量のレガシーコードを新しいコードベースに移植しているじゃないか」と気がつくかも知れない。いずれにしても、あなたはリライトを行うつもりで、実は非常に遠回りで効率の悪いリファクタリングを行ってしまったのだ。

　また、新しいプロジェクトを問題追跡システムに登録するとか、CI（継続的インテグレーション）サーバーにジョブを設定するとか、あるいはメーリングリストの作成などといった、システム管理的な仕事のチェックリストもあるはずだ。もしソフトウェアが、（たとえば Web サイトやバックエンドシステムのような）サービスならば、さまざまな運用管理の仕事を行う必要もある。サービスを実行するマシンの準備や、データベースとキャッシュのセットアップもある。さらにロールアウトのスクリプトを書き、モニタリングを設定し、ヘルスチェックの API を追加し、ログファイルを管理し、バックアップを整理し、などなど、そのリストは驚くほど長い。それどころか、3 つか 4 つの、それぞれ異なる環境で、これらを行う必要があるかも知れない。

　それに、新しいサービスの運用コストは、プロジェクトの始動時に 1 回だけ支払うのではなく、ずっと継続することも忘れてはいけない。長い間（少なくとも古いシステムを完全に停止するまで）保守し、監視し、順調に実行させなければならないシステムが、1 つ増えてしまうのだ。

いつも予想より時間がかかる

　前述したオーバーヘッドを念頭に置き、必要な仕事の量を甘く見積もりがちな開発者の傾向を計算に入れても、やはり書き直しは、必ず見積もりを超過する。

　ソフトウェアプロジェクトのサイズを見積もるのが難しいことは周知の事実であり、プロジェクトが大きければ大きいほど難しくなる。かつて私の仕事仲間が、この問題を興味深い視覚的なアナロジーで示してくれた。もし私が標準的な A5 サイズのノートパッドをあなたに見せて、この画面は iPhone よりどのくらい大きいですかと訊いたら、たぶんあなたは憶測でも、かなり確信を持って答えることができるだろう（私なら、A5 のノートパッドは iPhone の 3 倍か 4 倍だと言うだろう）。では次に、同じ実験を、こんどはノートパッドの代わりに映画館のスクリーンを使って繰り返そう。映画館のスクリーンは、iPhone の何倍だろうか。千倍か。1 万倍か。私には見当も付かない！

　このアナロジーにおいて、iPhone は、既知の、見積もりやすい単位の仕事に相当する。たとえば、1 人の技術者が 1 日で完了できるような開発の仕事が iPhone だ。ノートパッドは小さなプロジェクトで、iPhone サイズのタスクに分割するのが容易だが、映画館のスクリーンは図 3-3 に示すように、もっとずっと大きなプロジェクトだ。後者のプロジェクトは、あまりにも大きいので、どんなタスクに分割できるのか、個々のタスクがどのくらい大きくなるのかを、初めから

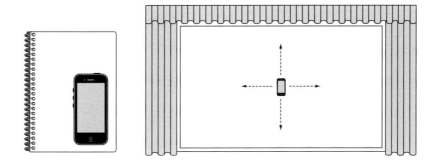

図3-3：プロジェクトのサイズを見積もる。映画館のスクリーンは、iPhone いくつに当たるか？

推測することが難しい。

　しばらく前に私は、かなり大きなアプリケーションの UI 部を、ある Scala Web フレームワークから、もうひとつのフレームワークへと、移植したことがある。それには 2 日ほどかかると見積もっていたのだが、実際には 1 週間以上かかった。それほど予測を上回った主な理由は、小さなタスクがたくさんあったからだ。平均的なタスクに必要な作業時間を少なめに見積もっていて、その誤差が、タスクの数だけ積算されたのだ。

　リライトは普通、長期にわたるプロジェクトであり、しかも見積もりを超過しやすいのだから、代替品を開発している間に元のソフトウェアに対して発生する変更に対処できるように計画する必要がある。次に 3 つの選択肢を示すが、どれも理想的ではない。

- 元のソフトウェアの開発を、書き直しの期間は完全に凍結する。
    これではユーザーが不幸になりそうだ。
- 開発の継続を許し、絶え間ない仕様の変更に、できるだけ努力して追いつく。
    これは「動く標的」を追いかけるのだから、リライトのプロジェクトが、ひどく遅くなってしまう可能性がある。
- 開発の継続を許すが、リライトには、どの変更も実装しないでおく。
    つまりリライトはプロジェクトを始めたときの仕様書（スナップショット）を元に実装するだけにして、追加で実装すべき変更のすべてを、ただ追跡管理しておく。リライトが完成しようとするとき、元のソフトウェアの開発を凍結し、それまでに溜まった変更のバックログを新しいバージョンに移植する。

　大規模なリファクタリングプロジェクトも、やはり見積もりが難しく、したがって超過も発生するが、主な違いとして、リファクタリングではインクリメンタルな作業の恩恵を受けやすい。たとえリファクタリングが見積もりを超過して、途中で開発を止めると判断しても、おそらく

コードベースには何らかの有益な改善が行われているだろう。完全な書き直しは、完了するまで何の価値もないのだから、いったん始めたら、たとえ予定を超過しても最後まで苦労を続けなければいけない。

「まっさらな新天地」は、長く続かない

多くのリライトでは、次のような事態が起きそうだ。

1. レガシーコードで蓄積された醜悪な実装とは無縁な、新鮮で清潔な設計、美しく構成されたモデルとともにスタート。
2. いくつか機能を実装してみたら、あなたのモデルが、案外使えないことに気がついた。あまりにも抽象的であり、大量のボイラープレートを必要とするのだ。いくつか一般的なケースを処理するためのヘルパーコードを追加。
3. 古いコードにあった、わけのわからない機能、もう必要ないと誰もが言っていた機能を、まだ使っているユーザーがいたことが判明し、そのサポートを追加する必要が生じる。
4. DBの中で、あなたが知る限り存在するはずのないデータに遭遇する。いろいろ調べてみたら、それは数年前に修正されたバグによって混入したものだとわかる。存在するはずがないにも関わらず、あなたは、そのためのチェックを追加しなければならない。
5. ここで一歩後ろに下がって、あなたの実装と、あなたが置き換えようとしているコードを、見比べてみよう。多くの場合、その2つが、気が滅入るほど似ていることに気がつく。

結局、最初は「醜悪な実装」に見えたコードが、実は「複雑な仕様」だった、という場合が多く、それについては、大きな改善が望めない。

書き直しのメリット

もちろん、ソフトウェアをゼロから書き直すことには、リファクタリングに勝る長所もある。

自由（過去からの解放）

コードをゼロから書けば、元のコードベースから解放され、「触らぬ神に祟りなし」という感じがなくなる。これは心理的な問題だ。既存のコードをリファクタリングしたり、一部を削除したりするのは、そのせいでリグレッションが発生するかも知れないとわかっていると非常に難しいことなのだが、代わりになるコードをゼロから書くときは、それほどの困難は感じない。

昔、私が仕事をしたことのあるサイトは、「認証のロジックが極度に複雑で壊れやすい」と、開発者の間で悪名が高かった。リグレッションが怖くて、そのコードには誰も触れようとしなかった。認証処理にバグが発生したら、サイトにユーザーがログインできなくなるのだから、まったくもって最悪だ（ユーザーデータの削除を別とすれば）。けれども、そのサイトをいざリライトし

てみたら、実際の認証の仕様は、ずいぶん単純だということが判明した。既存のコードに大量の複雑さがあったのは、もう必要のない過去の仕様に関係していたのだが、その事実を発見するにはゼロから書き直す必要があった。つまりレガシーコードを相手にしていると、「木を見て森を見ず」にいることがあるのだ。

　一般に、ゼロから書くことによって、既存のコードからの余計な影響を防ぐことができる。既存のコードのパラダイム（理論的枠組）の中でコードを書いていると、その周囲にあるコードの設計と実装から、良くも悪くも制約を受けるのが自然なことだ。私が昔扱ったレガシー Java アプリケーションは、なんでもこなせる「神クラス」を酷使していた。そいつは 3 千行もある化け物で、static なユーティリティメソッドが、ぎっしり詰め込まれていた。このアプリケーションに新しいコードを追加するときは、そのクラスを使わずに済ますのが、ほとんど不可能だった（参照するたびに涙が出たけれど）。それどころか、何でも「神クラス」に追加してしまえ、と思わせる誘惑もあった。既存の設計では、他の方法でコーディングすることが、ほとんど不可能になっていたのだ。

テスタビリティ

　多くのレガシーコードは、自動化されたテストをほとんど持たず、テスタビリティ（テストのしやすさ）を意識して設計されていない。いったんコードが書かれてしまった後でテスタビリティを追加するのは非常に困難なので、レガシーコード用にテストを書くのは、開発者にとって、限度を超えた時間と努力を要する仕事になりかねない。

　いっぽう、ゼロから書き直すのであれば、テスタビリティを最初から設計に組み込むことができる。ユニットテストに実際どれほどの価値があるのか、また、テスタビリティが設計に、どれほど大きな影響を与えるべきかは、大いに議論すべきだけれど、「あなたのコードを好きなだけテスタブルにできる」という自由は、間違いなく有益である。

　レガシーコードをリファクタリングするときの、テストの方法については、第 4 章で述べることにする。

書き直しに必要な条件

　これまでに述べた長所と短所、そして個人的な経験を元に、まだしも不都合が少ないリファクタリングをデフォルトとして選ぶことを、私は強く推奨する。新たにプロジェクトを開始するには、かなりのリスクとオーバーヘッドが伴うので、それらがリライトの長所を相殺してあまりあるケースが多いだろう。けれども、リファクタリングだけではコードベースの救済が不可能で、リライトが唯一の選択肢というところまで行ってしまった可能性も、常に考えておくべきである。そこで、リライトを考慮する前提として、どちらも必要だと私が信じている 2 つの条件をあげる。

リファクタリングを試みたが失敗した

　リライトを試みる前に、必ず第 1 の選択肢としてリファクタリングを試みよう。ある種のレガ

シーコードベースは、他のものよりリファクタしやすいが、どれほどの成功をリファクタリングが収めるかを、あらかじめ知ることは困難である。最良の方法は、コードに飛び込んで、やってみることだ。いったんリファクタリングに、ある程度の時間と労力を注ぎ込んでみたけれど、品質に顕著な改善が得られないというときに限り、完全なリライトを考慮し始めるべきである。

たとえ最終的にリライトを選ぶとしても、やはり最初にリファクタリングを試みる価値がある。それはコードベースを学習する素晴らしい方法であり、代替システムを、どのように設計し実装するのが最良かについて、貴重な洞察が得られるだろう。

パラダイムシフト

テクノロジーの根本的な変化が、チームと組織にとって最も重要な関心事なら、しばしば書き直しが唯一の選択肢となる。リライトに関係する最も一般的な変化は、実装に使う言語の変更だ。たとえば COBOL で書かれたメインフレームアプリケーションならば、COBOL の技術者が減ってきて人件費も高いので Java に移植したい、というケースがあるかも知れない。あるいは開発者の生産性向上を望む会社の戦略として、Spring MVC のようなテクノロジーから、より軽量な (Ruby on Rails などの) フレームワークに移行するというような場合も、あるだろう。

> **コラム　「サイト」物語**
>
> 我々は、「サイト」の書き直しを決断する前に、時間をかけて慎重に考えた。およそ 6 か月にわたって徐々にリファクタリングを行った結果、コードの品質に顕著な改善が現れていた。けれども開発は悪戦苦闘の連続で、進捗は遅かった。システムの保守を容易にし、最近の Web 開発のペースから遅れずにいるためには、何か思い切った手段が必要なことは、明らかだった。
> その頃、Scala が社内で勢いを得ていた。私を含めて大勢の開発者たちが、Scala と、このプログラミング言語が約束する生産性のメリットに興味を持っていた。我々は、いまこそ覚悟を決めて「サイト」を書き直すべきであり、その仕事には Scala が適切なツールだと決心した。

第 3 の道：インクリメンタルな書き直し

ときには、アプリケーションの少なくとも一部は本当に書き直したいけれど、完全なリライトではリスクが大きすぎるし、それではプロジェクトの最後にビッグバンが来るまでビジネスにメリットを提供できないから、思い切って踏み切れないという場合がある。そんなときは、リライトをインクリメンタルに実行できないか、検討してみる価値がある。

その基本的なアイデアは、リライトを数多くの小さな段階に分割することだが、次の 2 つに重点を置くことが大切だ。

- それぞれの段階で、ビジネスの価値を提供すること。
- どの段階の後でもプロジェクトを停止することが可能であり、その場合でも何らかのメ

3.4 決断の時（リファクタか、リライトか） 75

> コラム 「第3の道」
> 第3の道（The Third Way）というのは、政治路線のひとつで、右翼的な経済政策と左翼的な社会政策を組み合わせることによって、資本主義と社会主義の両極端の間に折衷案を見つけ出そうとするものだ。
> 我々に関係があるのは、二極端の間に中庸を見いだすという主張である。リファクタリングはリスクが低い代わりにメリットに限界があり、完全なリライトはリスキーだけれど強力である。もし2つの間に第3の経路を見つけられたら、両方から利点を得られるだろう。

リットが得られること。

もしこのようにリライトを構成できれば、直面するリスクは、かなり軽減される。モノリス的な1年間のリライトプロジェクトであれば、利害関係者に多くの自信と忍耐が要求される（失敗にいたる道は無数にあるわけだが）。それが一連の「1か月で終わるミニリライト」になれば、リスクが低く、管理も容易である。それぞれの段階が終了したら、リリースを行って、組織に価値を提供できる。それに開発者も、新しいコードが素早くできて嬉しいのだ。

従来の書き直しでは、いったんリライトに着手したら、最後まで面倒を見るしかなかった。もし途中で止まったら、何か月もの開発期間が無駄になり、それに対して見るべき成果がないのが普通だ。けれども、リライトを自己完結的な段階に分割すれば、プロジェクトを終結前に停止することができ、それでも何らかの有益な成果が得られる。

リライトを分割する方法のひとつは、レガシーソフトウェアを論理的なコンポーネントに分割してから、それらをひとつずつリライトするものだ。その方法を示す例として、Orinoco.comという架空の電子商取引（e-commerce）サイトを見よう[5]。このサイトはモノリス的なJavaサーブレットアプリケーションとして実装されている。主な機能として、次の6つを含む。

- Listings ― カテゴリーで分類された、商品のリストを表示。
- Search ― ユーザーがキーワードで商品を検索できる。
- Recommendations ― ユーザーにどの商品を推薦するかを決める機械学習（machine learning）のアルゴリズム。
- Checkout ― 支払い、ギフトラッピング、送り先アドレスなど。
- My Page ― ユーザーが過去の注文や、推奨された買い物をチェックできる。

---

[5] 注：オリノコは、南米で一番長い河である。また、著者が一番好きなウォンブル（http://en.wikipedia.org/wiki/The_Wombles）の名前でもある。
訳注：英国の児童文学作家エリザベス＝ベレスフォードによる「ウオンブル」の本は、日本では講談社から出版されている（八木田宜子訳）。YouTubeのThe Wombles (Official) チャンネルで、BBCで放映された人形劇を見ることができる。

- Authentication — ユーザーのログインとログアウト。

このサイトには、すでに自己完結した機能のリストがあるのだから、それぞれの機能を各1個のコンポーネントで分担するように全体を分割するのが合理的だ。また、このアプローチを使えば、リファクタリングとリライトの境界が厳密ではなくなることに注目しよう。アプリケーションの一部は、他の部分よりもよい状態かも知れないので、いったん個々のコンポーネントについてパブリックインターフェイスをはっきり定義したら、実装をリファクタリングするか、それとも完全に書き直すかを、それぞれのコンポーネントについて決めることができる。

このようなケースでは、リアーキテクティングによって、モノリシックなサイトを、1個のフロントエンドと数個のバックエンドサービスで構成される、サーバー指向のアーキテクチャに改造するのが普通だ。このアプローチについては第5章で詳しく述べるが、ここではサンプルを示す目的に従って、モノリス的な設計のままにしておこう。複数のサービスに分ける代わりに、コンポーネントごとに1個のJavaライブラリ（JAR）を作り、そのすべてを同じJVMの内部で実行する。

表 3-1 に、Orinoco.com のインクリメンタルなリライトで使えそうな、最初の数段階のプランを示す。

表3-1：Orinoco.com をリライトする

段階	説明	ビジネス的な価値
0	準備段階のリファクタリング。インターフェイスを定義して、コンポーネントを別々の JAR に分割する。	インターフェイスの明確化でコードの保守が容易になる。
1	Authentication コンポーネントをリライト。パスワードの保存方法を変更。	データセキュリティの規則への追従が改善される。
2	Search コンポーネントをリライト。	別のサーチエンジンの実装に切り替える。サーチ結果の品質が向上する。ユーザーが商品を探しやすくなる。
3	Recommendations コンポーネントをリファクタリング。	複数の異なる推奨アルゴリズムを素早くテストできる。

残りのコンポーネントも、ひとつずつ同様に対処できるだろう。このプロジェクトは、利害関係者たちが価値を生み出していると見なす限り、長く続けることができ、各段階に仕掛かる順番は、ビジネス上の優先順位に従って変更できる。おわかりのように、こうしてリライトを分割すれば、出資者側からの制御がきくようになる。

---

[6] 訳注：Strangler（絞め殺し植物）は、他の木や草に「光寄生」する「よじ登り植物」で、「登られた草や木は光合成が十分行えずに成長が悪くなり、はなはだしいときには枯れてしまう」とのこと（週刊朝日百科『植物の世界』から引用）。

Strangler(シメコロシ)パターン

ここで、マーチン・ファウラーの Strangler パターンに言及しなかったら、私の不注意ということになるだろう。ここで示したインクリメンタルな手法と、類似点が多いからだ。Strangler パターンの書き換えでは、新しいシステムが既存のシステムの外側を囲んで組み立てられ、その入出力を横取りしながら、だんだん機能を増やしてゆく。そして最後に、元のシステムは静かに死んでしまう[6]。私よりもマーチン・ファイラーのほうが、ずっとうまく説明できるから、もっと詳しい説明を読みたい人は、彼の Web サイトへどうぞ(`http://martinfowler.com/bliki/StranglerApplication.html`)。

3.5 まとめ

- レガシーコードベースの改造はチームワークで行う必要がある。作業を開始する前に、あなたのチームが円滑にコミュニケーションをして、共通の目標に向かって協力するように気を付けるべきだ。
- リファクタリングは、それを目的として行うことができない。ビジネス的な価値を提供して、関係者の全員から合意を得る必要がある。また、いつ終了し、成功したのか、誰でもわかるように、プロジェクトは明白なゴールを掲げるべきだ。
- コードベースへの大規模な変更は、必ず、その価値と難度とリスクによって評価すべきである。
- 経験則として、選択肢は次の順に考慮すべきだ:(1) 置き換え(サードパーティ製ソリューションの購入)、(2) リファクタリング、(3) リライト。
- 大きな変更は、コードベース全体をいっぺんにアタックするのではなく、そのソフトウェアを分割した各部のひとつひとつに対してインクリメンタルに行うのがよい。

第4章

リファクタリング

> **この章で学ぶこと**
> リファクタリングで規律を維持する方法
> レガシーコードの「気になる匂い」と、それぞれの消臭術
> 自動テストでリファクタリングをサポートする

　この章では、レガシーコードとの戦いで最も重要な武器となるリファクタリングを見ていく。効果的なリファクタリングを行うために一般的なヒントを提供するほか、私が現実のコードで使うことの多い個々のリファクタリング技術も、いくつか紹介する。さらに、レガシーコード用にテストを書くためのテクニックも見ていくが、これはリファクタリング後に何も壊していないことを確認するうえで欠かせないものだ。

4.1　規律のあるリファクタリング

　特定のリファクタリング技術を紹介する前に、まずはコードをリファクタリングするときの、規律（discipline）の大切さについて述べておきたい。リファクタリングは、正しく行えば、まったく安全なはずであり、バグが入るのを恐れることなく、一日中リファクタすることができる。けれど、もし注意を怠れば、単純なリファクタリングのつもりで始めたものが、急速に制御不能となってしまう。気がついたら、あなたはプロジェクトのファイルの半分を編集していて、IDEの画面は赤いXだらけになっている。そうなったら、もう悲痛な判断を下すしかない。あきらめて、半日分の仕事を捨てて元に戻すか、それとも、プロジェクトがコンパイルできる状態になるまで突き進むか。たとえそれができたとしても、ソフトウェアが正しく動作するという保証はないのだが。

　ソフトウェア開発者の生活は、そんな判断を下す必要に迫られなくても、十分にストレスに満ちている。だから、こういう状況に陥るのを防ぐ方法を学ぼう。

「マクベス症候群」を予防する

> 血の流れにここまで踏みこめば、渡りきることだ、
> 行くも帰るも困難なら、もどることは思いきるのだ。
>
> — マクベス、第三幕 第四場から（小田嶋雄志訳）

　この言葉をマクベスが発したとき、彼はすでに自分が寵愛を受けたダンカン王と、罪もない2人の衛兵と、親友のバンクォーを始末している。ここで彼が自問自答しているのは、果たして殺戮をやめるべきか、それとも、敵が1人もいなくなるまで殺し続けるべきかということだ（結局、彼は後者を選ぶのだが、それがうまくいかなかったのは、ご承知の通り）。

　さて、私の解釈が正しければ（読者がシェークスピア学者であれば、びっくりされるかも知れないが）、このスコットランド史劇は、規律のないリファクタリングのアレゴリー（たとえ話）なのだ。マクベスは、彼の妻でありプロジェクトマネージャーでもあるマクベス夫人からの機能要求に急かされて、最初はダンカン王というグローバル可変状態（global mutable state）を取り除くという単純な目的でリファクタリングを始めた。彼は、それに成功したが、その結果、いくつかの暗黙的な依存関係も、やはりリファクタリングする必要が生じた。マクベスは、これらのすべてを一気に解決しようとして、あまりにも多くの変更を行ったので、彼のリファクタリングは、急速に支えを失った状態になった。最後にわれらのヒーローは、森に攻撃され、首を落とされてしまう。私の想像がおよぶ限り、リファクタリングの失敗による最悪の結果だ。

　では、マクベスのような末路を、どうやったら防ぐことができるのか。いくつか単純なテクニックを見ていこう。

リファクタリングを、他の作業から分離する

　何か他の作業をしているときに、あるコードがリファクタリングの絶好のターゲットであることに、たまたま気がつくことがある。そのファイルをエディタで開いたときは、バグ修正か新機能の追加が目的だったのだが、ついでにリファクタリングしようと思ってしまう。

　たとえば、次に示す Java クラスに対して、ある変更を加えるように頼まれたとしよう。

```java
/**
 * 注意：このクラスを拡張してはならない -- Dave, 4/5/2009
 */
public class Widget extends Entity {
    int id;
    boolean isStable;

    public String getWidgetId() {
        return "Widget_" + id;
    }
}
```

```
    @Override
    public String getEntityId() {
        return "Widget_" + id;
    }

    @Override
    public String getCacheKey() {
        return "Widget_" + id;
    }

    @Override
    public int getCacheExpirySeconds() {
        return 60; // cache for one minute
    }

    @Override
    public boolean equals(Object obj) {
        ...
    }
}
```

Widget の仕様が変更され、キャッシュの期限が isStable フラグに依存することになったので、あなたは getCacheExpirySeconds() メソッドのロジックを、それに従って更新するように頼まれたのだ。けれども、このコードを見たとたん、改善すべき点[1]が、いくつもあることに気付く。

- Dave という人のコメントは、このクラスを拡張してはいけないと言っている。ならば、final にすべきではないのか？
- フィールドは可変（mutable）であり、その可視性（visibility）はパッケージプライベートである。他のオブジェクトも同じ値を変更できるのだから、これは危険な組み合わせだ。たぶん private に（そして/あるいは final に）すべきでは？
- ID やキーを生成するさまざまなメソッドに重複がある。ID 生成のロジックは、1 か所にまとめるべきではないのか。
- このクラスは equals(Object) をオーバーライドしているが、hashCode() をオーバーライドしていない。これは悪いやりかたで、嫌らしいバグの元だ。
- isStable フラグの意味を説明するコメントがない。追加すべきだ。

---

[1] 訳注：詳細は、Joshua Bloch 著『Effective Java』第 2 版（ピアソン・エデュケーション,2008 年/丸善出版,2014 年）の「項目 15　可変性を最小限にする」、「項目 13　クラスとメンバへのアクセス可能性を最小限にする」、「項目 9　equals をオーバーライドする時は、常に hashCode をオーバーライドする」を参照。

キャッシュ期限のロジックに対する変更は、ごく単純なものだから、リファクタリングも同時にやってしまいたくなる気持ちは理解できる。けれども、よくよく注意すべきだ。上記のリストにあげたリファクタリングは、最初に思ったほど単純な話ではない。

- Dave は `Widget` を拡張するなと言っているが、もう誰かが拡張しているかも知れない。`Widget` のサブクラスが、このプロジェクトのとこかにあるとしたら、クラスに `final` のマークを付けたらコンパイルエラーになる。その場合、それらのサブクラスをひとつずつ調べて、どうすべきかを決めなければならない。そもそも `Widget` は拡張してもよいのだろうか? あるいは、それらのサブクラスは、`Widget` を継承しないように修正すべきだろうか?
- 可変フィールドについては、どうだろう。誰かが実際に書き換えているだろうか。もしそうなら、本当は許すべきことだろうか。これらを変更不可能（immutable）にする場合、いまフィールドの可変性に依存しているコードがあれば、それらも変更する必要がある。
- ここに `hashCode()` メソッドがないのは、一般に Java のコードでは「悪いこと」だが、どこかのコードが、この振る舞いに依存しているかも知れない（私は、そういう不正規なコードを見かけたことがある）。`Widget` を扱うすべてのコードをチェックしなければならないだろう。それに、`Widget` を書いた人（Dave?）が、ほかにもエンティティクラスを書いていたら、それらも全部、このメソッドを欠いている可能性がある。もし、それらを全部修正すると決めたら、ずっと大きな仕事になりかねない。

もしあなたが、もともと計画していた変更と同時に、これらすべてのリファクタリングを片付けようとしたら、頭の中に、すいぶん多くの事柄を詰め込まなければならない。もしあなたがリファクタリングの天才なら「どうぞやってください」と言いたいが、私自身は、そんなに重い精神的な負荷の下で仕事をしてもミスを犯さないという自信はない。

それよりも、仕事を 2 つの段階に分けるほうが、ずっと安全だ。先に変更を片付けてからリファクタリングをするか、あるいは、その逆だ。両方を同時にやろうとしてはいけない。また、リファクタリングの変更と、その他の作業による変更を、バージョン管理システムで別々のコミットに分けるのもよい。そうすれば、あなたも他の開発者も、変更をレビューしやすくなり、あとでそのコードを見るときに、何をしていたのかわかりやすくなる。

IDE を頼りにする

最近の IDE は、ほとんどの一般的なリファクタリングパターンに良好なサポートを提供している。これらはリファクタリングを自動的に行うので、手作業で行うのに比べたら、もちろん多くの長所がある。

- 高速 — IDE は何百ものクラスをミリ秒単位で更新できる。それを手作業で行ったら、とんでもなく時間がかかるだろう。
- 安全 — もちろん絶対に確実というわけではないが、コードを更新するときに IDE がミスすることは、人間に比べて、ずっと少ない。
- 徹底 — IDE は、しばしば考えもしなかったことまで面倒を見てくれる。たとえばコードのコメント内部のリファレンスを更新したり、テストクラスの名前を、対応する製品版クラスに合わせて改名してくれたりする。
- 効率 — 大量のリファクタリングは、決まり切った退屈な作業の繰り返しだ。そもそもコンピュータは、そういう仕事をするように設計されている。自尊心のあるプログラマなら、そんなのは IDE に任せて、もっと大事な仕事をしよう。

IDE に、どれほどのことができるのかを知るために、図 4–1 を見ていただきたい。これは、Java プロジェクトにおける IntelliJ IDEA の、Refactor メニューのスクリーンショットだ（このメニューは、IDE の種類や、インストールしたプラグインによって、少し異なるかも知れない）。あなたの IDE のリファクタリングオプションを、それぞれ時間をかけて探究しておこう。本当のコードに対して実行して、どうなるか、実際に試してみよう。これは本当に行う価値があるのだ。

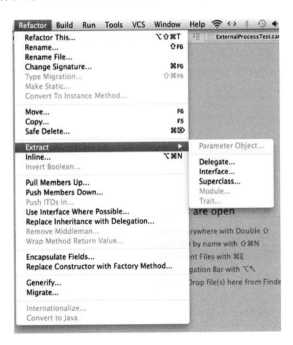

図4–1：IntelliJ の Refactor メニュー

IDE が何をしてくれるかのかを示すために、大きくて扱いにくいコンストラクタを Builder パターンを使って置き換える作業を、IntelliJ IDEA に手伝ってもらう例を示そう。図 4-2 は、1 個の tweet を表現する Java クラスだ。ご覧のように、あまりにもフィールドが多すぎて、ほとんど手に負えないコンストラクタになっている。

```java
public final class Tweet {
    private final Coordinates coordinates;
    private final boolean favorited;
    private final boolean truncated;
    private final Date createdAt;
    private final Entities entities;
    private final Long inReplyToUserId;
    private final List<Contributor> contributors;
    private final String text;
    private final int retweetCount;
    private final Long inReplyToStatusId;
    private final long id;
    private final Geo geo;
    private final boolean retweeted;
    private final boolean possiblySensitive;
    private final String place;
    private final User user;
    private final String inReplyToScreenName;
    private final String source;

    public Tweet(Coordinates coordinates, boolean favorited, boolean truncated, Date createdAt,
                 Entities entities, Long inReplyToUserId, List<Contributor> contributors, String text,
                 int retweetCount, Long inReplyToStatusId, long id, Geo geo,
                 boolean retweeted, boolean possiblySensitive, String place,
                 User user, String inReplyToScreenName, String source) {
        this.coordinates = coordinates;
        this.favorited = favorited;
        this.truncated = truncated;
        this.createdAt = createdAt;
        this.entities = entities;
        this.inReplyToUserId = inReplyToUserId;
        this.contributors = contributors;
        this.text = text;
        this.retweetCount = retweetCount;
        this.inReplyToStatusId = inReplyToStatusId;
        this.id = id;
        this.geo = geo;
        this.retweeted = retweeted;
        this.possiblySensitive = possiblySensitive;
        this.place = place;
        this.user = user;
        this.inReplyToScreenName = inReplyToScreenName;
        this.source = source;
    }

    // getters, other methods ...
}
```

図4-2：tweet を表現する Java クラス

図 4-3 に、このクラスのコンストラクタを直接使った例を示す。これでは非常に読みにくいし、多くのフィールドがオプションなので、Builder パターンを使うのに理想的な候補である[2]。

---

[2] **訳注**：Builder パターンと Java コードについては、Joshua Kerievsky 著『パターン指向リファクタリング入門』（日経 BP 社, 2005 年）の「Builder による Composite の隠蔽」(pp.100-118) や、結城浩著『増補改訂版 Java 言語で学ぶデザインパターン入門』の第 7 章などを参照。

```
private final Tweet myTweet = new Tweet(
        null, false, false, new Date(), new Entities(),
        null, Collections.<Contributor>emptyList(),
        "hello world", 123, null, 456789, null, false,
        false, null, new User(), null, "twitter.com"
);
```

図4-3：Tweet コンストラクタを直接使う

では、IntelliJ に頼んで、この大騒ぎを修正する Builder を作ってもらおう。図 4-4 に示す「Replace Constructor with Builder wizard」画面では、オプションのフィールドにデフォルト値を設定できる。

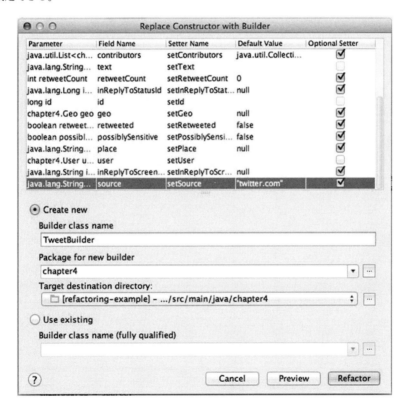

図4-4：コンストラクタを Builder ウィザードで置き換える

最後に［Refactor］ボタンをクリックすると、この IDE は、`TweetBuilder` という名前の新しいクラスを生成する。また、`Tweet` コンストラクタを呼び出すコードは、どれも自動的に書き換えて、代わりに `TweetBuilder` を使うようにする。`Tweet` を新規作成するコードは、フォーマッ

トに若干の手を加えた後、図 4-5 のようになる。

```
private final Tweet myTweet = new TweetBuilder()
        .setId(456789)
        .setText("hello world")
        .setRetweetCount(123)
        .setUser(new User())
        .createTweet();
```

図4-5：`TweetBuilder` を使って `Tweet` を作成

IDE も間違える

ときには IDE もミスを犯す。あるときは熱心すぎて、あなたの変更とは無関係なファイルを更新しようとする。execute() というメソッドの名前を変えたら、IDE は関係ないコードのコメントを更新しようとするかも知れない（たとえば、"I will execute anybody who touches this code."などと書いてあったら）。逆に、更新すべきファイルを更新しないときもある。たとえば IDE の依存性解析は、しばしば Java リフレクションを使うと失敗する。
これらを考慮すると、IDE は無条件に信頼しないほうがよい。

- もし IDE がリファクタリングのプレビューを提供するなら、慎重に調べること。
- 変更した後でも正しくコンパイルされることをチェックし、もしあれば自動化テストを実行する。
- grep のようなツールを使って二重に確認する。

VCS を頼りにする

あなたは、たとえば Git や、Mercurial や、SVN などのバージョン管理システム（VCS）を使ってソースコードを管理しているだろう（もしまだなら、この本を置いて、いますぐその状況を修正すべきだ）。それはリファクタリングにも、大いに役立つ。こまめにコミットする習慣が付いていれば、VCS を巨大な Undo ボタンのように使うことができる。リファクタリングが手に負えない状態になったら、いつでもあなたは、その Undo ボタンを押して（ひとつ前のコミットに戻して）、いまのを撤回する自由を持っている。

リファクタリングは、しばしば実験的に行われる。その場合、ある特定のソリューションが、うまくいくかどうかは、実際にやってみるまでわからない。VCS というセーフティネットがあれば、いつでも元に戻せるという安心感があるので、数多くのソリューションを自由に実験してみることができる。実際、ブランチを有効に使えば、複数のソリューションを同時に試しながら、それぞれのアプローチの長所と短所をたしかめることも可能だ。

図 4-6 は、実験的なリファクタリングのセッションを行った後に残る、Git のコミットとブランチの例を示している。最新のコミットが一番上にある。これを見ると、2 つの実験的なブラン

チは結局スターブランチにマージされていないことがわかる。

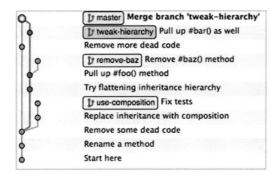

図4-6：Git のブランチをリファクタリングに役立てる

ミカドメソッド

　リファクタリングを含む大規模な変更の実装に、私が最近使って非常にうまくいっているのが、ミカドメソッド（Mikado Method）という手法で、とても単純だが効果的だ。基本的には、実行する必要のあるすべてのタスクを表現する「依存関係のグラフ」（dependency graph）を描くことで、それらのタスクを、より安全に、最適な順序で、実行できるようになる。この依存関係グラフは、探究的な方法（exploratory manner）によって構築されるので、撤回を数多く行い、そのため VCS に頼ることになる。

　このメソッドと、その背景にある動機について詳しく知るには、Ola Ellnestam と Daniel Brolund が書いた、『The Mikado Method』（Manning、2014 年）という本を推奨する[3]。

　図 4-7 は、私が最近、ある大きなアプリケーションの UI レイヤーを、ある Web フレームワークから別の Web フレームワークへとポーティングするとき実際に描いたミカドグラフである。

---

[3] **訳注**：この本（英語）の Web ページ（https://www.manning.com/books/the-mikado-method）で第 1 章などを閲覧できる。Mikado Method のホームページ（https://mikadomethod.wordpress.com/）にも情報がある。

図4-7：ミカドメソッドを使って描いた依存関係グラフの例

4.2　レガシーコードの一般的な特徴とリファクタリング

　どのレガシーコードベースも、それぞれ違っている。けれども、レガシーコードに目を通していると、何度も繰り返して出現する、いくつかの一般的な特徴に気がつく。この節では、そういう特徴（気になる匂い）をいくつか紹介しながら、それらを取り除く方法を論じる。この主題については1冊の本を書けるだろうが、私は1章しか使えないので、私の経験でとくに多かった問題を代表するような例を選んだ。

　さて、「World of RuneQuest」という架空のオンラインファンタジーRPGを、あなたが保守していると仮定しよう。このゲームの新しいバージョンの開発を始めようと計画しているところだ。ところが最近、そのコードが膨らんで乱雑になり、その結果として開発の速度が落ちていることに、あなたは気がついた。新しいバージョンの開発を始める前に、コードベース全体の徹底した大掃除をやりたい。どういった領域が、障壁となるのだろうか。

失効コード

　「失効コード」（stale code）とは、必要がなくなったのに、まだコードベースの中に残っているコードのことだ。そういう不必要なコードの削除は、最も簡単で安全で満足のいくリファクタ

リング作業のひとつである。なにしろ簡単なので、もっと慎重に行う必要のあるリファクタリングに取り組む前の、ウォームアップとして最適なくらいだ。

失効コードの削除には、いくつものメリットがある。

- 読むべきコードの量が減るので、コードが理解しやすくなる。
- 使われていないコードを誰かが修正あるいはリファクタリングして無駄な時間を費やす可能性を減らす。
- 嬉しいオマケとして、コードを削除するたびに、プロジェクトのテストカバレージ（網羅率）が上がる。

失効コードは、いくつかのカテゴリーに分類できる。

コメントアウトされたコード

これは「手が届く果実」の中でも、もぎ取るのが最も簡単なものだ。もしコメントアウトされたコードブロックを見たら、躊躇なく削除してよい。コメントアウトされたコードを残しておく理由は、まったくない。どのようにコードが変更されたかを示す記録として、わざと残されることが多いのだが、そのためにバージョン管理システムがあるのだ。こういうのは無意味な雑音であり、周囲のコードを読みにくくするだけだ。

死んでいるコード

「死んでいるコード」（dead code）とは、ソフトウェアのコードのうち、決して実行されることのないコードのことだ。一度も使われない変数も、if 文の決して到達しない分岐も、参照されないコードパッケージ全体も、死んでいるコードだ。

次に示す単純な例で、`armorStrength`（鎧の強さ）という変数は、7 よりも大きな値を持つことがなく、常に 10 未満だから、`else` ブロックが実行されることがない。そのコードは死んでいるから、削除するという手順が必要となるだろう。

```
int armorStrength = 5;
if (player.hasArmorBoost()) {
    armorStrength += 2;    ← armorStrength は常に 7 以下
}
...
if (armorStrength < 10) {   ← だから、この分岐が必ず実行される
    defenceRatio += 0.1;
} else {
    defenceRatio += 0.2;    ← この分岐は死んだコード
}
```

あなたのコードベースから死んでいるコードを見つけて削除するのを援助してくれるツールは、数多く存在する。ほとんどの IDE は、参照されていないフィールド、メソッド、クラスを指摘してくれる。また、第 2 章で論じた FindBugs のようなツールにも、これに関するルールがある。

ゾンビコード

本当は死んでいるのに、まるで生きているように見えるコードがあって、それを私はゾンビコードと呼んでいる。本当に生きているのか、それとも死んでいるのかは、ただ周囲のソースを読むだけでは判定できない。ゾンビには、次のような例が含まれる。

- データベースのような外部リソースから受け取ったデータによって分岐するコードで、実際にトリガされることが一度もない分岐がある場合。
- Web サイトのページや、デスクトップアプリケーションの画面が、もうどこからもリンクされていない場合。

前者の例として、先ほどのサンプルを、armorStrength の値を DB から読むように変えてみよう。このコードを読むだけでは、armorStrength の値がどうなるかわからないので、このコードは妥当で、生きているように思える。

```
int armorStrength = DB.getArmorStrength(play.getId());
...
if (armorStrength < 10) {
    defenceRatio += 0.1;
} else {
    defenceRatio += 0.2;   ← この分岐は死んでいるか？
}
```

けれども、実際に DB にあるデータを見ると、5 百万人のプレイヤーは全員、10 未満の armorStrength を持っている。だから事実上、この else は決して実行されない。

この場合は、この変数値を DB に設定しているすべての場所をチェックして、armorStrength に 10 以上の値が設定されることが絶対にないことを確認し、それから、あなたがモデルを理解していることの証しとなるよう、DB に制約（constraint）を追加してから、最終的に不必要な else ブロックを削除すべきである。

どこからもリンクされていないページまたは画面の場合、ある Web アプリケーションの所与のページが本当に死んでいることを確認するのは、しばしば困難であり、時間がかかる。たとえリンクが存在しなくても、ユーザーは（たとえばブラウザのブックマークを介して）それを直接アクセスできるのだから、Web サーバーのアクセスログを調べて、そのページを削除しても安全かどうかをチェックする必要がありそうだ。

私は、ある大規模なレガシー Web アプリケーションの保守チームに参加したとき、ゾンビコー

ドの実例に襲われたことがある。そのチームに私が参加する前に、彼らはサイトのトップページに対するメジャーアップデートで A/B テストを行っていた。つまり、そのページには A と B の 2 つのバージョンがあって、ユーザーは、そのうちどちらかへと、DB にあるユーザー毎のフラグによって誘導されていた。そして、私はちっとも知らなかったのだが、その A/B テストは、とっくに終了していた（DB のフラグは、すべて同じ値に設定されていた）。それにもかかわらず、コンペに負けたほうのページを、誰も削除していなかった。だから、トップページに変更をかける必要があるたびに、私は両方のバージョンに対して、自分の変更を忠実に反映する努力をし、そのプロセスに大量の時間を浪費していたのだ。

A/B テスト

A/B テスト（A/B testing）は、Web サイトに対する変更がユーザーの振る舞いに与える影響を調査するために、よく使われるプロセスである。その基本となるアイデアは、その変更を、最初はサイトのユーザーのうち限られたセグメントだけに導入することだ。ユーザーは、A と B の 2 つに分類され、片方のグループには普通のサイトを提供するが、もう片方のグループには、新しい変更を含むバージョンのサイトを提供する。それから、両方のユーザーセグメントについて、主な計量を行い（ページビュー、注目時間、スクロール深度など）、結果を比較する。

期限切れのコード

とくに Web アプリケーションでは、ビジネスのロジックが、ある特定の期間だけ適用されることが多い。たとえば広告キャンペーンや A/B テストを、数週間だけ実施したい場合がある。World of RuneQuest ゲームの場合は、たぶんアプリケーション内部の購入について、ときどき半額セールを実行したりするだろう。それに対応する日付に関するロジックを、コードに入れる必要が生じるので、次のようなコードを目にすることが多い。

```
if (new DateTime("2014-10-01").isBeforeNow() &&
    new DateTime("2014-11-01").isAfterNow()) {
  // do stuff ...
}
```

こういう一時的なコードそのものが悪いというのではないが、開発者はしばしば、役割を果たし終えたコードを削除し忘れるから、コードベースが期限切れのコードだらけになってしまうのだ。この問題を防止する方法は、いくつかある。そのひとつは、あなたの問題追跡システムにリマインダーのチケットを入れて、そのコードを削除することを自分に思い出させるという方法だ。この場合は、そのチケットに必ず締め切りを記入し、誰か特定の人に割り当てる必要がある。そうしなければ、あっさり無視されてしまうだろう。

もっとスマートな解決策は、期限切れコードのチェックを次のように自動化することだ。

1. 期限のあるコードを書くときは、特定の書式を持つコメントを追加して、「期限付きコード」のマークを付ける。
2. コードベースをサーチして、上記の形式のコメントを解析し、期限切れのコードにフラグを立てるようなスクリプトを書く。
3. このスクリプトを定期的に実行し、もし期限切れのコードがあればビルドを失敗させるように、CI サーバーを設定する。こうすれば、問題追跡システムのチケットよりも、ずっと無視するのが難しくなるはずだ。

次のコードは、そういうコメントの例を示している。

```
// EXPIRES: 2014-11-01
if (new DateTime("2014-10-01").isBeforeNow() &&
    new DateTime("2014-11-01").isAfterNow()) {
  // do stuff ...
}
```

> **Note** **期限切れチェックをマクロを使って自動化する**
> マクロをサポートする言語（コンパイル時にマクロのコードを実行できる言語）では、もし期限切れのコードがあればプロジェクトのコンパイルが失敗するように設定できる。これをやってくれる Scala ライブラリで、私が知っているのは、Fixme (`https://github.com/tysonjh/fixme`) と DoBy (`https://github.com/leanovate/doby`) である。

だめなテスト

　レガシープロジェクトの保守を任されたとき、何らかの自動テストが含まれていたら、幸運だと思うかも知れない。たしかに自動テストはドキュメンテーションの代わりになることが多いし、テストが存在すること自体、コードの品質がある程度高いことを示唆するだろう。けれども注意が必要だ。テストの中には、まったくテストがないよりも悪いくらいなものがある。私は「だめなテスト」（toxic test）と呼んでいるが、どういう種類のものなのか、いくつか見ていこう。

何もテストしないテスト

　よいテストの基準は、それが手動であろうと、自動であろうと、ユニットテストでも機能テストでもシステムテストでも、とにかく、たった3つの言葉に集約される。つまり、given と、when と、then。

- 所与の条件または仮定で（given）
- このテストを行うときは（when）

- こういう結果になるはずだ（then）

ところがレガシープロジェクトでは、こんな単純なパターンに当てはまらないテストに遭遇することが、驚くほど多いのだ。私が見た多くのテストには、then の部分が欠けていた。つまり、テスト結果を想定されているものと比較してチェックするアサーションが含まれていないのである。

さて、我々の World of RuneQuest が、ゲーム内のイベントや、それに対応する通知を管理するのに、イベントバス（event bus）を使うと仮定しよう。たとえば、あるプレイヤーが、もう1人のプレイヤーに、ある条約を提案するとき、1個のイベントがイベントバスにポストされる。するとリスナが、そのイベントを取り上げて、相手プレイヤーに通知メールを送る。このイベントバスは「サイズ制限のあるキュー」（bounded queue）のデータ構造を使って実装されている。メモリの使用を制限するため、キューが満杯になったら最も古い要素が自動的に捨てられるのだ。次に示す JUnit 3 テストは、その BoundQueue が期待通りに働くことをチェックするために、元の開発者が書いたものらしい。

```java
public void testWorksAsItShould() {
    int queueSize = 5;
    BoundedQueue<Integer> queue =
            new BoundedQueue<Integer>(queueSize);
    for (int i = 1; i <= 20; i++){
        queue.enqueue(i);
    }
    while (!queue.isEmpty()) {
        System.out.println(queue.dequeue());
    }
}
```

おそらく、このテストは CI（継続的インテグレーション）以前の時代に書かれたのだろう。これを書いた人は、何度も実行されるとは思っていなかった。テストを実行したら、画面にプリントされた数を見て、期待通りかをチェックし、その後は、このテストのことを忘れてしまっただろう。

けれども、そんなテストは、もはや過去の遺物だ。テストを自動化してリグレッションを防ぎたいところだが、上記のテストでは役に立たない。たとえ BoundedQueue クラスの振る舞いを間違って変えてしまっても、このテストは失敗しない。ただ一連の数字をコンソールに出力するだけだ。

こういうテストは、とくに有害だ。これらは、実際には何もテストしていないくせに、ルック＆フィールだけはテストらしく見える。だからプロジェクトのテスト回数とテストカバレージを不当につり上げ、開発者に偽りの安心感を与えてしまう。ソリューションは簡単だ。テストに適切なアサーションを追加して修正するか、さもなければ削除しよう（この場合に限って言えば、

もっとよいソリューションは、テストを削除するだけでなく、BoundedQueue クラスそのものも削除して、代わりに Guava の `EvictingQueue` のような、信頼できるサードパーティ製の実装を使うことだろう）。

破綻しやすいテスト

　よいユニットテストはリファクタリングで価値を発揮する。つまり、コードベースのうち、所与の部分の振る舞いが保存されていることを確認できるのだ。けれども、リファクタリングを行っているときに、テストがしばしば破綻するようならば、それはテストそのものが、あまりにも壊れやすいことの印かも知れない。その場合、リファクタリングよりもテストの修復に時間をかける結果となって、テストが障害物になってしまうだろう。

　壊れやすくなる一般的な原因のひとつは、あまりに細かいレベルで単位テストを行っているからだ。先ほどと同じ BoundedQueue の例で、たとえば次のようなテストを書いたと想定しよう（今回は、JUnit 4 の構文を使っている）。

```
@Test
public void wibbleFlagIsSet() throws Exception {
    int queueSize = 5;
    BoundedQueue<Integer> queue =
            new BoundedQueue<Integer>(queueSize);
    Field wibble =          ← プライベートフィールドの"wibble"をアクセス可能にする
            BoundedQueue.class.getDeclaredField("wibble");
    wibble.setAccessible(true);

    assertThat(wibble.getBoolean(queue), is(false));  ← フラグは false で始まるはず

    for (int i = 1; i<= queueSize; i++) {            ← キューを満杯にする
        queue.push(i);
    }
    assertThat(wibble.getBoolean(queue), is(true));   ← フラグは true になった
}
```

　このテストは、Java のリフレクションを使ったハッキングによって、プライベートフィールドを強制的に提示（expose）させ、その値をチェックする。だから、もしあなたがリファクタリングの過程で、このフィールドを削除するか改名したら、このテストは破綻してしまう。

　一般に、このようなテストを書く必要はない。本来はコンポーネントが互いに提示している振る舞いだけをテストすべきであって、内部状態をテストすべきではないのだ。もしあなたが、あるクラスのプライベートメンバをアクセスしているテストを見つけたり、あるいは自分自身がそういうテストを書こうとしているのに気がついたときは、注意が必要だ。そのクラスは、あまりにも多くの情報を含んでいるか、あまりにも多くのことをしすぎているのかも知れない。もしそうなら、テストしやすい小さなクラスに分割することを考慮すべきだ。

ランダムに失敗するテスト

　よいテストは完全に確定的（deterministic）である。つまり、その結果はCPUの負荷、スレッドのスケジューリング、ネットワークの混雑、並行して実行されている他のテスト、その他の外部要因が変化しても影響されないはずである。けれども、ある種のテストは、この基準を満たさず、ときどき失敗する。その例としては、規定のタイムアウトが発生する前に処理が完了することに依存する同時性テストや、外部のデータベースやファイルシステムの内容に依存する統合テストなどがある。

　これらのテストは危険である。というのは、テストスイートで、いくつかテストが失敗しても正常なのだと開発者が考え始めるからだ。あなたのテストスイートは、可能な限りわかりやすい単純なものにすべきだ。テストの失敗がゼロならよいが、そうでない結果はすべて「大変なこと」である。もしあなたのテストスイートで、2つ3つのテストがときどき失敗するとしたら、こういう危機感を維持するのは困難だ。したがって、ランダムに失敗するテストは、どれも次のように処置すべきだ。

- 修正する（もし簡単ならば）
- 禁止する（修正できるが、いまはその時間がない、というとき）
- 削除または書き直し（修正が非常に難しそうな場合）

ヌルの使いすぎ

　null参照の発明者でもあるホーア（Tony Hoare）は、自分が次のような呼び出しを書いたのは「10億ドルの誤り」だったと述べている。

```
if (x == 0) {
    return null; ← やめろぉ!
}
```

　null参照は、プログラムにとって破滅の元だ。`NullPointerException`（あるいは.NETで、それと等価な`NullReferenceException`）を見るたびに、私は憂鬱になる。

　nullを使うと、コードを読むのも書くのも難しくなってしまう。なぜなら、少なくともJavaのような言語では、nullability（nullになる可能性）が明白にされていないからだ。あるコードブロックを読むとき、所与の変数の値がnullになり得るかどうかが明白ではないので、読む人は常に、「null参照の暗黙的な可能性」を忘れないようにしなければならない。

　近頃の言語は、nullに関する問題で開発者が苦労せずに済むように頑張っている。たとえばKotlinは、型システムにnullabilityの概念を組み込んでいて、`String`と`String?`は別のデータ型である。前者はnullを収容できず（non-nullable）、後者は収容できる（nullable）。また、コ

ンパイラもスマートで、あなたが nullable リファレンスに null チェックを行ったどうかを知っているから、次の例はコンパイルエラーになる。

```
print(player.getCharacterId())  ← player が nullable な Player?だとすれば
```

反対に、次の例は無事にコンパイルされる。

```
if (player != null) {
    print(player.getCharacterId())
}
```

また、Scala は標準ライブラリで Option 型を提供することによって、null を使う必要性を減らしている。Option 型の値は、(thing の値があることを示す) Some(thing) か、(値がないことを示す) None の、どちらかであり、後者は、他の言語で null が果たしてきた役割を引き継いでいる。「null を None で置き換えても、別にメリットはないだろう」と思われるかも知れないが、ここで重要なのは、Option 型では「結果は存在しませんでした」というケースが明白となって、開発者にその処理を強制するのに対し、結果が null だと簡単に無視されやすいということだ。

データベースから Player を取り出すコードを例として、Java と Scala を比較してみよう。まずは、Java だ。

```
                ↓ もし ID が 123 のプレイヤーが存在しなければ、null を返す
Player player = playerDao.findById(123);
System.out.println("Player name: " + player.getName());
```

この Java の場合、開発者が null チェックを入れ忘れたので、もしプレイヤー 123 がデータベースになかったら、このコードは NullPointerException を送出する。

では、同じコードを Scala で書いたものを見よう。

```
                     ↓ Option[Player] を返す
val maybePlayer = playerDao.findById(123)
// 結果に対してパターンマッチを行う
maybePlayer match {
    case Some(player) => println("Player name: " + player.getName())
    case None => println("No player with ID 123")
}
```

この場合、DAO が Option オブジェクトを返すので、プレイヤーが存在する場合とプレイヤーが存在しない場合の、両方のケースがあることが明白となり、我々は両方のケースを適切に処理するよう強制される。

Scala などの言語で使われているアプローチを Java でエミュレートすることは可能だ。も

もしあなたが Java 8 を使っていれば（レガシーコードの場合、たぶんそうではないと思うが）、`java.util.Optional` クラスを利用できる。そうでなくても、Google の Guava ライブラリには（他の便利なユーティリティの大群に加えて）`com.google.common.base.Optional` というクラスがある。次の例は、先ほどのコードを書き換える方法を、Java 8 の `Optional` を使って示すものだ。

```
Optional<Player> maybePlayer = playerDao.findById(123);
if (maybePlayer.isPresent()) {
    System.out.println("Player name: " + maybePlayer.get().getName());
} else {
    System.out.println("No player with ID 123");
}
```

null を幅広く使っているレガシー Java コードが大量にあって、すべてを `Optional` を使うように書き直したくはないという場合でも、「null になる可能性」（nulability）の追跡管理を行ってコードの読みやすさを向上させるシンプルな方法がある。JSR 305 の Java アノテーション[4]を使うと、あなたのコードのさまざまな部分について、それが null になる可能性（nullable か、non-null か）を文書化することができる。これは純粋なドキュメンテーションとしても、コードを読みやすくするのに役立つが、FindBugs や IntelliJ IDEA のようなツールも、このアノテーションを認識してくれるので、それらを使って静的な解析を行えば、潜在的なバグを見つけることができる。

これらのアノテーションを使うためには、まずプロジェクトの dependency に、これを追加する。

```
<dependency>
    <groupId>com.google.code.findbugs</groupId>
    <artifactId>jsr305</artifactId>
    <version>3.0.0</version>
</dependency>
```

こうしておけば、たとえば`@Nonnull`、`@Nullable`、`@CheckForNull` といったアノテーションを、あなたのコードに追加できるようになる。これらのアノテーションは、レガシーコードを読み進むときはいつでも追加する癖を付けるとよい。そうすれば理解しやすくなり、次に読む人が楽になる。次の例は、JSR 305 のアノテーションを追加したメソッドを示している。

---

[4] 訳注：Annotations for Software Defect Detection (https://www.jcp.org/en/jsr/detail?id=305)。InfoQ のニュース「JSR-305:ソフトウェア欠陥検出用アノテーション」(https://www.infoq.com/jp/news/2008/07/jsr-305-update) を参照（2008 年投稿）。

```
@CheckForNull
public List<Player> findPlayersByName(@Nonnull String lastName,
                                      @Nullable String firstName) {
  ...
}
```

ここで、`@CheckForNull`というアノテーションは、「このメソッドはnullを返すかも知れない」（たぶん、マッチするプレイヤーがいないか、エラーが発生したときに）という意味だ。`@Nonnull`というアノテーションは、第1パラメータがnullであってはならないという意味、`@Nullable`というアノテーションは、第2パラメータとしてnullを渡してもよいという意味である。

> **他の言語における null**
>
> Java以外の言語は、さまざまな方法でnullを扱う。たとえばRubyにはnilがあるが、これは「オブジェクトが存在しない」という意味でfalse（偽）のように使うから、ある変数を参照する前にnilかどうかをチェックする必要は、あまりないのである。
>
> どの言語であろうと一般にNull Objectパターンを使うことが可能である。つまり、その言語に組み込まれているヌルに頼るのではなく、値が存在しないことを表現するオブジェクトを自分で定義するのだ。wikipedia（英文）には、さまざまな言語におけるNull Objectパターン[5]の単純な例が載っている（https://en.wikipedia.org/wiki/Null_Object_pattern）。

不必要な「ミュータブル」（mutable）状態

　ミュータブル（変更可能）なオブジェクトを不必要に使っているコードは、nullを使いすぎると同じくらい読みにくく、デバッグしにくい。一般に、オブジェクトをイミュータブル（変更不可能）にすれば、開発者がプログラムの状態を追跡管理しやすくなる。とくにマルチスレッドプログラムでは、「2本のスレッドが同じオブジェクトに対して同時に変更を試みたらどうなるだろうか」と心配する必要がなくなる。オブジェクトが変更不可能ならば、そもそも書き換えられることがないのだ。

　レガシーのJavaコードにミュータブルな状態が多いのには、2つの理由がある。

- 歴史 ─ Java Beansが流行した頃は、すべてのモデルクラスをミュータブルにして、getter/setterも付けるのが標準的な使い方だった。

---

[5] 訳注：Null Objectパターンについては、ファウラー著『リファクタリング』の「ヌルオブジェクトの導入」（pp.260-266）、『パターン指向リファクタリング入門』の「ヌルオブジェクトの導入」（pp.319-328）を参照。またJavaのnullについては、『Effective Java 第2版』の項目43「nullではなく、空配列か空コレクションを返す」、『Java言語で学ぶリファクタリング入門』の第4章「ヌルオブジェクトの導入」を参照。

- 性能 ― イミュータブル（immutable）オブジェクトを使うと、結果的に寿命の短いオブジェクトが頻繁に作成され破棄されることが多い。このようにオブジェクトが激動すると、初期の Java では GC の問題が生じた。けれども、(HotSpot JVM のガベージファーストのような) 新しい GC では、問題にならないのが普通だ。

もちろんミュータブルが適した場所もある。たとえば、システムを有限オートマトン（finite state machine）としてモデリングするのは、ミュータブルな状態を要する便利なテクニックだ。けれども私は普通、イミュータブル（変更不可能）をデフォルトとしてコードを設計し、例外的にミュータブルを導入するのは、そのほうが理路整然としている場合か、プロファイリングを行った結果、イミュータブルなコードが性能のボトルネックだと証明された場合に限っている。

既存のミュータブルクラスをイミュータブルにする作業は、だいたい次のようなステップとなる。

1. すべてのフィールドを、final とマークする。
2. すべてのフィールドを初期化するためのコンストラクタ引数を追加する。また、この章で前に示したように、ビルダーを導入したいかも知れない。
3. すべての setter を、そのオブジェクトの新しいバージョンを作成して返すように更新する。また、メソッド名を、新しい振る舞いを反映した名前に改めたいかも知れない。
4. すべてのクライアントコードを、このクラスのインスタンスをイミュータブルなものとして使うように更新する。

World of RuneQuest で、プレイヤーが「魔法の呪文」を取得して使うことができると想像しよう。呪文（spell）は、数種類しか存在せず、それらは大きな重量級のオブジェクトなので、メモリの効率からいえば、それぞれの呪文について 1 個のシングルトンオブジェクトをメモリに置き、それを複数のプレイヤーで共有するのが望ましい。ところが、呪文は現在、ミュータブルに実装され、呪文が持ち主によって何回使われたかを、その Spell オブジェクト自身が追跡管理しているので、呪文オブジェクトを複数のユーザーで共有することができない。次の例は Spell の、現在の（ミュータブルな）実装を示している。

```
class Spell {
    private final String name;
    private final int strengthAgainstOgres;
    private final int wizardry;
    private final int magicalness;
                         ← 他にも数多くのフィールドがある

    private int timesUsed = 0;    ← このフィールドだけがミュータブル
```

```
                              ← コンストラクタ、その他のメソッド

    public void useOnce() {
        this.timesUsed += 1;
    }
}
```

けれども、`timesUsed` フィールドを `Spell` の外に出してしまえば、このクラスは完全にイミュータブルとなって、すべてのユーザーが共有しても安全になる。だから、`Spell` のインスタンスと利用カウンタを格納する新しいクラス、`SpellWithUsageCount` を作ればよい。それを次の例で示す。この新しい `SpellWithUsageCount` クラスもイミュータブルであることに注目しよう。

```
class SpellWithUsageCount {
    public final Spell spell;         ← Spell から timesUsed フィールドを削除して
    public final int timesUsed;       ← ここに移した

    public SpellWithUsageCount(Spell spell, int timesUsed) {
        this.spell = spell;
        this.timesUsed = timesUsed;
    }

    /**           ↓ 利用カウントをインクリメントして、このオブジェクトのコピーを返す
     * Increment the usage count.
     * @return a copy of this object, with the usage count incremented by one
     */
    public SpellWithUsageCount useOnce() {
        return new SpellWithUsageCount(spell, timesUsed + 1);
    }
}
```

これは 2 つの理由で、元のコードよりも改善されている。まず、重量級の `Spell` オブジェクトを、システム内の全部のプレイヤーが共有できる。あるプレイヤーの行動が他のプレイヤーの状態に意図しない影響を与える危険なしに、大量のメモリを節約できるのだ。また、2 本のスレッドが同じ `Spell` を同時に更新しようとして状態を壊してしまう潜在的なバグの可能性からも安全になっている。イミュータブルなオブジェクトは、複数オブジェクトからも、複数スレッドからも、安全である。

> **他の言語における「イミュータビリティ」（immutability）**
> Java以外の主流な言語は、イミュータビリティをさまざまな度合いで提供している。
>
> - C#によるイミュータビリティのサポートは良好だ。readonlyキーワードで、特定のフィールドに、ライトワンス（write-once）のマークを付けることができる（つまり、いったん初期化したら変更不可能になる）。また、匿名型（anonymous types）によって、イミュータブルなオブジェクトを簡単に作成できる。標準ライブラリにも、いくつかのイミュータブルなコレクションが含まれている。
> - Python、Ruby、PHPなどの動的な言語は、イミュータビリティを、あまりサポートしていない。これらの言語で書かれたイディオム的なコードは、一般にミュータブルな傾向がある。だが、少なくともPythonは、set（集合）など一部の組み込み型で、インスタンスを「凍結」する能力を提供している（frozenset）。Rubyには、イミュータブルなコレクションの素敵なライブラリとして、Hamster（https://github.com/hamstergem/hamster）がある。

複雑怪奇なビジネスロジック

レガシーアプリケーションのビジネスロジックは、非常に複雑で追いかけるのが困難に思われることが多い。これには普通、2つ理由がある。

- そのビジネスルールが本当に複雑である。あるいは、最初はシンプルだったのに、だんだん複雑になった。たとえばシステムが製品化された後の年月で、特別なケースや控除などが、どんどん追加された。
- ビジネスロジックが、ロギングや例外処理など別のプロセスと、ごっちゃになっている。

まずは、サンプルを見よう。World of RuneQuestが、バナー広告から収入の一部を得ていると想像してほしい。次に示すクラスは、所与のプレイヤーの所与のページで表示すべきバナーを選択する。

```java
public class BannerAdChooser {
    private final BannerDao bannerDao = new BannerDao();
    private final BannerCache cache = new BannerCache();

    public Banner getAd(Player player, Page page) {
        Banner banner;
        boolean showBanner = true;

        // まずはキャッシュを見る
        banner = cache.get(player, page);
```

```
if (player.getId() == 23759) {
    // このプレイヤーには広告を表示しない
    // サポートチケット #4839 参照
    showBanner = false;
}

if (page.getId().equals("profile")) {
    // プレイヤーのプロファイルページには広告を表示しない
    showBanner = false;
}

if (page.getId().equals("top") &&
    Calendar.getInstance().get(DAY_OF_WEEK) == WEDNESDAY) {
    // 水曜のトップページには表示しない
    showBanner = false;
}

if (player.getId()%5== 0){ ← A/B テストの対象を選出
    // A/B テスト対象のプレイヤーにバナー 123 を表示
    banner = bannerDao.findById(123);
}

if (showBanner && banner == null) {
    banner = bannerDao.chooseRandomBanner();
}

if (banner.getClientId() == 393) {
    if (player.getId() == 36645) {
        // このクライアントと、このプレイヤーは
        // 敵対関係なので広告を出してはだめ!
        showBanner = false;
    }
}
                    ← 他にも無数のチェックと条件...

// 選択を 30 分キャッシュする
cache.put(player, page, banner, 30 * 60);

if (showBanner) {
    // 選択したバナーを記録
    logImpression(player, page, banner);
}
return banner;
    }
}
```

このように特殊なケースが長年積もり積もって、非常に長くて不格好なメソッドになっている。これらはどれも必要だとわかっているので、ただ削除するわけにはいかない。だが、読みやすく、

テストしやすく、管理しやすいものにするため、コードをリファクタリングすることは可能だ。このBannerAdChooserのリファクタリングには、標準的なデザインパターンである、DecoratorとChain of Responsibilityの2つ[6]を組み合わせることにしよう。次に、そのプランを示す。

1. Chain of Responsibilityパターンを使って、個々のビジネスルールを、それぞれテスト可能なユニットに分離する。
2. Decoratorパターンを使って、実装の詳細（キャッシングとロギング）を、ビジネスロジックから切り離す。

これが終わると、このコードの概略は、図4-8に示すようなものとなる。

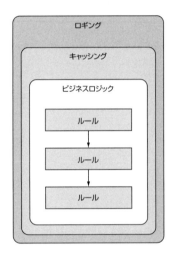

図4-8：Chain of ResponsibilityとDecoratorのパターンを使って、BannerAdChooserクラスをリファクタリングする計画

最初に作成する抽象クラス`Rule`が、それぞれのビジネスルールによって拡張される。個々の具象サブクラスは、2つのメソッドを実装する。ひとつは、所与のプレイヤーとページにルールが該当するかを決め、もうひとつは、実際にルールを適用する。

```
abstract class Rule {
```

---

[6] **訳注**：Decoratorパターンは、GoF『デザインパターン』のほか、『パターン指向リファクタリング入門』の「Decoratorによる拡張機能の書き換え」、『増補改訂版 Java言語で学ぶデザインパターン入門』の第12章に記述がある。Chain of Responsibilityパターンは、『デザインパターン』のほか、『増補改訂版 Java言語で学ぶデザインパターン入門』の第14章などに記述がある。日本語wikipediaも参照。

```java
    private final Rule nextRule;

    protected Rule(Rule nextRule) {
        this.nextRule = nextRule;
    }

    /**
     * このルールは所与のプレイヤーとページに該当するか?
     */
    abstract protected boolean canApply(Player player, Page page);

    /**
     * 表示すべきバナーを選択するルールを適用する
     * バナーを返す。null の可能性がある
     */
    abstract protected Banner apply(Player player, Page page);

    Banner chooseBanner(Player player, Page page) {
        if (canApply(player, page)) {
            // このルールを適用する
            return apply(player, page);
        } else if (nextRule != null) {
            // 次のルールを試す
            return nextRule.chooseBanner(player, page);
        } else {
            // もう試すべきルールがない
            return null;
        }
    }
}
```

次に、それぞれのビジネスルールについて、Rule の具象サブクラスを書く。2 つだけ例を示そう。

```java
final class ExcludeCertainPages extends Rule {

    // バナーを表示しないページ
    private static final Set<String> pageIds =
        new HashSet<>(Arrays.asList("profile"));

    public ExcludeCertainPages(Rule nextRule) {
        super(nextRule);
    }

    protected boolean canApply(Player player, Page page) {
        return pageIds.contains(page.getId());
    }
```

```
    protected Banner apply(Player player, Page page) {
        return null;
    }
}

final class ABTest extends Rule {
    private final BannerDao dao;

    public ABTest(BannerDao dao, Rule nextRule) {
        super(nextRule);
        this.dao = dao;
    }

    protected boolean canApply(Player player, Page page) {
        // プレイヤーは A/B テストのセグメント内か？
        return player.getId() % 5 == 0;
    }

    protected Banner apply(Player player, Page page) {
        // A/B テストセグメント内のプレイヤーにバナー 123 を表示
        return dao.findById(123);
    }
}
```

いったん Rule を実装したら、それらを連結して Chain of Responsibility を作る。

```
Rule buildChain(BannerDao dao) {
    return new ABTest(dao,    ← 本当はもっと長いチェインだが省略
        new ExcludeCertainPages(
        new ChooseRandomBanner(dao)));
}
```

表示すべきバナーを選択するときは、適合するものが見つかるまで、それぞれのルールが試される。

これで個々のビジネスルールを、きれいに分離独立させることができた。次のステップは、キャッシングとロギングのコードをデコレータに移す作業だ。最初に、`BannerAdChooser` クラスからインターフェイスを抽出しよう。それぞれのデコレータは、このインターフェイスを実装する。

このインターフェイスには、`BannerAdChooser` という名前を使い、具象クラスでは、これを `BannerAdChooserImpl` という名前に変える（まったく冴えない名前だが、結局は置き換えてしまうのだ）。

```
interface BannerAdChooser {
    public Banner getAd(Player player, Page page);
```

```
    }
final class BannerAdChooserImpl implements BannerAdChooser {
    public Banner getAd(Player player, Page page) {
        ...
    }
}
```

次に、このメソッドを基本ケースと 2 つのデコレータに分割する。次に示す基本ケースが、Chain of Responsibility による実装のメインになる。

```
final class BaseBannerAdChooser implements BannerAdChooser {
    private final BannerDao dao = new BannerDao();
    private final Rule chain = createChain(dao);

    public Banner getAd(Player player, Page page) {
        return chain.chooseBanner(player, page);
    }
}
```

また、それぞれキャッシングとロギングの面倒を舞台裏で見る（トランスペアレントに処理する）2 つのデコレータを作る。

次にコードを示すデコレータは、既存のバナー広告ロジックをキャッシングでラップするためのものだ。広告を要求されると、このデコレータは、最初に適切な広告がキャッシュに入っているかどうかを調べる。もしあれば、それを返す。キャッシュになければ、広告の選択を基底の `BannerAdChooser` に委譲（delegate）し、その結果をキャッシュする。

```
final class CachingBannerAdChooser implements BannerAdChooser {
    private final BannerCache cache = new BannerCache();
    private final BannerAdChooser base;

    public CachingBannerAdChooser(BannerAdChooser base) {
        this.base = base;
    }

    public Banner getAd(Player player, Page page) {
        Banner cachedBanner = cache.get(player, page);
        if (cachedBanner != null) {
            return cachedBanner;
        } else {
            // base に処理を委譲
            Banner banner = base.getAd(player, page); ← 広告の選択
            // 結果を 30 分だけキャッシュする
            cache.put(player, page, banner, 30 * 60);
            return banner;
```

```
            }
        }
}
```

次に示すコードは、もうひとつのデコレータで、こちらはロギングを追加する。広告の選択は、基底の `BannerAdChooser` に委譲し、その結果をログに出してから、呼び出し側に戻る。

```
final class LoggingBannerAdChooser implements BannerAdChooser {
    private final BannerAdChooser base;

    public LoggingBannerAdChooser(BannerAdChooser base) {
        this.base = base;
    }

    public Banner getAd(Player player, Page page) {
        // base に処理を委譲
        Banner banner = base.getAd(player, page);  ← 広告の選択
        if (banner != null) {
            // 広告をログに記録
            logImpression(player, page, banner);
        }
        return banner;
    }

    private void logImpression(...) {
        ...
    }
}
```

最後に、すべてのデコレータを正しい順序で結合するファクトリーが必要だ。

```
final class BannerAdChooserFactory {

    public static final BannerAdChooser create() {
        return new LoggingBannerAdChooser(
            new CachingBannerAdChooser(
                new BaseBannerAdChooser()));
    }
}
```

以上で、個々のビジネスルールを別のクラスに分離し、キャッシングとロギングの実装の詳細をビジネスロジックから分離できたので、コードは読みやすく、保守しやすく、拡張しやすくなっているはずだ。Chain of Responsibility も、Decorator も、必要に応じてレイヤーの追加や削除や入れ替えを、とても簡単に行えるパターンである。また、ビジネスルールも実装の詳細も、単独でテストできるようになった（以前は不可能だった）。

ビューレイヤーの複雑さ

　MVC（Model-View-Controller）は、GUI を提供するアプリケーション（とくに Web アプリケーション）で、一般に使われているパターンだ。理論的には、すべてのビジネスロジックは、ビューに入れずにモデルの中に入れておくべきであり、コントローラはユーザー入力を受け取ってモデルを操作する処理の詳細を分担する。

　けれども実際には、ビューのレイヤーにロジックが入り込みやすい。これはしばしば、複数の目的に同じモデルを再利用しようとした結果である。たとえば、リレーショナルデータベースへと容易にシリアライズできるように設計されたモデルは、DB スキーマを直接反映するが、そういうモデルは、たぶん、そのままビューレイヤーに渡すのには適していないだろう。もしそうしたら結局は、そのモデルをユーザー表示に適した形式に変換する大量のロジックを、ビューレイヤーに入れることになってしまうはずだ。

　ビューレイヤーにロジックが溜まるのが問題なのは、次の理由があるからだ。

- ビューレイヤーに使われるテクノロジー（たとえば Java の Web アプリケーションなら JSP など）は、普通は自動テストに適さないので、そこに置かれたロジックをテストできない。
- 使われるテクノロジーによっては、ビューレイヤーのファイルがコンパイルされないので、コンパイル時にエラーを捕捉できない。
- ビューレイヤーでは、ビジュアルデザイナーやフロントエンドエンジニアのような人々と仕事をすることがあるかも知れないが、もしマークアップにソースコードの断片が入り交じっていたら、それが難しくなる。

　これらの問題を緩和するには、モデルとビューの間に変換レイヤーを導入するという方法がある。図 4-9 の右側に示すレイヤーがそれで、「プレゼンテーションモデル」または「ビューモデル」と呼ばれることもあるが、私は「ビューアダプタ」（View adapter）と呼ぶことが多い。ロジックをビューから出してビューアダプタに入れることによって、ビューのテンプレートが単純になり、読みやすく、保守しやすくなる。また、変換のロジックもテストしやすくなる。ビューアダプタは普通のオブジェクトなので、ビューのテクノロジーに依存せず、したがって他のソースコードと同様にテストできるからだ。

4.2 レガシーコードの一般的な特徴とリファクタリング

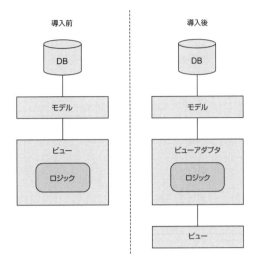

図4-9：ビューアダプタを導入する

ひとつ例を示そう。World of RuneQuest には、プレイヤーのキャラクターに関する情報（名前、種族、特技など）を格納する、`CharacterProfile` オブジェクトがある。このモデルは、キャラクターのプロファイルページにレンダリングするため、JSP に渡す必要がある。次に、その `CharacterProfile` を示す。

```
class CharacterProfile {
    String name;
    Species species;
    DateTime createdAt;
      ...
}
```

次のコードは、その JSP の断片である。

```
<table>
  <tr>
    <td>Name</td>
    <td>${profile.name}</td>
  </tr>

  <c:choose>
    <c:when test="${species.name == 'orc'}">
      <c:set var="speciesTextColor" value="brown" />
    </c:when>
    <c:when test="${species.name == 'elf'}">
```

```
      <c:set var="speciesTextColor" value="green" />
    </c:when>
    <c:otherwise>
      <c:set var="speciesTextColor" value="black" />
    </c:otherwise>
  </c:choose>

  <tr>
    <td>Species</td>
    <td style="color: $speciesTextColor">${profile.species.name}</td>
  </tr>

  <%
    CharacterProfile profile = (CharacterProfile)(request.getAttribute("profile"));
    DateTime today = new DateTime();
    Days days = Days.daysBetween(profile.createdAt, today);
    request.setAttribute("ageInDays", days.getDays());
  %>

  <tr>
    <td>Age</td>
    <td>${ageInDays} days</td>
  </tr>
</table>
```

このJSPは、ひどいものだ。プレゼンテーションとロジックが入り乱れて、とても読みにくい。そこで、`CharacterProfile` モデルを直接渡す代わりに、ビューアダプターを導入し、それをJSPに渡すことにしよう。

次に示すコードでは、すべてのロジックをJSPから抽出して、それをビューアダプターに入れてある。このクラスは、`CharacterProfileViewAdapter` と呼ぶほうがよいかも知れないが、それもちょっと長すぎる。名前を短くするため、私は一般に、`Foo` モデルのためのビューアダプタークラスは、`FooView` と名付けている。

```
class CharacterProfileView {
    private final CharacterProfile profile:

    public CharacterProfileView(CharacterProfile profile) {
        this.profile = profile;
    }

    public String getName() {
        // 基底モデルのプロパティをそのまま返す
        return profile.getName();
    }

    public String getSpeciesName() {
```

```java
            return profile.getSpecies().getName();
        }

        public String getSpeciesTextColor() {
            if (profile.getSpecies().getName().equals("orc")) {
                return "brown";
            } else if (profile.getSpecies().getName().equals("elf")) {
                return "green";
            } else {
                return "black";
            }
        }

        public int getAgeInDays() {
            DateTime today = new DateTime();
            Days days = Days.daysBetween(profile.createdAt, today);
            return days.getDays();
        }

        ...
}
```

次のコード断片は、このビューアダプターを利用すると JSP がどうなるかを示している。

```
<table>
  <tr>
    <td>Name</td>
    <td>${profile.name}</td>
  </tr>
  <tr>
    <td>Species</td>
    <td style="color: ${profile.speciesTextColor}">${profile.speciesName}</td>
  </tr>
  <tr>
    <td>Age</td>
    <td>${profile.ageInDays} days</td>
  </tr>
</table>
```

ほら、ずいぶん良くなった。ロジックはテスト可能な Java クラスに入っているし、テンプレートは前よりもずっと読みやすい。ちなみに、もしロジックをビューレイヤーから必ず排除できるという自信がなければ、ビューに「ロジックの少ないテンプレートテクノロジー」を選ぶことで、それを自分に強制できる。Web アプリケーション用にシンプルで読みやすいビューを構築するのに、私は Mustache のような、ロジックの少ないテンプレート言語を使って成功している。このテンプレートは、Web デザイナーが書いて保守できるので、開発者はビジネスロジックに専念できる。

> **他の言語への応用**
>
> この「View Adapter」パターンは、Java と JSP テンプレートに固有なものではない。あなたが Ruby と ERB や、ASP.NET や、その他のテクノロジーを使っていても、このパターンは有効だ。何らかの種類の UI を持つアプリケーションでは、複雑なロジックをビューレイヤーに置かないことができるし、そうすべきである。

>>> 参考文献

ここではリファクタリングに手を出して、その表面を撫でただけである。もしあなたがリファクタリングについて、もっと勉強したければ、この話題に特化した素晴らしい本が、たくさん出ている。次に、著者が推奨する本を 3 冊あげる。

- 『Refactoring: Improving the Design of Existing Code』by Martin Fowler et al. (Addison-Wesley Professional, 1999)。この本は、少し古くなったが(これが書かれたのは Java が version 1.2 だった頃だ)、古典であり、いまでも偉大なリファレンスである。パターンベースのアプローチによって、どのような状況で、特定のリファクタリングを使えるかを記述している。
    - ▷ 邦訳は『リファクタリングプログラミングの体質改善テクニック』(マーチン・ファウラー著、児玉公信／友野晶夫／平澤章／梅沢真史訳、ピアソン・エデュケーション、2000 年／オーム社「新装版」、2014 年)
- 『Refactoring to Patterns』by Joshua Kerievsky (Addison-Wesley Professional, 2004)。この本は、明確な構造のないレガシーコードを、マーチン・ファウラーの本に記述されたリファクタリングを使って、既知のデザインパターンに向けて改善する方法を、簡潔に示している。
    - ▷ 邦訳は『パターン指向リファクタリング入門』(ジョシュア・ケリーエブスキー著、ウルシステムズ／小黒直樹／村上歴／高橋一成監訳、越智典子訳、日経 BP 社、2005 年)

  この本を読む前にデザインパターンについて勉強し直したいなら、『Design Patterns: Elements of Reusable Object-Oriented Software』by Erich Gamma, Richard Helm, Ralph Johnson, and John Vlissides (Addison-Wesley Professional, 1994) をどうぞ(これは Gang of Four book とも呼ばれている)。
    - ▷ 邦訳は『オブジェクト指向における再利用のための デザインパターン』(「改訂版」本位田真一／吉田和樹監訳、ソフトバンク、1999 年)
- 『Principle-Based Refactoring』by Steve Halladay (Principle Publishing, 2012)。この本も、便利なリファクタリングテクニックが満載だが、とくに「人には釣り方を教えよ」という教育的アプローチ[7]を使っていて、ただ何十ものルールを丸暗記するのではなく、その根底にあるソフトウェア設計の原則を学ぶことの価値を促進している。

やさしい日本語で書かれた結城浩氏による入門書もあげておく。

---

[7] 訳注：「人に魚をやれば、そいつは 1 日食えるだろう。釣り方を教えれば、一生食えるだろう」ということわざ。

- 『増補改訂版 Java 言語で学ぶデザインパターン入門』（ソフトバンク、2004 年）
- 『増補改訂版 Java 言語で学ぶデザインパターン入門 マルチスレッド編』（ソフトバンク、2006 年）
- 『Java 言語で学ぶリファクタリング入門』（ソフトバンク、2007 年）

4.3　レガシーコードをテストする

　レガシーコードをリファクタリングするとき、自動テストは、「リファクタリングがソフトウェアの振る舞いに間違った影響を与えていない」という貴重な保証を与えてくれる。この節では、そういう自動テストを書く方法について述べるとともに、テストできないコードに直面したとき、どうすればよいかを考える。

テストできないコードをテストする

　リファクタリングを開始する前に、ユニットテストを準備しておきたいものだ。けれども、ユニットテストを書ける状態にするには、コードをリファクタリングしてテスト可能にする必要がある。だけれど、リファクタリングを開始する前に、ユニットテストを準備しておきたい……。

　この「ニワトリとタマゴ」状況は、レガシーコードに後からテストを追加しようとするとき、しばしば直面するものだ。もしリファクタリングする前にユニットテストを準備することにこだわったら、この矛盾は解決できそうにない。けれども、もしわずかなテストを準備できたら、リファクタリングを開始できる。それによって、ソフトウェアは、もっとテスト可能になり、より多くのテストを書くことができ、その結果として、さらに多くのリファクタリングが可能になる……。このことも覚えておくべきだ。

　これはちょうど、オレンジの果皮を剥くようなものだ。最初は、完全に丸くて入り込む隙がないように思われるが、いったん力を加えて皮を破ったら、あとは簡単に剥けてしまう。だから、いわば皮を破って最初のテストを準備するために、我々の基準を一時的に落とす必要がある。つまりテストなしにリファクタリングするのだが、そのときは、コードレビューによって、その埋め合わせをすることができる。

　コードをテスト可能にしようとするとき、最優先の課題は、依存関係から隔離することだ。コードが対話処理を行うすべてのオブジェクトを、我々が制御できるオブジェクトで置き換えたい。そうすれば、何でも好きな入力を与えて、その応答を計測できる（応答が値を返す場合も、他のオブジェクトのメソッドを呼び出す場合も）。

　では、レガシーコードの一部をテストハーネスにかけるためにリファクタリングする例を見よう。ここでテストしたいのは、World of RuneQuest で 2 人のプレイヤーが対戦するのに使われる、`Battle` クラスだと想像しよう。残念ながら `Battle` は、いわゆる「神クラス」に依存しまくっている。`Util` という名前の、3 千行もある怪物クラスだ。このクラスには、ありとあらゆる

便宜を行う静的メソッドが詰め込まれ、あらゆる場所から参照されている。

>
> **Util に注意**
> Util という言葉を含む名前のクラスを見たら、頭の中で警報を鳴らすべきだ。たぶんそれは、リファクタリングの候補である（もっと意味のある名前に変えるだけでも改良になる）。

次に示すのが、取りかかる前のコードである。

```
public class Battle {
    private BattleState = new BattleState();
    private Player player1, player2;

    public Battle(Player player1, Player player2) {
        this.player1 = player1;
        this.player2 = player2;
    }

    ...

    public void registerHit(Player attacker, Weapon weapon) {
        Player opponent = getOpponentOf(attacker);
        int damageCaused = calculateDamage(opponent, weapon);
        opponent.setHealth(opponent.getHealth() -damageCaused);

        Util.updatePlayer(opponent);

        updateBattleState();
    }
    public BattleState getBattleState() {
        return battleState;
    }

    ...

}
```

このクラスのコンストラクタは、シンプルで何の問題もないので、テストするためにインスタンスを構築するのは簡単だ。また、内部状態を提示するパブリックメソッドもあるので、それをテストで便利に使えるだろう。ただし、`Util.updatePlayer(opponent)` という怪しい呼び出しが何をやっているのか、まったくわからないが、いまはそれを無視してテストを書いてみよう。

```
public class BattleTest {
```

```
    @Test
    public void battleEndsIfOnePlayerAchievesThreeHits() {
        Player player1 = ...;
        Player player2 = ...;
        Weapon axe = new Axe();
        Battle battle = new Battle(player1, player2);

        battle.registerHit(player1, axe);
        battle.registerHit(player1, axe);
        battle.registerHit(player1, axe);

        BattleState state = battle.getBattleState();
        assertThat(state.isFinished(), is(true));
    }
}
```

では、テストを実行して……、おっと！ ようやくわかったが、例の`Util.updatePlayer(player)`メソッドは、`Player`オブジェクトをデータベースに書くだけでなく、ユーザーに電子メールを送るかも知れない（キャラクターが弱っているとか、孤独だとか、黄金を使い果たしたとかの通知を送るのだ）。こういう副作用は、我々のテストで、ぜひとも防止しておきたい。どうすれば修正できるか、調べよう。

`Battle`クラスが依存しているのは静的メソッドなので、`Util`のサブクラスを作ってメソッドをオーバーライドするようなトリックは使えない。代わりに、その静的メソッドコールをラップするメソッドを持つ、新しいクラスを作る必要がある。そして`Battle`には、その新しいクラスのメソッドを呼び出させる。言い換えると、`Battle`と`Util`の間に、間接参照（indirection）のレイヤーを挟むのだ。テストでは、我々自身が実装した、このバッファクラスを置き換えることで、不要な副作用を避けることができる。

まずはインターフェイスを作ろう。

```
interface PlayerUpdater {
    public void updatePlayer(Player player);
}
```

また、製品コードで使うための、このインターフェイスの実装も作る。

```
public class UtilPlayerUpdater implements PlayerUpdater {

    @Override
    public void updatePlayer(Player player) {
        Util.updatePlayer(player);
    }
}
```

次に、この`PlayerUpdater`を`Battle`に渡す手段が必要だから、コンストラクタのパラメータを追加する。ここではテスト用に`protected`コンストラクタを作って、既存の`public`コンストラクタのシグネチャを変えないようにしている点に注目していただきたい。

```
public class Battle {
    private BattleState = new BattleState();
    private Player player1, player2;
    private final PlayerUpdater playerUpdater;

    public Battle(Player player1, Player player2) {
        this(player1, player2, new UtilPlayerUpdater());
    }

    protected Battle(Player player1, Player player2,
                     PlayerUpdater playerUpdater) {
        this.player1 = player1;
        this.player2 = player2;
        this.playerUpdater = playerUpdater;
    }

    ...

    public void registerHit(Player attacker, Weapon weapon) {
        Player opponent = getOpponentOf(attacker);
        int damageCaused = calculateDamage(opponent, weapon);
        opponent.setHealth(opponent.getHealth() -damageCaused);

        playerUpdater.updatePlayer(opponent);

        updateBattleState();
    }
    ...
}
```

Java の protected メソッド

新しいコンストラクタは、可視性（visibility）を`protected`にして追加したので、これが見えるのは、`Battle`のサブクラスか、同じパッケージ内のクラスに限られる。テストクラスは、`Battle`と同じパッケージに入れて、追加したコンストラクタを呼び出せるようにする。

これまで`Battle`クラスに変更を加えてきたが、既存の振る舞いは維持していると思う。ここで、いったん停止しよう。これまでの作業をコミットし、同僚にコードレビューを頼み、何か馬鹿なことをやらかしていないか、チェックしてもらう。それが終わったら、テストの修正に進める。

テストでは、`PlayerUpdater`のダミー実装（何もしないバージョン）を作成し、それを`Battle`コンストラクタに渡すという方法もあるが、実はもっとよい方法がある。モック実装を使えば、

Battle が我々の updatePlayer() メソッドを期待通りに呼び出していることをチェックできるのだ。モック実装の作成には、Mockito ライブラリ (http://site.mockito.org/) を使おう[8]。

```java
import static org.mockito.Mockito.*;

public class BattleTest {

    @Test
    public void battleEndsIfOnePlayerAchievesThreeHits() {
        Player player1 = ...;
        Player player2 = ...;
        Weapon axe = new Axe();
                            PlayerUpdater インターフェイスのモック実装を作る
                                        ↓
        PlayerUpdater updater = mock(PlayerUpdater.class);

                                Battle インスタンスにモックを渡す
                                        ↓
        Battle battle = new Battle(player1, player2, updater);

        battle.registerHit(player1, axe);
        battle.registerHit(player1, axe);
        battle.registerHit(player1, axe);

        BattleState state = battle.getBattleState();
        assertThat(state.isFinished(), is(true));

                        updatePlayer() メソッドが 3 回呼び出されたかチェックする
                                        ↓
        verify(updater, times(3)).updatePlayer(player2);
    }
}
```

よし！ これでオレンジの果皮を破り、最初の使えるテストを準備できた。我々は Util クラスに対する依存性を打破しただけでなく、テスト対象が他のクラスと行う相互作用の検証も、できるようになった。

>>> 参考文献

Michael Feathers の『Working Effectively with Legacy Code』(Prentice Hall,2004) には、このようなサンプルが本全体にあって、個々のケースで採用されているアプローチの背後にある理由も詳細に解説している。この本を、著者は強く推奨する。

邦訳は『レガシーコード改善ガイド 保守開発のためのリファクタリング』(マイケル・C・フェザーズ著、

---

[8] 訳注：渡辺修司著『JUnit 実践入門』(技術評論社、2012 年) の第 11 章「テストダブル」にある「11.3 Mockito によるモックオブジェクト」を参照。

ウルシステムズ監訳、平澤章／越智典子／稲葉信之／田村友彦／小堀真義訳、翔泳社、2009 年）。偽装（fake）オブジェクト、モックオブジェクトの説明は、第 3 章にある。

ユニットテストなしのリグレッションテスト

次の言葉は、わざと扇情的に書いた。

> リファクタリングする前にユニットテストを書くのは、ときには不可能であり、しばしば無意味である。

もちろん私は誇張しているのだが、ここでは次の 2 点を理解していただきたい。

- 「ときには不可能」と書いたのは、前の項で見たように、もともとテスト可能性を意識して設計されたわけではないレガシーコードに、あとからユニットテストを追加することの難しさを言いたかったのだ。もちろん、何らかの接合部（seam）を利用してモックやスタブを挿入し、コードの一部を隔離してテストしようと試みるのは可能だが、実際には大量の努力が必要な場合が多い。
- ユニットを書くのが「しばしば無意味」だというのは、リファクタリングが、必ずしも 1 個の独立したユニット（オブジェクト指向言語における、1 個のクラス）に制限されるわけではないからだ。もしあなたのリファクタリングが、複数のユニットに影響をおよぼすのであれば、あなたが実行しようとしているリファクタリングそのものが、あなたが書いているテストの価値を消してしまう。

たとえば、あなたが実行しようとしているリファクタリングが、既存のクラス A と B を組み合わせて、新しいクラス C を作るのなら、事前に A と B のテストを書くのは、ほとんど意味がない。そのリファクタリングの過程で、A と B は削除されてしまうのだから、それらのテストは、もうコンパイルできないし、どうせ新しく作ったクラス C のためにテストを書かなければならないのだ。

ユニットテストは「銀の弾丸」ではない

もしリファクタリングによってユニットテストが破綻するのなら、何らかのバックアップ、つまり、それらのユニットを含むモジュールのための機能テストが必要だ。同様に、モジュール全体に対する大規模なリファクタリングを計画しているのなら、そのリファクタリングによって、そのモジュールのテストすべてが破綻することを考慮した準備が必要だ。リファクタリングを生き延びるには、それより高いレベルのテストが必要である。一般に、あなたのリファクタリングによって影響されるであろうコードよりも、モジュール構成で 1 段高いレベルに、必ずテストが準備されるようにすべきだ。

このため、（図 4–10 に示すように）モジュール構成の複数の段階でテストスイートを構築することが重要である。テストを考慮して設計されていないレガシーコードを扱うときは、しばしば

外側から始めるのが最も簡単だ。つまり、システムテストを最初に書いてから、だんだんと、可能な限り低い段階に入っていくのである。

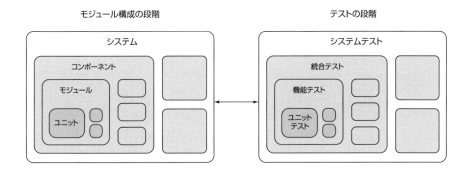

図4-10：モジュール構成の段階と、それぞれに対応するテスト

カバレージ過敏症に注意

　テストカバレージ（網羅率）は容易に計測でき、それを増やすのはきわめて満足のいく気晴らしになるので、努力を集中しすぎるのはよくあることだ。けれども、あなたが継承したコードのテストカバレージが非常に低く、テストできないコードに後からテストを追加しようとする場合、満足できるレベルまでテストカバレージを上げるには、あまりにも多大な努力を必要とすることがある。私が見たケースでは、テストカバレージが1割に満たないコードを継承した数多くのチームが、カバレージを向上しようと何週間も頑張ったあげく、2割程度であきらめ、品質にもメンテナビリティにも、目に見えるような改善が得られなかった（ただし、テストのない大規模なC#コードベースを継承したチームが、18か月で8割という目標を達成するのを見たことがあるので、このルールにも例外がある）。

　テストカバレージ向上のために、任意の目標を設定することの問題点のひとつは、最も簡単なテストから書き始めようとする人がいることだ。言い換えると、次のようなテストを何十本も書こうとするのだ。

- たまたまテストしやすいコードを優先する。もっと重要だがテストしにくい部分が後回しになる。

- うまく書かれていて推論が容易なコードのテスト。そういうコードが予想通りに動作することを検証するには、コードレビューで十分かも知れないのに。

すべてのテストを自動化しよう

　ユニットテストは完全に自動化すべきだという意見には、ほとんどの開発者から同意が得られるだろう。けれども、（統合テストなど）その他のテストの自動化レベルは、しばしばずっと低い。リファクタリングするときは、リグレッションを素早く見つけ出せるように、これらのテストを可能な限り頻繁に行いたいが、手作業のテストに頼っていては、それができない。たとえ、やる気のあるテスターの一群を集めて、コミットを行うたびに統合テストスイート全部を再実行するとしても、彼らがテストの実行を忘れたり、結果の解釈を間違ったりするかも知れない。しかも、それによって開発のサイクルはスローダウンするだろう。理想的には、ユニットテストだけではなく、我々のリグレッションテストのすべてを、100%自動化したいのだ。

　とくに自動化を必要とするのが UI テストの領域だ。テスト対象がデスクトップアプリケーションでも、Web サイトでも、あるいはスマートフォンアプリでも、それらのテストを自動化するのに役立つツールは、数多く存在する中から選べる。たとえば Selenium や Capybara のようなツールは、自動的な Web UI テストを書きやすくしてくれる。次に示すコードサンプルは、この章で見た「World of RuneQuest のプレイヤープロファイルページ」をテストするのに使える、Capybara スクリプトだ。このシンプルな Ruby スクリプトが、Web ブラウザを開き、World of RuneQuest にログインし、My Profile ページを開いて、そこに正しい内容が含まれていることを、ほんの数秒でチェックしてくれる。

```ruby
require "rspec"
require "capybara"
require "capybara/dsl"
require "capybara/rspec"

Capybara.default_driver = :selenium
Capybara.app_host = "http://localhost:8080"

describe "My Profile page", :type => :feature do

  it "contains character's name and species" do
    visit "/"                                         | 既知のテストユーザーとして
    fill_in "Username", :with => "test123"     ← | ログインする
    fill_in "Password", :with => "password123"        |
    click_button 'Login'                              |

                     "My Profile"ページを開いて、
                     その内容を visit "/profile"チェックする
                                    ↓
    expect(find("#playername")).to have_content "Test User 123"
    expect(find("#speciesname")).to have_content "orc"
  end

end
```

このテストは、開発者が自分のローカルマシンで実行することも、Jenkins のような CI サーバーで実行することも簡単だ。また、テスト実行の速度を上げるために、Web ブラウザをオープンして操作するのではなく、ヘッドレスモード（headless mode）で実行するよう設定することもできる。

もちろん、あなたのアプリケーションのすべてを UI テストだけで試験することは不可能だが、これによって、あなたのテストスイートに大きな価値が加わる（とくにレガシーコードの場合は、他の手段でテストするのが困難かも知れない）。

ユーザーに助けてもらおう

あなたはペアプログラミングをやった。コードレビューも実施した。ユニットテストも、機能テストも、統合テストも、システムテストも、UI テストも、性能テストも、負荷テストも行った。さらにスモークテストも、ファズテストも、ウォブルテストも……、いや、それはないけど。とにかく、全部パスした。だから、あなたのソフトウェアにはバグがない、と思いますか？

いやいや、とんでもない。どれほどテストをしようと、まだテストしきれなかったパターンが必ず残っているものだ。あなたがリリース前に実行するテストは、どれも、ある意味では、典型的なユーザーの操作をエミュレートする試みであり、それは「ユーザーが、そのソフトウェアを、きっとこう使うに違いない」という推測を頼りにしている。けれども、シミュレーションの品質と厳格さは、決して本物にはかなわない。本物とは、ユーザーそのものだ。ならば、その「やる気のあるテスターたち」を、活用しようではないか。

ユーザーデータを利用して、あなたのソフトウェアの品質を確保するには、いくつかの方法がある。

- 新しいリリースのロールアウト（初公開）を、徐々に、エラーとリグレッションを監視しながら行う。
  もし異常に多いエラーが出てきたら、そのロールアウトを止めて、原因を究明し、ひとつ前のバージョンにロールバックするか、あるいはリリースを続ける前に問題を修正する。もちろん、エラーの監視と、それに続くロールバックは、自動化できる。徐々に行うロールアウト（gradual rollout）を盛んに行っている会社には、たとえば Google があり、Android のメジャーリリースは、すべてのデバイスに届くまでに何週間もかかる。
- リアルユーザーデータを集め、それを使うことで、テストの生産性を高める。
  Web アプリケーションの負荷テスト（load testing）を行うときは、実際のユーザーパターンを反映するようなトラフィックを生成するのが難しい。ならば、何人かのユーザーについて実際のトラフィックを記録し、それをテストスクリプトに食わせたらよさそうではないか。
- 新しいバージョンの「ステルスリリース」を行う。つまり、ソフトウェアを製品環境に

リリースするが、まだユーザーには見せない。

すべてのトラフィックは、新旧両方のバージョンに送られるので、新しいバージョンが実際のユーザーデータで、どのように動作するかを調べることができる。

4.4 まとめ

- リファクタリングを成功させるには規律が必要だ。リファクタリングは、組織化された方法で実行し、他の仕事と混ぜるのを避けよう。
- 古いコードや質の悪いテストを削除するのは、リファクタリングを進める優れた手段だ。
- null 参照やヌルポインタを使うのは、どんな言語でも、ごく一般的なバグの元である。
- 状態は、ミュータブル（可変）よりイミュータブル（変更不可能）が望ましい。
- 標準的なデザインパターンを使うことで、ビジネスロジックと実装の詳細を分離することも、複雑なビジネスロジックを、より管理しやすく組み合わせやすいコンポーネントにすることもできる。
- 複雑なロジックをアプリケーションのビューレイヤーから外すには、ビューアダプター (View Adapter) のパターンを使おう。
- 名前に `Util` が付いているクラスやモジュールは要注意だ。
- テストに依存関係のモックを注入するには、間接参照のレイヤーを導入する。
- ユニットテストは銀の弾丸ではない。テストは、複数の抽象レベルで行って、リファクタリングによるリグレッションを防衛しなければならない。
- ユニットテストだけでなく、できるだけ多くのテストを自動化しよう。

第 5 章

リアーキテクティング

この章で学ぶこと
モノリス的なコードベースを複数のコンポーネントに分割する
1 個の Web アプリケーションをサービスのコレクションに分散する
マイクロサービスの長所と短所

　前章で見たリファクタリングのテクニックは、コーディングの段階で行う改善だった。リファクタリングでは、そこまでしか到達できないが、ときにはもっと大きく考える必要がある。この章では、ソフトウェアの構造全体を改善する方法を見ていこう。つまりソフトウェアを、より小さく保守しやすいコンポーネントに分割する方法だ。また、1 個のアプリケーションを複数のサービス（ネットワークを介して通信するサービスあるいはマイクロサービス）に分割する方法についても、長所と短所を論じる。

5.1　リアーキテクティングとは何か?

　リファクタリングとリアーキテクティングの違いについて、あまり深く考える必要はない。本質的には同じことで、リファクタリングもリアーキテクティングも、あなたのソフトウェアの構造を、外から見える機能に影響をおよぼさずに改善することが目的である。
　「リアーキテクティング」（re-architecting）は、メソッドやクラスよりも高いレベルで行うリファクタリングで、これも広い意味ではリファクタリングの一種と考えられる。リファクタリングを行うときは、たとえば一部のクラスを別のパッケージに移すこともある。それに対してリアーキテクティングでは、それらをメインのコードベースから、別のライブラリへと移すことがある。
　1 個のアプリケーションを、複数のコンポーネントモジュールまたは独立したサービス群に分割する理由は、主に次の 3 つを達成するためだ。

- モジュール化による品質 ― 小さなソフトウェアのほうが大きなソフトウェアよりも、一般に欠陥密度（defect density）が低い[1]。ゆえに、大きなソフトウェアを、いくつもの小さな部分に分割することによって（元のソフトウェア全体の品質が、各部の品質と同じだと仮定すれば）、品質は向上するはずだ（もちろん、仮定は仮定にすぎず、現実はそれほど単純ではない。モジュール同士を結合して対話させる必要があるから、それによって新しい種類のバグが生じるかも知れない）。

- 優れた設計によるメンテナビリティ（保守容易性）― アプリケーションを分割することで、「関心の分離」（separation of concerns：SoC）という設計目標を促進できる。それぞれのコンポーネントが小さく、ただひとつの処理を行い、インターフェイス（他のコンポーネントが期待すること）が正しく定義されていれば、多くの可動部（moving parts）を持つ大きなソフトウェアよりもコードの理解と変更が容易になる。

- 独立による自立性（autonomy）― アプリケーションをコンポーネントに分割すると、個々のコンポーネントは別々の開発チームが、それぞれ好みのツールを使って保守できるようになる。（マイクロ）サービスに分ける場合、それぞれのサービスを別の言語で実装することも可能なので、それぞれのチームには、自分たちに最適なテクノロジーを選ぶ自由がある。また、チームは担当するコンポーネントの新しいバージョンを自主的に、最適なペースでリリースする自由もある。この自己決定権と、アプリケーションを複数のチームが並行して作ることによって、開発の速度が上がり、その結果、新機能がユーザーに届くのが早くなる。

大きなアプリケーションを分割することで得られるモジュール性は、一般によいことではあるが、弱点を生む可能性もある。元のモノリス的なアプリケーションと比べて、個々のモジュールは小さくて自己完結しているから、ソースコードの複雑さは減少するはずだが、そのソースコードの管理は、より複雑になるだろう。モジュールの数が多くなり、それら全部のモジュールのビルドを管理して（たぶん個別にバージョン管理しつつ）パッケージにまとめる必要があるから、ビルドスクリプトとワークフローは、数が多くなり（そして／または）複雑になるだろう。複数のサービスに分散するときは、もっと複雑になる。その場合は、それぞれのサービスが互いに通信できるように、クライアントコードを書いて（あるいは自動生成して）保守する必要も生じるからだ。

これらのアプローチの損得については、この章で話を進めながら論じることにする。最初に見

---

[1] 注：モジュールサイズと欠陥密度（バグ密度）との関係についての学問的な研究は、Yashwant K. Malaiya と Jason Denton による論文、『Module Size Distribution and Defect Density』（http://www.cs.colostate.edu/~malaiya/p/denton_2000.pdf）を参照。
訳注：ソフトウェアの品質と欠陥について書かれた専門書としては、Capers Jones 著『Software Qurality』の邦訳『ソフトウェア品質のガイドライン』（富野壽監訳、構造計画研究所／共立出版、1999 年）がある。

るのは、モノリス（一枚岩）的なコードベースを複数のモジュールに分ける、最もシンプルなアプローチだ。その次に、より徹底的な改革のステップとして、それらのモジュールを別々のサービスとして分散し、HTTPなどのネットワークプロトコルを介して相互に通信させる段階に進む。

> **用語**
> 先に進む前に、ここで使う用語を、どういう意味で私が使っているかを明らかにしておきたい。これらの言葉の一部は、かなり多義的なものだから、あなたの定義は私の定義と違っているかも知れないが、その点は了承していただきたい。
>
> - モノリス的なコードベース（monolithic codebase） — すべてのソースコードが1個のフォルダ内で管理され、1個のバイナリファイルとしてビルドされるコードベース。IDEでは、すべてが1個のプロジェクト内にある。Javaでは、すべてが同じJARファイルに入る。
> - モジュール（module）またはコンポーネント（component） — アプリケーションのソースコードの一部で、別々のフォルダで管理され、別々のバイナリファイルとしてビルドされるもの。モジュールは、他のモジュールにインターフェイスを提供するだけで、互いの実装について何も知らない。Javaでは、モジュール毎に1個のJARファイルを使うのが普通であり、アプリケーション実行のために、すべてのJARファイルを同じクラスパス（classpath）に置く。
> - モノリス的なアプリケーション（monolithic application） — 全体が、1台のマシン上で、1個のプロセス内で実行されるアプリケーション。モノリス的なコードベースまたはモジュールのコレクションから、ビルドされる。
> - サービス（service） — アプリケーションの他の部分から隔離され、（たとえばHTTPやThriftなどの）ネットワークプロトコルによるメッセージを介してのみ通信できるソフトウェア。サービスは、言語に依存しないフォーマット（たとえばJSONやXMLなど）を使って、メッセージの送受信を行うのが普通である。サービスは、独自のプロセス内で、たいがい他のサービスとは別のマシンで実行される。複数のサービスに分散されたアプリケーションは、サービス指向アーキテクチャ（service-oriented architecture：SOA）と呼ばれることが多い。
> - マイクロサービス（microservice） — とくに結合度が低く、境界のあるコンテキストを持つ、サービス指向アーキテクチャ（SOA）。これはAdrian Cockcroftの定義に私の解釈を加えたものだ。意味が分からなくても、いま心配することはない。この章の最後に詳しく説明する。

5.2　モノリス的なアプリケーションを複数のモジュールに分割

「粒度の細かいリファクタリングを、メソッドまたはクラスのレベルで試してみたけれど、もっと高いレベルに明快な構造がないことに気が付いた」という場合は、そのソフトウェアをモジュールに分割するリファクタリングを試してみよう。それぞれのモジュールは、他のモジュールと相

互作用を行うためにインターフェイスを提供する必要があるので、この分割プロセスによってアプリケーションのさまざまな部分を明確にすることが強制される。また、各モジュールがどう依存しあい、どのように相互作用するのかも、それで明確になる。

ケーススタディ：ログ管理アプリケーション

ここでは私が数年前に行った大きな Java アプリケーションのモジュール化を例として研究したい。問題のアプリケーションは、中規模から大規模の会社をターゲットとする統合化されたログ管理ソリューションで、主な機能に次のものがあった。

- ログの収集（Collection）— ログデータをさまざまな方法でシステムに取り込むことができる。たとえば FTP 経由でログファイルをアップロードすることも、syslog プロトコルを使って送信することもできる。
- ログの保存（Storage）— ログはカスタムビルトのデータベースに書き込まれる。この DB は、ログの保存と検索のために最適化されている。
- リアルタイムアラート（Alerts）— ユーザーがアラート条件を登録できる。これによって、たとえば 1 分間に"error"という単語を含む大量のログが発生したら電子メールで通知を受ける、というようなことが可能だ。
- 検索（Search）— いったんログを DB に書いた後は、キーワード、タイムスタンプなどの条件を組み合わせて、関心のあるログを検索できる。
- 統計（Stats）— ユーザーは、自社のログに関する統計を表示するために、表やグラフを生成できる。たとえば前日にメールサーバーが処理した電子メールの件数を 1 時間ごとに示すグラフなどを作れる。
- リポート（Report）— 検索の結果、アラートの結果、統計などを組み合わせて、HTML や PDF などのフォーマットで 1 通の報告書にまとめることができる。これらのリポートは、定期的に実行して電子メール経由で送信するようにスケジューリングできる。
- ユーザーインターフェイス（UI）— ユーザーがブラウザからアプリケーションを利用し、設定（Config）もできるように、Web アプリケーションがある。

スタート地点

このアプリケーションの元のアーキテクチャは、あまり正統的ではない「モノリスに近い形」に設計されていた。コードベースはモノリス的なのだが、アプリケーションは、Java RMI（Remote Method Invocation）で通信する 2 本のサービスとして配置されていた。図 5-1 に、ソースコードの編成とアーキテクチャを、もう少し詳しく示す。

ソースは、`core`、`ui`、`common` という 3 つのメインパッケージに分割されていた。そして、このソースコードのサブセット（部分集合）が、2 つのサービスとしてパッケージングされた。つ

まり、Core サービス（コマンドライン用 Java アプリケーション）と、UI サービス（Tomcat 上で実行される Struts Web アプリケーション）。この 2 つのサービスが、Java RMI を使って通信する。

　コードを 2 つのサービスに分けたのは、スケーラビリティが目的である。大量のログデータを持つ大会社向きには、Core サービスの複数のインスタンスをデプロイすることができ、より多くのログを一度にシステムに取り込むことが可能になっていた。Core サービスにはサーチエンジンも入っているので、検索の性能を向上させるために複数のマシンにサーチを分散できた。UI のインスタンスを複数持つことに、あまり意味はないので、このシステムは 1 個の UI インスタンスと、1 個以上の Core を持つように設計されていた。

　ビルドとパッケージングは、1 本の複雑な Ant スクリプトを使って実行され、依存関係の管理は、1 個のフォルダに多数の JAR ファイルを入れることで行われていた。

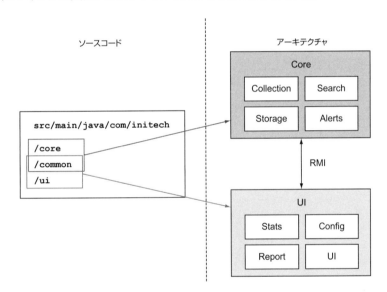

図5-1：モジュール化を行う前のログ管理アプリケーション

背景

　それより何年か前に、オリジナルのログ管理アプリケーションが、社内ユーティリティとして書かれていた。これを元にして、機能を満載したビジネスアプリケーションが、生物が成長するように育った。だから、この設計の一部は、注意深い計画ではなく歴史的な偶然の結果だった。

　このアプリケーションには、ログに関するリポートを生成する「報告エンジン」が含まれていたが、このエンジンに対応する Java インターフェイスが 1 つもなかった。その代わりに、リポート生成用のコードが、いくつもの密結合されたクラスにばらまかれていて、これらのクラスも、

アプリケーションの他の部分と結合していた。

過度な結合のおかげで、アプリケーションの一部は、テストが非常に困難であり、テストカバレージは低かった。開発チームはテストカバレージを向上させるために努力したが、テスト不可能なコードに遭遇したときに、行き詰まってしまった。さらに、多くのコードが、ユーティリティメソッドを含む、いくつかの大きな「神クラス」に依存していた。

 神クラス
神クラス（または神オブジェクト）は、オブジェクト指向プログラミングにおけるアンチパターンのひとつ。あまりにも多くのことをしすぎていて、あるいはシステムの何もかもを知りすぎていて、あまりにも多くのオブジェクトと結合している（それらを制御することも多い）。

大がかりなリファクタリングの努力にもかかわらず、開発の速度は低下するばかりで、コードの品質改善は停滞した。開発者たちの欲求不満は、ソースコード（とくに構造とテストの欠如）および、いささか古くなったツールチェインのせいで、だんだん膨らんできた。

プロジェクトの目標

モジュール化プロジェクトの目標は、次のものだった。

- 明示的なインターフェイスの導入 ─ アプリケーションの主な機能に対応するJavaインターフェイスを導入することに決めたのは、モジュール化に欠かせない最初のステップだから、というだけでなく、テストを容易にするという理由もあった。各モジュールは、これらのインターフェイスを介してのみ相互作用できるのだから、テストでモック実装を注入するのが容易になる。
- ソースコードのモジュール分け ─ 分割すればソースコードが扱いやすくなる。もうひとつの重要なメリットは、モジュール間では依存性が明示的になることだ。
- 依存関係の管理を改善する ─ 「全部のJARファイルを同じフォルダに詰め込む」のは理想から遠いので、適切な「依存関係管理システム」(dependency management system)を導入したかった。これは、相互依存性のあるモジュールのコレクションができたら、とくに重要となる。
- ビルドスクリプトのクリーンアップと単純化 ─ それまで使われていた複雑なAntスクリプトを、なんとかしたかった。コードベースをモジュールに分割すれば、もっと多くのビルドスクリプトが必要になるので、この目標を達成するのは難しいかも知れないと承知していた。

同じく重要なポイントとして、次の2項はプロジェクトの「範囲外」であることを明確にした。

- システムアーキテクチャへの変更 ― Core と UI の、2 つのサービスへの切り分けは、かなりうまくいっていて、コアは UI とは別にスケーリング可能になっているので、このアーキテクチャは、そのまま残すことに決めた。ただし、モジュールを設計するときは、このアーキテクチャが将来変わるかも知れないという可能性を念頭に置いた。
- 機能の変更 ― コードベースの大規模な組織変更と同時に、新機能の追加や変更を試みたら、きっとトラブルを招くことになっただろう。

モジュールとインターフェイスを定義する

最初のステップは、プロジェクトが完了したときのコードベースの姿として、どういうものを我々（開発チームと私）が望んでいるのかを決める作業だった。結局モジュールの構造は、きわめて自然な形に落ち着き、アプリケーションの主機能が、それぞれ 1 個のモジュールになった。図 5-2 に、我々が最後に予想したモジュール構成を示す。

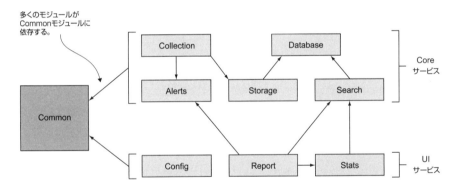

図5-2：予測したモジュール構造。矢印は、モジュール間の最も重要な依存関係を示す（あるモジュールから別のモジュールへの矢印は、前者が後者に依存することを意味する）

> **Note アプリケーションの構造を決める**
>
> アプリケーションを、どのような構成にすべきかを決めるときは（パッケージの構造を設計する場合も、アプリケーションをモジュール分けする場合も）、私はエンドユーザーを念頭に置くようつとめている。
>
> どのコンポーネントも、典型的なユーザーに単純な文章ひとつで簡単に説明できるような、ただひとつの目的を持つべきである。たとえば `Storage` モジュールは「ディスクにログデータを確実に保存する役を果たす部品」と記述できる。コンポーネントをこのように定義するのは、コンポーネントを適切な粒度にする役に立つ。
>
> - どのコンポーネントも、責務超過にしない。その役割は、ただ1つの文で説明できるものとする。
> - どのコンポーネントも、役立つ仕事を1つ行うので、コンポーネントの粒度が細かくなりすぎることもない。

CoreとUIのサービスも、モジュールとして実装した。どちらのサービスモジュールも、そのサービスに入る全部のモジュールに依存し、それらを結合する役割を果たし、Javaアプリケーションのエントリーポイントを提供する。

Databaseモジュールが、SearchとStorageから分離していることに注目されたい。これはログデータの保存用に設計された、カスタムビルドの高度に最適化されたデータベースで、仕事はきちんとこなすけれど、サポートと保守の負担は重かった。当時ログ管理の分野に、いくつか興味深いオープンソーステクノロジーが出現していたので、我々は、そのデータベースから、それらオープンソースの成果のひとつに、将来移行できるようにしたいと考えたのだ。

コードベースの相当な部分が強く依存しているユーティリティクラスが、いくつかあった。これらの依存性に手を加えて分離するのは、不可能ではないにしても、多大な労力を要するリファクタリングになっただろう。その代わりに我々は、単純にCommonモジュールを作って、そこに全部を放り込み、他の全部のモジュールが必要に応じてCommonに依存するという形にした。

ビルドスクリプトと、依存関係の管理

計画が一段落して、いよいよ実装に着手する時が来た。最初にやったのは、すべてのモジュールについて骨組みとなる構造を定義する作業だ。その構造には、ビルドスクリプト、依存関係管理のファイル、および標準的なディレクトリ構造が含まれていた。その後で、モジュールにコードを移す作業を始めた。

まずはビルドスクリプトだが、我々はApache Antを、もっとモダンなツールで置き換えたかった。元のAntファイルが複雑だった主な理由は、複数のプラットフォームに配布可能なパッケージをビルドする必要があったからで、それぞれにバンドルされるソフトウェアも含まれていた（たとえばJRE、Perlランタイム、アプリケーションサーバー）。また、いくつかの所有権付

き（proprietary）ライブラリのために、ライセンスキーをコピーする必要もあった。これらすべてのロジックを、制限の多い Ant の「XML 言語による DSL」で書き、それを保守することは、まったく苦痛だった。

　我々は、いくつか別のツールで実験してみたが（Maven、Gradle、Buildr など）、結局、短期的には Ant を使い続けるのが最も簡単だと判断した。再利用できる Ant のタスクが、すでに大量にあるのだから、とにかくそれを使って作業を進めることにして、この問題は後回しにしたのだ。いくつか実験した後で、次のような構造になった。1 本の共通 Ant ファイル（build.xml）を、すべてのモジュールで共有する。さらに、個々のモジュール専用に短い build.xml があって、それが共通ファイルを参照し、モジュールに固有のカスタマイズを提供する。この状況は、実際には元の Ant ファイルより悪くなっていた。必要な XML の行数を合計すれば前より多かったし、モジュール毎のビルドファイルには重複もあった。けれども、コードベースを分割する仕事を始める準備としては、それでよかったのだ。

　また、各モジュールの依存性を（他のモジュールに対するものと、サードパーティ製ライブラリに対するものの、両方を）指定できるような、依存関係管理ツールも必要だったが、これには Apache Ivy を使うことに決めた[2]。個々のモジュールを、個別の成果物（JAR ファイル）としてパッケージングしたかったので、Artifactory（https://www.jfrog.com/artifactory/）のインハウス Ivy リポジトリサーバーを立ち上げた。これによって、各モジュールのアーティファクト（成果物）を中央リポジトリに発行（publish）して集めておき、そこから他のモジュールを参照できるようにした。

　個々のモジュールで、インターフェイスと実装を別々の成果物に分けた（たとえば、stats-iface.jar と stats-impl.jar）。前者には Java インターフェイスとモデルクラスだけを入れ、後者に具体的な実装を入れた。

　このようにインターフェイスと実装を別の成果物に分けた理由は、モジュールが依存できる対象を、他のモジュールのインターフェイスだけに限定し、実装クラスには依存できないようにするためである。成果物を 2 つに分け、コンパイル時のクラスパスがインターフェイスの成果物だけを含むようにして、この規則を強制した。

　これでは価値より面倒を増やしているように思われるかも知れないが、我々がこうしたのには、技術的な理由だけでなく心理的な理由もあった。つまり、たとえ誘惑が強くても、アプリケーションのコンポーネントが他のコンポーネントの実装の詳細に依存することは、絶対できないようにしたのである。

　この構成の概略を、図 5–3 に示す。成果物を Artifactory に発行する理由は、主に Jenkins のた

---

[2] 訳注：Ivy で依存関係を管理する方法については、IBM developerWorks 日本語版に掲載された、Paul Duvall による「Ivy による依存関係の管理」(http://www.ibm.com/developerworks/jp/java/library/j-ap05068/) に記述がある（2008 年）。

めである。個々のモジュールのために別々のJenkinsジョブが欲しかったのだ。そうすれば、それらのジョブを素早く実行できる。成果物を複数のジョブで簡単に共用できたのは、Artifactoryのおかげである。

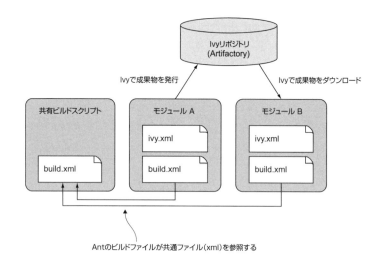

図5-3：ビルドスクリプトと依存関係管理（AntとIvyを使用）

モジュール分割の苦労

　いったんモジュールのフレームワークができると、インターフェイスを定義して、ソースコードを各モジュールに切り分けるのは比較的簡単だった。最も簡単なところから始めたのだが、それがたまたま統計エンジンだった。これはすでに、かなり自己完結していて、明確なインターフェイスが定義されていたから、ほとんどのコードをそのまま使うことができた。

　他のモジュールはインターフェイス定義がなく、しばしば巡回的な依存性が数多く含まれていたので、それらの抽出に、より多くの労力を要した。サイクリックな依存を見つけるために、依存関係解析ツールを使いまくった。辛抱して大量のリファクタリングを行った末に、ようやくそれらを切り分けることができた。

　いくつかのケースでは、モジュール間の密結合のおかげで、きわめて不自然なインターフェイスができてしまった。ReportモジュールのReportEngineは、リポートを作成するために、呼び出し側（UIモジュール）のさまざまな情報と支援を必要としていたので、結局我々は、ReportEngineHelperというインターフェイスを作って、呼び出し側に情報を提供させることになった。このメソッドのシグネチャは、次のようなものだ。

```
interface ReportEngine {
    ReportResult createReport(ReportRequest request, ReportEngineHelper helper);
}
```

我々にとって最優先の事項はコードをモジュール分けすることだったので、これらの特異性は、目的のための手段として我慢した。ただし、ほとんどの特異性は、あとでモジュール境界を調整することによって、きれいに整理できた。

Guice で依存関係を注入

これで、きれいに分割されたモジュールのコレクションができた。各モジュールのインターフェイスは、その実装から明確に隔離されている。それは良いのだが、ひとつ問題があった。あるモジュールを使いたいときは、いつも、そのモジュールの実装に関する詳細な情報が必要になるのだ。たとえば統計エンジン（StatsEngine）を使って何らかの統計を計算したいときは、次のようなコードを書くことになってしまう。

```
StatsEngine statsEngine = new StatsEngineImpl(new SearchEngineImpl(), ...);
statsEngine.calculateStats(...);
```

これは 2 つの理由で、最善の策とは言えない。

- クライアントモジュールが `StatsEngine` の具体的な実装を実体化する必要がある。それには、すべてのコンストラクタパラメータを実体化して渡すという面倒な詳細が含まれる。
- コンパイル時に stats-impl.jar に依存する必要があるので、クライアントモジュールは、絶対に何も知らないはずの実装クラスへの依存性を、やすやすと持ってしまう危険性がある。

この問題を回避し、インターフェイスを実装にバインドするのに必要なボイラープレートを最小化するため、我々は、Google の依存性注入（dependency injection）ライブラリである Guice（ジュース）を導入した。

この構成では、アプリケーションの各モジュールが、それに対応する 1 個の Guice モジュールを提供して、そのモジュールのインターフェイスを実装にバインディングする役割を担当させる。Stats モジュールが、次のような `StatsEngine` インターフェイスを公開しているとしよう。

```
interface StatsEngine {
    StatsResult calculateStats(StatsRequest request);
}
```

そして実装は、次のようなものだとしよう。

```
public class StatsEngineImpl implements StatsEngine {

    @Inject
    private SearchEngine searchEngine;

    public StatsResult calculateStats(StatsRequest request) {
        SearchResult searchResult = searchEngine.search(...);
                ...         ← 統計の計算
        return result;
    }
}
```

この場合は、インターフェイスから実装への結合を、その Guice モジュールでも公開する。

```
public class StatsModule extends AbstractModule {

    @Override
    protected void configure() {
        bind(StatsEngine.class).to(StatsEngineImpl.class);
    }
}
```

こうすれば、Stats モジュールを使いたいモジュールはどれも、ランタイムには実装に依存するが、コンパイル時にはインターフェイスと Guice モジュールにだけ依存することになる。

このアプリケーションに Guice を導入した結果、良い副作用として開発者に、「モジュールの内部でも、正しくモジュール化されたテストしやすいコードを書こうじゃないか」という意欲が出てきた。結局 Guice というのは、「全部に使うか、それとも、まったく使わないか」という性格のライブラリだということがわかった。これをコードベースにいったん追加すると、コードで Guice を使わないでいるのが困難になって、あっという間に広まる。知らないうちに、コードベース全体が Guice（ジュース）まみれになるのだ。

Gradle に移行

このときには、もうコードは健全な姿になっていたが、我々はビルドと依存関係の管理に Ant と Ivy を使う構成には、やはり不満があった。Gradle への移行に、とても興味を持っていたのだが、プロジェクトの開始にあたって評価したときには、まだ未完成で深刻なバグがあり、使うのを見合わせていた。けれども Gradle は急速に成熟し、数か月後に再評価したら深刻なバグはすべて修正されていて、もう使い始めてよいという感触を得た。我々はビルドツールを Ant から Gradle に切り替えて、大いに成功した。

Gradle に切り替えることで得た主なメリットを、次にあげる。

- マルチモジュールプロジェクトのために設計されている — Ant にはモジュールという概念がない。Maven はモジュールを扱えるが、その方法はエレガントではない。いっぽう Gradle は、とくにマルチモジュールプロジェクトを念頭に置いて設計されている。我々は、モジュール毎の Ant と Ivy のファイルを捨てて、すべてを 1 個のビルドファイルに集約できた。モジュール間の依存性は簡単に表現することができ、すべてがうまくいった。
- Gradle DSL — Gradle の簡潔で強力な DSL（ドメイン特化言語）で、なんでも書くことができ、標準的な Groovy コードもビルドファイルの中に書くことができるのは、Ant で複雑なビルドのロジックを XML で表現するのに比べて、明らかに好ましいことだった。
- プラグイン — Gradle には強力なプラグインシステムがあるので、より複雑なビルドのタスクはプラグインを使って処理することができた。

私はいまでも Gradle の大ファンであり、第 9 章で開発ワークフローの改善について述べるときに、その利点を説き勧めることになるだろう。

結論

モジュール化プロジェクトが終わるまでに、我々は多くの新しいテクノロジーを導入していた。Gradle で Ant を置き換え、Guice を使って依存性注入（DI）を行い、一部の開発者は自分の IDE を Eclipse から IntelliJ に切り替えていた（その主な理由は、マルチモジュールプロジェクトのサポートが優れていたから）。

新しいテクノロジーのすべてに同時に取り組もうとしたら、開発者にとって問題となる。我々は、さまざまなアプローチで開発者たちをガイドした。

- Guice — これがいったい何か、どういう仕組みなのか、なぜ導入したのかを説明するために、半日がかりの研究会とハンズオン（実体験）セッションを開催した。
- Gradle — プロジェクトが終わるまでに、2 人の開発者が Gradle について、かなり精通していた。残りの開発者たちに、我々は基本的なトレーニングをして、インストール方法、一般に使われるコマンドなどを教え、それ以上のことは興味を持った人が自分で調べるようにした。精通した 2 人の開発者が、徐々に彼らの知識を、チームに広めていった。
- IDE — 開発者が自主的に IDE を選ぶようにした。Eclipse にとどまるのも、IntelliJ に切り替えるも、個人の自由とした。

プロジェクトが開発者の生産性に与えた影響を計量的に測定することは難しいが、プロジェクト完了の数週間後に口頭で受けたフィードバックによれば、開発者は、以前よりもコードを扱いやすくなっていると感じていた。また、新しいテクノロジーを使う機会によって、やる気を得て

いた。

　全体に、このプロジェクトは、将来の変更で改善しやすいコードベースになったという点で成功だった。たとえば開発者には、システムのアーキテクチャに対する大規模な変更、たとえば個々のモジュールが別のサービスとして実行される本格的なサービス指向アーキテクチャ（SOA）への移行を、実験するチャンスが与えられた。これなどは、コードベースをモジュールに分割するという最初のステップがなければ、非常に達成しにくいことだっただろう。

　さらに改善できたはずのポイントとして、既存のコードベースの作業をしている他の開発者たちとの協力があげられる。通常ならば私は、主要な開発ブランチに対してリファクタリングを実行するか、その開発ブランチを定期的にリファクタリングブランチにマージして、大きな分岐と巨大なマージを避けるのが望ましいと提案したはずだ。けれども、この場合はソフトウェアの構造に対して、あまりにも根本的な変更を行ったので、それは非常に難しかった。

　我々は結局、開発ブランチでの変更を自分たちの心の中で追跡管理し、定期的に手作業のマージを行うことで、モジュール化作業のブランチを更新したが、これは非常に面倒で、ずいぶん危険でもあった。また、プロジェクトの終わりには、全員を新しいコードベースに切り替えるため、およそ2日ほど開発を凍結しなければならなかった。後から考えると、もっとスムーズでインクリメンタルな移行にするために、より多くの努力をすべきであった。

5.3　Webアプリケーションを複数のサービスに分散する

　前節で見たケーススタディでは、コードベースを複数のモジュールに分割したが、システムのアーキテクチャには何の変更も加えなかった。今回は、アプリケーションを製品に配布して実行するのに利用できるアーキテクチャを、いくつか見ていこう。とくに、モノリス的なWebアプリケーションをSOA（サービス指向アーキテクチャ）へとリアーキテクティングすることの長所と短所を見きわめる。そして最後に、最も純粋なSOAと呼べそうなコンセプト、つまりマイクロサービスを論じる。

再びOrinoco.comを例として

　第3章で、Orinoco.comという架空の「人気Eコマースサイト」を見た。この項でも、そのOrinoco.comをサンプルとして使うので、このサイトと現在の実装について、もう少し詳しく見ておこう。

　Orinoco.comは、本からブルーベリーまで、なんでも買える電子商取引（e-commerce）サイトだ。月に何億ページビューものトラフィックがあって、いつもは安定しているが、年に2回ほど大きなピークが来る（ブラックフライデーとかサイバーマンデーとか）。このサイトの主な機能は、製品リスト（Listing）、サーチ（Search）、おすすめ（Recommendations）、チェックアウト（Checkout）、マイページ（My Page）、ユーザー認証（Authentication）などだ。

サイトは現在、モノリス的な Java サーブレットアプリケーションとして実装されている。大量のトラフィックを処理し、重複性（redundancy）を持たせるために、ロードバランサ（負荷分散装置）を置いて、アプリケーションのインスタンスを複数実行している。サイトのバックには Oracle の SQL データベースがある。このアーキテクチャを、図5–4 に示す。

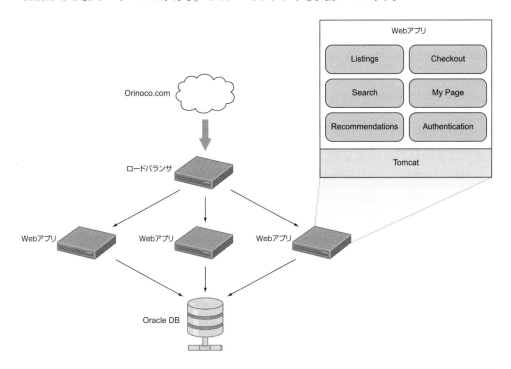

図5–4：Orinoco.com の現在のアーキテクチャ

このサイトを保守しているのは、20 人程のフルスタック（なんでもこなす）開発者たちだ。この人たちが、UI の HTML、CSS、JavaScript から、製品の「おすすめ」に使われている機械学習（machine-learning）アルゴリズムまで、それこそ何でも面倒を見ている。また、サイトの運営を円滑にする Ops（運用）チームや、QA チーム、ビジュアルデザイナーのチームがある。

こんなに大きなレガシーコードベースで、これほど多くの人々が変更に関わっているのだから、リリースは慎重に行う必要がある。現在、開発者たちは 2 週間に 1 度リリースを行っているが、テスターたちが「手作業のテストを完了させるのに時間が足りない」と苦情を言っているので、リリースサイクルを 3 週間に切り替えることを考慮している。この 2 年ほどの間に、サイトが複雑になるにつれて、開発のペースは目に見えて遅くなってきた。そして、手作業のテストがあっても、ときには致命的なバグが入り込むので、ときどき緊急のリリースやロールバックもあった。

Orinoco.com のプロダクトマネージャー（製品管理者）たちは、スマートフォン版アプリの開

発とリリースを切望しているが、それにはサイトに REST API を追加する必要があり、会社は、その構築のために開発リソースを割くことができないでいる。

アーキテクチャを選択する

　Orinoco.com の開発者たちがアプリケーションのリアーキテクティングを望んでいる理由は、（感謝祭の週末に殺到するトラフィックを処理できるよう）スケーラビリティを改善したいのと、開発の速度を上げたいからだ。彼らが選択できそうな、いくつかのアーキテクチャを、表 5-1 で比較してみよう。

　ずいぶん多くの情報を、1 個の表に詰め込んでしまった。アーキテクチャごとに詳細を説明しよう。

モノリス的なアーキテクチャで続行

　もちろん Orinoco.com の開発者たちにとって最も容易な選択肢は、何もしないで既存のモノリス的なアーキテクチャで続行することだ。このアーキテクチャには問題があるが、分散型のアーキテクチャより優れた点もある。

技術的な利点と難関

　モノリス的なアプリケーションでは、必要なデータを入手するために、あるいは何かを行わせるために、いちいちネットワーク呼び出しを行う必要がない。なんでもメソッド呼び出し（あるいは、せいぜいデータベース呼び出し）で済んでしまう。メソッド呼び出しがナノ秒単位なのに比べて、データセンターのどこかにあるリモートサービスの REST API を呼び出すと、ミリ秒単位か、それ以上の時間がかかる。

　これによって 2 つのメリットが得られる。第 1 に、サイトは非常に高速となるはずだ（ただし、データベース要求が十分に最適化され、コードが変なことをしていないのが前提）。第 2 に、開発が比較的シンプルになる。開発者は、リモート API 呼び出しに関する数多くの問題について（これらは後で論じるが）心配する必要がなく、単純にメソッドを呼び出せば結果が手に入る。

　一例をあげよう。もし Orinoco.com の開発者が製品ページに、ユーザーに特化した「おすすめ」を含む類似商品のリストを表示するパネルを追加したければ、recommendation（おすすめ）エンジンの適切なメソッドを呼び出すだけでよい。

```
List<Product> similarProducts =
    recomEngine.getSimilarProductsForUser(productId, userId);
```

　ただし、全部のアプリケーションを 1 個のプロセスに詰め込むことには難点もある。そのひとつはスケーリングだ。負荷を処理するためにスケーリングを実現するには、アプリケーション全体の複製を、いくつも配置するしかない。この不器用なアプローチは、たしかに単純ではあるが、ハードウェアリソースをむやみに浪費する。アプリケーションでスケーリングする必要のあ

表5-1：Web アプリケーションの、さまざまなアーキテクチャを比較する

アーキテクチャ	技術的な利点	技術的な難関	組織面の利点	組織面の難関
モノリス的	・応答が速い ・開発が単純 ・コードの重複が少ない	・スケーリングに難あり ・コードベースが大きくて複雑 ・予期せぬ相互作用の危険	・単一機能に関する情報伝達のオーバーヘッドが低い	・失敗の恐れ ・複数機能に関する情報伝達のオーバーヘッド
フロントエンド＋バックエンド（FF と BE）	・FE と BE を個別にスケーリングできる ・プレゼンテーションとビジネスロジックの切り分け ・BE を再利用して、より多くの FE を構築できる	・ネットワーク呼び出しの煩雑さ	・分業化 ・FE のリリースを BE より頻繁に行える ・SOA に進む第一歩	・情報伝達のオーバーヘッド ・情報のサイロ化 ・FE と BE の開発が互いにブロックする
SOA	・粒度の細かいスケーリング ・アイソレーション（隔離） ・カプセル化	・運用のオーバーヘッド ・レイテンシ ・サービス発見 ・トレース/デバッグ/ロギング ・ホットスポット ・API のドキュメントとクライアント群 ・統合テスト ・データの断片化	・自立性	・自立性の範囲に関するジレンマ ・仕事が重複するリスク
マイクロサービス	・SOA と同様だが、さらに進化	・SOA と同様だが、さらに進化 ・暗黙的な連結のリスク	・コンテクスト境界による、さらなる自立性	・DevOps が想定される ・プラットフォームチームが必要 ・考え方に大幅なシフトが要求される

るホットスポット領域は、そう多くないのが普通だ。アプリケーションの大部分は、少数の安価なマシンで実行し、パワーを要する部分だけを、より高価な（あるいは、もっと多くの）マシンで実行するのが、効率的である。

　モノリス的アプリケーションは、しばしばモノリス的なコードベースを母体とする。これが（Orinoco.com の開発者たちが身に染みているように）開発の速度に悪影響をもたらすのは、要するに、あまりにも多くのコードが 1 か所に集積しているので、理解も推理も困難になってしま

うからだ。この問題の一部は、この章で前述したように、コードベースを複数のモジュールに、きれいに分割することで、緩和することが可能である。

　けれども、それらのモジュールを、同じ物理プロセスの中に、まとめて配置している限り、予期しない形で相互に悪影響をおよぼす恐れがある。たとえば、もし Orinoco.com のサーチエンジンが、インデックスを更新するために、1時間毎に CPU を酷使する処理を行う必要があるとしたら、それによってサイト全体が遅くなってしまうだろう。あるいは、サイト内で互いに関係のない2つの部分が、たまたまスレッドプールを共有し始めることで、わけのわからない性能の劣化が発生するかも知れない。そして最悪なことに、「おすすめ」エンジンにバグがあって無限ループに陥ったら、サイト全体が突然ダウンしてしまう!

　これらの問題は、複数機能間の予期せぬ相互作用によって起きるのだから、ユニットテストでは捕捉しにくい。というか、ユニットテストでは、いまテストしている機能以外のすべてをモックにすべきなのだから、こういう問題を発見できるわけがない! 統合テストがあれば、機能間の相互作用によって引き起こされる問題を発見するチャンスが増えるだろう。けれども、大きなコードベースで発生するバグの中には（とくに、複数スレッドやリソースリークに関するものは）とりわけ微妙で複雑なものがあり、そういうのは実際に製品で発生するまで見つけられないことが多い。

> **Note　再利用の危険性**
> この件については数量的なデータを入手しにくいのだが、私の経験では、かなり多くのバグが「元の設計とは異なる方法で再利用されたコード」で発生している。たとえば、こういう話だ。
> ある開発者が A という機能を書いた。それには、ユーティリティクラスが含まれていた（たとえばモデルオブジェクトの検証）。半年後、もう1人の開発者が機能 B を追加するとき、そのユーティリティクラスを見つけて、再利用することに決めた。そのクラスを共通パッケージに移し、自分の都合に合わせて調整したので、処理の振る舞いが少し変わった。そのせいでユーティリティクラスのユニットテストが失敗した。そこで彼は、新しい振る舞いに合わせて、テストを更新した。こうして機能 A は微妙に壊れてしまったけれど、それには誰も気がつかなかった。
> 同じ場所にコードを詰め込めば詰め込むほど、再利用による、この種のリグレッションが発生しやすくなる。もし機能 A と機能 B を別のサービスに分けていたら、一部のコードが重複するかも知れないが、とにかく機能 A のコードは、機能 B のために行われる変更から隔離される。

　モノリス的アプリケーションには、複数機能間の隔離がまったく欠けている。これは大きな課題であり、もっと分散されたアプローチに移行しようという意見にとって、おそらく最も強力な論点である。もし Orinoco.com のサーチと「おすすめ」が、別サービスとして実行されていたら、どんなにひどく失敗しても、サイトの他の部分まで落ちることはないだろう。

組織面の利点と難関

　一方、組織の側から見ると、開発者間で発生する情報伝達（コミュニケーション）がシステムアーキテクチャによって異なる傾向がある。モノリス的な場合、1つのチーム（極端な場合は1人の開発者）が新機能を追加することになるから、その機能について連絡する必要は少ない。

　もし開発者がOrinoco.comに、（第4章で述べたような）新しいA/Bテストを追加したいとしたら、すべてを単独で実装できる。つまり、ターゲットユーザーのリストを含む新しい表をDBに追加し、ユーザーのセグメントをチェックしたりページビューを記録したりするコードをバックエンドに追加し、UIを更新してAとBの両方のパターンを入れることができる。何らかのインターフェイスの詳細について、他の開発者に相談する必要は、まったく発生しない。開発者は内部的なインターフェイスを、必要に合わせて何度でも繰り返して微調整できるから、開発は途切れなく速やかに進行する。

　だが、このようなコミュニケーションの欠如は危険である。同じプロセスの中に、開発者全員のコードを詰め込んで実行する必要があるのだから、開発者は他の全員による変更を（そして、それらが互いにどんな影響を与えるのかを）強く意識する必要がある。一見すると開発者たちは、コミュニケーションがなくても仕事ができるように見えるけれど、実際には、他の開発者による変更をチェックしたり、機能間の望ましくない相互作用を回避する手段について相談したり、あるいはコードベースを読んでさまざまな短所に関する暗黙の了解を理解したりするのに、長い時間を費やす。だから実際には大量の情報伝達が発生するのだが、それらは構造を持たず、暗黙的かつ断片的である。

　開発者が自身の特定の機能実装から逸脱して、他の開発者に影響を及ぼす恐れのあるコードをいじる必要が生じると、いきなり情報伝達のオーバーヘッドが爆発的に増大する。たとえばOrinoco.comのユーザー認証コードのように、アプリケーションのさまざまな部分で数多く使われているコードを変更しようとしたら、先に進む前に何十人もの開発者とのチェックが必要になるだろう。これは明らかに開発を遅くするし、コードベースを共有する開発者の数が多くなるにつれて、ますます遅くなる。コードベース全体に対して大規模なリファクタリングを実行したい開発者が現れるたびに、他の開発者たちの仕事が、何日も遅れるような事態もあるだろう。

　最後に、サイトをモノリス的なアプリケーションとして実行するのは、タマゴを全部同じ袋に入れるようなものだから、Orinoco.comの開発者は大きなリスクを背負っている。たとえ最も小さく、無害に見えるバグでもサイト全体をダウンさせるかも知れないというので、恐れのカルチャーが生まれる。どのような失敗も許されないのだから、チームは毎回のリリース前のテストに、法外な時間と労力を費やさざるを得ない。これによって開発が停滞し、リリースサイクルが長くなる。そのせいで、新機能を市場に出して、それに対するユーザーのフィードバックを得るまでに、さらに長い時間がかかる。アプリケーションの中で、決定的な重要性が低い部分（たとえば製品の「おすすめ」）を別のサービスに分離するというのも、この状況を改善する方法のひとつだ。

フロントエンドとバックエンドを分ける

Webアプリケーションで、もうひとつ一般的なアーキテクチャは、フロントエンドとバックエンドを別のサービスとして実行する形態だ。バックエンドは、アプリケーションのビジネスロジックを実装し、通常はリレーショナルデータベースか、その他のデータストアを含む。フロントエンドは、可能な限り層を薄くしてビジネスロジックを排除すべきである（アプリケーションをユーザーに提示するのがフロントエンドの仕事だ）。フロントエンドは、伝統的なWebアプリケーションとして、サーバー側でHTMLページを生成するのでもよいし、あるいはクライアント側なら、AngularJSやBackbone.jsなどのフレームワークを使い、ユーザー側ブラウザのJavaScriptで実行するのでもよい。

バックエンドは、その機能をAPIを介して提示し、2つのサービスは、このAPIだけを介して通信する。それにはJSONのような言語に依存しないフォーマットのメッセージを、HTTPのようなプロトコルで送信することが多い。このAPIが、入力の検証、トランザクション管理、データベーススキーマなどの詳細を、すべてカプセル化するので、フロントエンドは、これらの不必要な知識から遮断される。

技術的な利点と難関

アプリケーションを2つのサービスに分けることの利点は、ひとつにはスケーラビリティの粒度が細かくなることだ。バックエンドほど処理能力を要求しないフロントエンドは（とくに静的なHTMLとJavaScriptだけをサービスしているのなら）、より少数のサーバーで実行できるだろう。

それより重要なポイントがある。フロントエンドをバックエンドから分離することの主な利点は「関心の分離」（separation of concerns）なのだ。ビジネスロジック（アプリケーションの本質）をプレゼンテーションから分離することで、コードは理解しやすく、アプリケーションは変更しやすくなる。2つのサービスは、概念的に（そして物理的に）1個のAPIで隔離されるから、そのインターフェイスを尊重する限り、それぞれの内部は自由に変更できる。たとえばOrinoco.comの開発者たちは、バックエンドの「おすすめ」エンジンに使っているアルゴリズムを、UIへの影響を心配することなく、自由に調整できる。

APIを提示するバックエンドには、複数のフロントエンドから使えるという利点もある。たとえばOrinoco.comの開発者たちは、スマートフォン用アプリが使うためのAPIを構築したい。ところがこれは、現在のWebサイトと同じバックエンドと対話する、もうひとつのフロントエンドサービスとして実装できるのだ。すべてのビジネスロジックがバックエンド側で実装されているので、フロントエンドは比較的単純であり、新しいフロントエンドは素早く実装できるだろう。将来のOrinoco.comで複数のフロントエンドを実装したら、どんな姿になるかの例を図5–5に示す。

けれども、フロントエンドとバックエンドを分離するときは、支払うべき対価もある。相互の

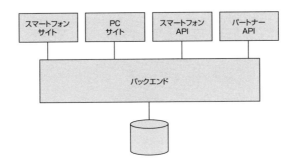

図5-5：複数の（互いに隔離された）フロントエンドを持った Orinoco.com

やりとりは、単にメソッドを呼び出す場合と比べて、はるかに複雑化するのだ。すべての通信はネットワーク上で行われるので、処理すべきエラーの可能性には、まったく新しいカテゴリー（クラス）が追加されるし、このようなエラーのどれかが発生する確率は、かなり高い。リモートサーバーに接続しようとする API コールが失敗することも、リターンするまで異常に長い時間がかかることもあり得る。もっと悪いことに、ネットワーク上に問題があって、クライアント側がタイムアウトを設定し忘れたら、永遠にハングしてしまうかも知れない。

　たとえバックエンドがフロントエンドに対してタイムリーに応答したとしても、返すデータがフロントエンドの期待とは違っているかも知れない。バックエンドの開発は、API に反する変更を行わないよう、きわめて慎重に行う必要があるし、フロントエンドの開発者は、バックエンドから返されるどのデータについても、それが無効かも知れないことを常に意識して、防御的にプログラミングする必要があるだろう。

　さらに開発者は、バックエンド API のためのクライアントを1つ（別々の言語で複数のフロントエンドを実装することに決めたのなら、2つ以上）書いて保守する必要もあるだろう。そのクライアントに含まれそうな機能としては、API コールの自動的なリトライ、バックエンドが過負荷になるのを防ぐ「サーキットブレーカー」[3]、バックエンドのインスタンスが複数実行されているときにインスタンスを特定する「サービス発見機構」がある。

組織面の利点と難関

　ビジネスロジックをプレゼンテーションから切り離すために、フロントエンドとバックエンドを分離したら、開発チームも同様に切り分けるのが合理的だ。フロントエンド専門の開発者は、印象がよくて使いやすい Web サイトの構築に集中でき、バックエンドの開発者は性能を上げるために、データベースクエリやコアアルゴリズムの最適化に専念することができる。

---

[3] 訳注：「サーキットブレーカー」は、この種の失敗を検出し、それが何度も繰り返されるのを防ぐデザインパターン。英文 wiki（https://en.wikipedia.org/wiki/Circuit_breaker_design_pattern）を参照。

フロントエンドとバックエンドを独立して開発するのなら、それぞれのサービスを独自のペースで開発できる。フロントエンドのチームは、開発のサイクルを速くして、サイトのデザインに対する微調整を数日毎に、あるいは1日に何度もリリースできるし、バックエンドのチームは、たとえば毎週リリースすることができる。それぞれのチームが、どんなリリースサイクルでも採用することができ、互いに結合されないというのが重要なポイントだ。

フロントエンドとバックエンドを分離することに決めるのなら、そのAPIについて「約束破りの変更」（breaking changes）は、絶対に（あるいは、ほとんど絶対に）しない、というのが重要な暗黙の前提である。もし約束破りの変更を導入したら、フロントエンドとバックエンドを、まったく同時にデプロイしなければならないのだから、上述のメリットがすべて失われる。そればかりか、両方のサービスをアップグレードするときに数分間のダウンタイム（休止時間）を確保できなければ、変更をデプロイすることが、まったく困難になってしまうだろう。

APIが最初から拡張性を持つように注意深く設計されていないとしたら、「約束破りの変更」ができないことは、バックエンドチームにとって大きな制約になる。彼らは、優れた機能を構築することより、後方互換性を保つことのほうに神経を使い、多くの時間を費やすことになるかも知れないのだ。まして、フロントエンドが複数あって、それぞれが同じAPIの、多かれ少なかれ古いバージョンを前提としているような事態になれば、問題は本当に複雑化する。

担当領域の専門化を進めることにはメリットがあるが、デメリットも存在する。つまり、フロントエンドの開発者はバックエンドの内部について何も知らず、逆もまた同じという、知識の孤立[4]が生じるリスクが増大するのだ。「開発者は参照すべき共通のフレームとして、ただAPIだけを知っていればよく、そのインターフェイスの背後で何が行われているかについては何も知っている必要はない」と考えるのは、理想論にすぎない。現実の開発者は「柵の向こう側」についても、ある程度の知識が必要になるときがある。開発者たちが自分と直接関係のない物事について、あまりにも無知になるのを防ぐため、組織はトレーニングとチーム間のコミュニケーションを積極的に助成する必要が生じるだろう。

もうひとつ、フロントエンドとバックエンドを分離した開発で私がしばしば気付いた問題は、小さな変更でも、むやみに時間がかかるという傾向だ。モノリス的なアーキテクチャのOrinoco.comで、開発者1人が新しくA/Bテストを実装するのは、とても簡単な話だった（5.3.3項）。ところが分離したアーキテクチャでは、同じ開発者が次のことを行う必要がある。

1. データベースのテーブルと、それに対応するクエリのコードを、バックエンド側に追加する。
2. 新しいエンドポイントをバックエンドAPIに追加する。
3. バックエンドのロールアウトを行う。

---

[4] 訳注：英語でsiloing（サイロ化）という。本書の1.4節にある「知識の孤立」を参照。

4. 新しいエンドポイントに対応する API クライアントに、新しいメソッドを追加する。
5. API クライアントの新しいバージョンをリリースする。
6. フロントエンドに変更を実装する。これは自分で行うか、あるいはフロントエンドのチームのメンバーに、仕事を任せることになる。

このように、フロントエンドとバックエンドのチームが協力する必要が生じれば、その結果として、片方のチームが、もう片方のチームが仕事を終えるのを待ってブロックしてしまう状況も生じる。たとえば Orinoco.com で、ユーザーが商品を友達に電子メールで推奨できるという、まったくの新機能を、サイトに追加したくなったとしよう。これにはフロントエンドとバックエンドの両方に作業が必要であり、できれば両チームに並行して作業させたい。理論的には、まずは両方のチームがインターフェイスについて同意し、それからバックエンドチームが素早くダミー実装を書いて、フロントエンドチームの仕事に間に合わせるのが望ましい。けれども実際には、そううまく進行するのは珍しいことで、チームの間で待ち時間が発生するのは、ほとんど避けられない。

このように難しい問題はあるけれど、やはり開発者たちは、モノリス的なアプローチよりは分散的なアプローチのほうが適していると考えるかも知れない。その場合、フロントエンドとバックエンドを分離するのは、完全に分散した SOA（サービス指向アーキテクチャ）への、最初の大きな1歩である。いったんリモート API を使うためのツールとテクニックを身につけたら、そして開発者が分散システムに固有の難関に慣れてしまったら、バックエンドを粒度の細かい一群のサービスに分割する実験を、より簡単に始めることができる。

サービス指向アーキテクチャ（SOA）

数多くの大規模 Web アプリケーションが、アプリケーションの機能を多数のサービスに分散する SOA を使っている。そのサービスの多くはバックエンドサービスで、JSON のようにマシンリーダブルなフォーマットでデータを提示し、そのデータをフロントエンドがユーザーに表示するためレンダリングする。また、フロントエンド側を複数のサービスで構成することもでき、それらのサービスは、Web ページの内側に埋め込むように設計された1個以上のコンポーネントをレンダリングする。

技術的な利点と難関

SOA の技術的な利点は、フロントエンドとバックエンドを分離する場合と似ているが、サービスがより細かく切り分けられるので、メリットもそれに応じて大きくなる。

アプリケーションが数多くの異なるサービスに分離されるので、アプリケーションの各部を要件に応じてスケーリングしやすくなる。たとえば Orinoco.com のトップページは、クレジットカードの詳細を変更するページよりも、ずっと多くのトラフィックを受けるので、スケーリング

の要件は、まったく異なるだろう。もしこの 2 つが別々のサービスならば、独立してスケーリングできる。

個々のサービスは別々のマシンで実行されるので、お互いから物理的に隔離される。したがって、アプリケーションがサービスレベルの失敗を正しく処理するように設計されているのなら、どのサービスで発生したバグも、その他のサービスに影響をおよぼさないはずである。もし Orinoco.com の製品「おすすめ」サービスがエラー応答しても、商品の詳細ページは、（たとえ関連製品のパネルは出なくても）正しくレンダリングされるだろう。

SOA を実行するには、数多くのサービスをデプロイする必要があるので、運用とアーキテクチャに関する数多くの難関が生じる。

- 運用のオーバーヘッド ― SOA には、数十ないし数百のサービスが含まれるかも知れない。各種のデータストアやメッセージキューも加わるだろう。このすべてを準備し、配置し、監視し、保守する必要がある。
- レイテンシ ― SOA では、ユーザーから受けた 1 個の要求から、サービス間の API コールが何十個も発生する場合がある。これには呼び出しの連鎖も含まれるだろう（つまり、サービス A がサービス B を呼び出し、サービス B がサービス C を呼び出して…）。アプリケーションを注意して設計しないと、これらの要求のレイテンシは急速に加算されて、とても応答が遅いユーザー体験になってしまう。
- サービス発見 ― 異なる種類のサービスが何十もあり、それぞれのサービスのインスタンスが複数実行されていると、対話処理の相手になるサービスを簡単に探すことのできるサービスが必要になる。最近は、Eureka などオープンソースのソリューションがあるので、この問題は、ほとんど解決されている。
- トレース／デバッグ／ロギング ― アプリケーションで、何かがうまくいかないとき（あるいは、すべてがうまくいっている場合でも、アプリケーションの性能について調べたいとき）、実際に何が起きているのかを調べるのが難しいかも知れない。すべてのサービスからログを収集し、それらを集中的に保存する必要があるだろうし（それには Fluentd や Logstash のようなツールが役立つ）、ユーザーからの 1 個のリクエストが、あなたのサービス群で、どのようなパスを取るのかをトレースする必要もあるだろう（これには Zipkin のようなツールが役立つ）。
- サービスのホットスポット ― いくつかのサービスに、他のほとんどのサービスが依存してしまう場合がある。ユーザー認証／識別（authentication/identity）のサービスが、よくある例だ。ユーザー ID を受け取ったサービス A が、認証サービスを使ってユーザーを探し出し、何らの処理を実行してから、そのユーザー ID をサービス B に渡すと、そのサービス B も認証サービスに問い合わせる、という具合である。こういうホットスポット的なサービスは、大量のトラフィックを受けることになるので、失敗が集中する

とともに、スケーラビリティのボトルネックになることが多い。
- APIのドキュメントとクライアント群 — あまりにも多くのサービスが、互いにAPIを提示するので、それらのAPIのドキュメントやクライアントを書く仕事に、チームは大量の時間を費やすはめになる。これらは、いつも最新の状態でなければ使い物にならないのだ。もしソースコードから自動的に生成できれば、古くなることはないだろう。Swaggerは、APIドキュメントの自動生成ツールとして人気がある。
- 統合テスト — すべてのサービスが相互に正しくやりとりしているか、アプリケーション全体が正しく動作しているかをチェックするのが、非常に難しくなるかも知れない。最初に、すべてのサービスのインスタンスを含むステージング環境が必要になる。このような環境をオンデマンドで自動的に構成／解体する機構があれば、さらによい。

    複数のバージョンにわたるサービスの組み合わせが正しく動作すること（あるサービスのAPIに対する変更が、そのAPIクライアントの古いバージョンを使っているサービスのどれかを破綻させていないか）をテストするのは、とても面倒なことになるかも知れない。その主な理由は、テストの必要があるバージョンの組み合わせ（combination）が増えると、「組み合わせ爆発」（combinatorial explosion）を起こすからだ。サービスAのversion 2.3、サービスBのversion 3.4、サービスCのversion 4.5は、正しく動作するとしても、versions 2.4、3.5、4.6の組み合わせはどうだろうか。このように複数あるバージョンの組み合わせをテストする必要があるとしたら、ぜひとも自動化が必要だ。テストフレームワークが一連のサービスを適切なバージョンでデプロイし、それらのサービスにデータを記入してから統合テストを実行することになるだろう。

    個々のサービスのレベルでテストを行うのも、難しくなるかも知れない。他のサービスに対する要求で返されるデータを、モックで代用することは可能だが、最新バージョンのサービスのAPIが返すはずのデータを正確に反映するよう、そのモックデータを継続的に保守する必要がある。そのメンテナンスは、きわめて面倒な作業になる恐れがあり、もしモックとは別のチームがAPIをメンテナンスしていたら、変更を追跡管理するのが難しいかも知れない。
- データの断片化 — モノリス的なアプリケーションならば、普通は1個のデータベースしか持たないが、SOAでは、小さなデータベースが数多く点在することが多い。そのおかげで、リポートの作成やデータの解析が難しくなる場合がある。つまり、複数のDBからデータをフェッチし、それらを操作して1個の共通フォーマットにしてからジョインする必要があるのだ。これらすべてのデータ操作を行うために、専用のデータウェアハウス（data warehouse）をセットアップしたほうがよいかも知れない。

組織面の利点と難関

　SOAでは組織面の利点と難関も（技術的な長所／短所と同じく）フロントエンドとバックエンドを分離する場合と似ているが、サービスの数に比例して増大する。

　SOAは開発者たちに大きな自由を与える。それぞれのサービスを別々のチームが開発でき、他のチームとは隔離された状態で作業できるのだ。どうやって開発するか、どのようなテクノロジーを使いたいか、いつどのようにリリースするかを、自分たちで選択できる。ただひとつのルールは、自分のAPIに依存する他のサービスを尊重し、勝手にAPIを変更して約束を破らない、ということだけだ。

　テクノロジー選択の完全な自由を開発者に与えるのは、果たして本当に賢明なことだろうか。もし、どのチームも別のプログラミング言語で、それぞれのサービスを実装したら、コードを共有することは不可能になり、大量の仕事が重複する結果になりそうだ。また、他のチームのコードを読むのも難しくなるから、開発者は各チームに閉じ込められて、他のチームに移るのが難しくなるだろう。この状況を防ぐためには、基本的なルールか、少なくともガイドラインを定めて、2つか3つの言語とテクノロジーを推奨すべきだろう。

　たとえ複数のチームが同じテクノロジーを使っていても、他のチームが行っていることを知らなければ、いつか互いに仕事が重複する結果になってしまう。何らかの手段によって、チーム同士が必ず定期的に話し合って情報を共有するようにしなければならない。また、チーム間の仕事の重複を監視し、誰でも使える共通のツールを構築する、サポーター役の「プラットフォームチーム」の設立も価値があることだ。

　チーム間で仕事が重複するケースとしては、「車輪の再発明」もあるし（2つのチームが、たとえばサービス監視用にヘルスチェックを実装するなど、同じ問題の解決に労力を費やす場合）、コードの重複もある（それぞれのチームが、たとえばログメッセージにHTTPリクエストの情報を入れるため、同じようなユーティリティを書いている場合）。プラットフォームチームが、前者のケースを防ぐには、各チームが何をしているかについての情報を集め、他のチームが参考して使えるような、一群のガイドラインまたはリコメンデーションの形式に、まとめるべきである。コードの重複については、プラットフォームチームは全部のチームが使える汎用ライブラリを書くべきだ。

マイクロサービス

　マイクロサービス（microservices）は、近頃よく聞くバズワードで、その正確な意味には、いくらかの混乱がある（その混乱は、バスに乗り遅れまいとするさまざまなソフトウェアベンダによって、拍車がかかったのかも知れない）。けれどもマイクロサービスは、SOAの特別なケースにすぎず、疎結合と、文脈の境界と、開発者の自主独立と責任感に、とくに強い重点が置かれる。

マイクロサービスとは何か？

マイクロサービスは、サービスの独立性がとくに強化された SOA である。

それぞれのサービスは、あるサービスの新バージョンを、いつでも他のサービスに影響を与えることなく配置できるように、互いに結合を断たれていなければならない。したがって、次のようになるはずだ。

- API の他に、サービス間でコミュニケーションを行う手段が存在しない。
- API の約束を破る変更は、どんな犠牲を払ってでも防止しなければならない。

それぞれのサービスは、それ自身が持つドメインモデルにおける「コンテクスト境界」の役割を果たす。つまり、サービス A によって定義されるモデルは、それが何であれ、サービス A のコンテクスト（文脈）の中でしか使用できないのだから、サービス B と通信するときにサービス A のモデルを使っても無意味である。Orinoco.com でいえば、たとえ認証サービスと、製品「おすすめ」サービスの両方が、同じ名前の User モデルを定義していて、その 2 つのモデルが非常によく似ていても、その 2 つは同じではない。片方を、もう片方に変換するには、そのためのレイヤー（変換層）が必要である。

この「コンテクスト境界」というコンセプトは、ドメイン駆動設計(domain-driven design)のフィールドに由来する。詳しく知りたい人には、Eric Evans による DDD のバイブル、『Domain-Driven Design: Tackling Complexity in the Heart of Software』(Addison-Wesley Professional, 2003) を推奨する[5]。

マイクロサービスの文脈における明示的な「コンテクスト境界」の存在は、「それぞれのサービスで、他のサービスに影響を与える心配なしに、自分のモデルを自由に変えることができる」ということを意味する。

最後に、マイクロサービスは開発者に与える役割を強調する。マイクロサービスは開発者に、できるだけ大きな自治を与えることを目指すが、その代わりに開発者は、そのサービスの所有者の役割を引き受けなければならない。開発者はマイクロサービスをサポートし、その新しいリリースをデプロイして、スムーズに実行させる責任がある。言い換えると、マイクロサービスは DevOps と密接な関係がある。

利点と難関

マイクロサービスは SOA の部分集合なので、SOA について述べた事項のすべてが、ここにも当てはまる。

---

[5] 訳注：邦訳は、『エリック・エヴァンスのドメイン駆動設計』（今関剛監訳、和智右桂／牧野祐子訳、翔泳社、2011 年）。索引にある「境界づけられたコンテキスト」、「レイヤ化アーキテクチャ」、「変換層」などの項目を参照。

そのうえ、マイクロサービスを実装するときは、サービス間での偶発的な結合のリスクに注意しなければならない。それぞれのサービスが独立した疎結合（loosely coupled）の形態で、APIだけを通じて通信を行うのがマイクロサービスの要点だ。ところが注意を怠ると、サービス間に他の通信手段が生じてしまう。最も一般的な陥穽は、複数のサービスが共有するデータベースだ。したがってサービスはDBを共有してはいけないというのが一般的なルールである。それぞれのサービスが、自分だけのデータストアについて責任を負う。

組織面を見ると、マイクロサービスの難関は、だいたいSOAと同じである。伝統的なモノリス的開発から移行しようとする組織には、考え方の大変換が必要となる。生半可な気持ちでマイクロサービスへの切り替えを試みたら、たぶん失敗するから、積極的に関わることが必要である。

さらに組織は、製品には直接関係のないこと（たとえば自動的なデプロイやサービスの監視など）にも大量の開発時間を投資する準備が必要だ。サービスが膨張しないように、専用の援助チームも設けるべきだ（他のチームが新しいサービスを作成し、それを製品化するのを、可能な限り容易にすることが、そのチームの唯一の仕事である）。

アーキテクチャを、どうするか（Orinoco.comの場合）

言うまでもなく、アーキテクチャに関する判断には、どれにもトレードオフがあり、これまでに示したアーキテクチャには、どれも独自の長所と短所がある。残念ながら、万能の「銀の弾丸」はない。

これまで言及しなかったが、既存のモノリス的アプリケーションからの移行が、どれだけ容易なのかという話もある。Orinoco.comの場合は大規模なアプリケーションなので、一気にフロントエンドとバックエンドを切り離そうとするのは、たぶん賢明ではないだろう。もっとインクリメンタルな解が必要だ。私ならば、モノリスを維持しつつ、まずは実験的に、重要性の少ない関数をいくつか、別のバックエンドサービスに移してみると思う。もしそれがうまくいけば、だんだんとSOAに向かって動いていくことが可能だろう。機能を少しずつ新しいサービスに移しながら、SOAに必要なツールや経験やプロセスを実地に積み上げていくのだ。

このインクリメンタルなアプローチで、SOAを採用することは、もちろん必須ではない。SOAスタイルのサービスを、いくつか作った後ならば、チームは自らの経験に基づいて選択肢を再評価できるだろう。もしチームが、SOAには向いていないと判断したら、モノリス的なアプローチに逆戻りするのは彼らの自由であり、中程度の大きさのサービスを少数使う、中間的な形態を選ぶのも可能だろう。

その他のモノリス的なアプリケーションについて、サービス群に分割したいという気持ちがあったら、「それは本当に必要だろうか」と自問しよう。SOAの技術的な難関は長いリストである。それを、もう一度読んで、本当にそれほどの困難に挑戦する価値があるのかを判断しよう。もし答えがYesなら、とにかくやってみるしかない。成功を祈る！

5.4 まとめ

- モノリス的なコードベースを複数のモジュールに分けるときは、モジュール間の依存関係を明確に定義する必要に迫られるので、コードを理解しやすくなる。
- いったんコードベースをモジュール化したら、それらのモジュールを自由な方法で組み合わせることができる（全部をモノリス的な方法で実行する／個々のモジュールを別々なマイクロサービスとして実行する／一部のモジュールを破棄して他のモジュールに担当させる、などなど）。
- あなたのアプリケーションのためにアーキテクチャを選ぶ際は、技術的にも組織的にも、数多くのトレードオフがある。たとえばモノリスの代わりにマイクロサービスを選ぶとしたら、要求のレイテンシが高まる結果になるかも知れない（要求をサービスするのに複数のネットワークホップが発生する可能性があるから）。けれどもチームは、より大きな自立性を持ち、市場に出すまでの時間を短くすることが可能になるだろう。
- モノリス的なアプリケーションを実行する場合、どのような変更にもアプリケーション全体をダウンさせるリスクがある。このために、組織が変更を恐れ、テストに時間をかけすぎることがあるかも知れない。
- ネットワーク上で発生する通信は、さまざまな形で失敗する可能性がある。サービス間にネットワーク呼び出しを追加すると、まったく新しいクラスのエラーが導入される。
- チームをサービスごとに分けると、それらのチームに自立性が与えられ、たいがい仕事を素早く終わらせることができるが、チーム間の協調が必要になると、大きく遅滞する可能性がある。

第6章

ビッグ・リライト

> **この章で学ぶこと**
> 書き換えプロジェクトの範囲を決める
> 既存のソフトウェアが新しい実装に与える影響
> レガシーデータベースをどうするか

あなたが「大いなるリライト」(The Big Rewrite) に挑戦するなら、他の選択肢をすべて試した後のことだと思いたい。あなたはコードベースのリファクタリングを試みたが、行き止まりに達した。レガシーソフトウェアをサードパーティ製ソリューションで置き換える方法についても、実現可能かどうか調べたが、あまりにも多くのカスタマイズが必要になって、ゼロから書くより仕事の量が多いことが分かった。リライト（書き換え）から逃れる手段はないと、あなたは結論を下した。それは鳥肌が立つような状況だ。

自分はレガシーアプリケーションをゼロから書き換えるのだ、と覚悟すると、なぜ鳥肌が立つのだろうか。まずは、その理由を確認しておこう。

第1に、そのプロジェクトは際限なく引き伸ばされるだろう。思ったより長くかかることを私が保証する。最初は、書き換えなど比較的単純な作業だと思われるかも知れない。既存のコードが行っていることを、ただ真似すればよいのだから。けれども、いったん実装を始めると、既存のソフトウェアには（実装にも、仕様にも）、あらゆる種類の隠れた特殊ケースや、不可解な抜け穴があり、そのすべてを調査し文書化する必要が生じる。これによってプロジェクトが停滞するだけでなく、しばらく続けていると飽き飽きしてしまうのだ。もちろん開発者は、たいがいコードを書きたくてしょうがないのだが、リライトの場合、その仕事の大部分が、レガシーソフトウェアの謎めいた振る舞いを解き明かし、それをどう扱うのが最良の策かを議論するために費やされてしまう。

第2に、書き換えは、それに費やされる努力と困難が大きいのに、ソフトウェアのエンドユー

ザーに提供される直接的な価値が、あまりにも少ないことが、しばしばある。何か月もかけて構築したアプリケーションなのに、エンドユーザーから見ると、以前とまったく同様に動作するとしか思えない。それどころか、人々は既存のソフトウェアにあったバグや欠点に慣れてしまい、特徴のように思いがちだから、もしそれらを忠実に再現しないと、熱心なユーザーを失望させるリスクがある。さらに、あなたの新しい実装によって、独自の新しいバグが導入されることは、ほとんど確実である。

とはいえ、ときにはリライトが本当に（悪い選択肢ばかりの中では）最良のオプションかも知れない。そうだとしたら、リライトをスムーズに進めるために考慮すべきことが、いくつかある。この章では、プロジェクトの範囲を決める方法を学び、新しいソフトウェアに対する既存の実装からの影響を、どこまで許せばよいのかを考慮し、レガシーデータベースを扱う戦略について検討する。

6.1　プロジェクトの範囲を決める

大規模なソフトウェアプロジェクトに挑む前に行っておくべき最も重要なことは、目標を明らかにすることだ。このソフトウェアを書き換えて、何を達成したいのだろうか。そして（たぶん、もっと重要なことだが）このプロジェクトの計画に入れたくないのは何だろうか。

プロジェクトの目標は何か

リライトは普通、次の3つ形式のどれかである。

- ブラックボックス的リライト ─ 目標は、ソフトウェアの機能を、現状のまま正確に残すことだ（ただし内部的にはゼロから再実装する）。たとえば、ソフトウェアを新しいテクノロジースタックに移植する場合もあるだろう（いま実行しているメインフレームが、近々廃止される場合など）。また、将来に向けて保守を容易にするという場合もあるだろう。いずれにせよ、エンドユーザーはまったく変更に気付かないのが理想的である。
- ブラッシュアップ的リライト ─ この機会に仕様の文書化、更新、正規化を行うことが、副次的な目標として追加される。その結果として、新しいソフトウェアの機能は、古いものとは違う（願わくは、より良い）ものになる場合がある。
- 見返りのあるリライト ─ プロジェクトの一部として、何らかの大きな新機能を開発することが目標に加わる。その機能は、利害関係者を説得して「うん」と言わせるための、いわば「お返し」である。もし開発者に裁量権があるのなら、我々は就業時間のすべてを「リファクタリングのためのリファクタリング、リライトのためのリライト」に費やして幸せになれるだろう。けれども我々に報酬を払う人々がいるのなら、「すでに動作している何かを何週間も何か月もかけて再構築すること」を彼らに認めてもらうために、

何らかの「見返り」を与える必要があるかも知れない。

　第4章で見た、World of RuneQuest というオンラインゲームを思い出していただきたい。これは Java サーブレットアプリケーションで、すでに10年以上も稼働している。テクノロジースタックは、当時からほとんど変わっていないので、いまでは非常に扱いにくくなっている。それに UI も、少し古い感じになり始めている。開発者たちは、このアプリケーションを現在のテクノロジーを使ってリライトしたいと切望している。

　World of RuneQuest のプロダクトマネージャー（製品管理者）たちもリライトに賛成しているが、それは正しい仕様書を書くチャンスが得られるからだ。なにしろ「実装が仕様だ」という現在の状況から比べれば、大変な改善となる。ところが上役たちは、開発者による開発者のための（と彼らの目には映る）プロジェクトに、進んでリソースを割り当てようとは思っていない。ただし、ユーザー（ゲームのプレイヤー）に何らかのメリットがあるのなら話は別だ。

　この場合は、どうやら「見返りのあるリライト」で行くのが適切と思われる。たぶんプロダクトマネージャーはリライトに「ゲームの新しいメジャーバージョン」というブランドを付けることができるし、開発者は新しいテクノロジースタックを使って、これまで実装が不可能だった新機能を実装できるだろう。そういう機能（たとえばゲーム内のオーディオチャットや、より洗練されたプレイヤー統計情報）は、しばしばプレイヤーからリクエストがあったもので、World of RuneQuest と競合するゲームには、もう搭載されている。

> **リライトに新機能を追加する？**
>
> 「見返りのあるリライト」の、既存のソフトウェアを再実装するのと同時に新機能を追加するというアイデアは、開発者から見る限り、決して望ましいものではない。複数の関心事があると（具体的には、元の振る舞いを維持しつつ、新しい機能を追加すると）、プロジェクトの計画を立てるのが、さらに難しくなるし、できあがるソフトウェアで論理的な整合性を保つのも難しくなる。
>
> けれども、リライトのプロジェクトに承認を得られるだけのビジネス的価値を提供するには、新機能を追加するほかに方法がないという場合もある。それに、これまで動作してきたソフトウェアとまったく同じ機能のものを実装するより、新しい機能を構築するほうが、より満足のいく仕事になりそうではないか。

　エンドユーザーに対して「ゲームを書き直しました」と、はっきり知らせることにすれば、開発者たちは「レガシーの UI とゲームプレイを完璧にエミュレートしなければ」というような義務感から解放される。ただし、プレイヤーたちが反感を覚えるというリスクを避けるため、ある種のコアなゲーム機能を変えないように注意する必要があることは間違いない。

プロジェクトの範囲を文書化する

　どんなリライトを行うかを決めたら、その事実を、プロジェクトの範囲を定める詳細とともに、はっきりとした文書にしておくことが肝心だ。その文章は、利害関係者の誰が読んでも理解して同意できるくらい短く、しかも曖昧にならないように、明確かつ詳細にしておく必要がある。この文書がリファレンスとして大いに価値を発揮するのは、何か月か経って「追加機能の侵入」（feature creep）が始まるときだから、そのことを念頭に置いた文書を書いて同意を得ておくことだ。プロジェクトに関わるすべての人は、この文書が「ただひとつの真実のソース」（Single Source of Truth）になることを理解していなければならず、したがって、そのどこかに同意しない人は、いますぐ発言するか、さもなければ永遠に沈黙せざるを得ない、ということにすべきだ。

　このプロジェクト範囲の文書には、次の情報を入れておくことを推奨する。

- 新機能について ― もし追加するのなら、それらをリストにする。それぞれの機能について、不可欠か（完成するまで新しいソフトウェアをリリースできない）、そうでもないか（最初のリリース後に追加してもよい）を記す。
- 既存の機能について ― 既存のソフトウェアにある機能のうち、削除する予定のものはあるか？　とくに「不可欠」あるいは「不可欠ではない」機能があるか？
- タイミングか機能完備か ― 決まった日付までにリリースすることと、予定の機能を完備した製品をリリースするのと、どちらが重要か？
- 段階的なリリースについて ― 複数のリリースで徐々に機能を足していく計画はあるか？　もしそうなら、各段階の内容を簡潔にまとめること。

　最後の項目は、きわめて重要だ。もし可能なら、私は段階的なリリースのアプローチを、強く推奨する。小規模なリリースを繰り返しながら、それぞれのリリースで機能を少しずつ追加していくのだ。そのほうが、プロジェクトの最後に「すべてかゼロか」のビッグバン的なリリースを行うよりもリスクが低い。こういうインクリメンタルなリリースならば、新しいソフトウェアに関するフィードバックをユーザーから受け取りながら、プロジェクトの舵取りを行う時間の余裕ができる。また、新しいソフトウェアに技術的な問題があったとしても、早い段階で、まだ修正する時間があるうちに、それが明らかになるだろう。

　インクリメンタルなリライトを実現させるには、新しいソフトウェアが完了するまで、新旧のソフトウェアを並行して実行する必要がある。そのせいで、とくに新旧のソフトウェアが互いに通信を行う必要があるとき、何か技術的な難関が生じるかも知れない。けれども私の意見では、そのための努力は、インクリメンタルにリリースすることから得られるリスクの軽減によって、十分に正当化されるものだ。

　図6-1に、World of RuneQuestのリライトに関するスコープ文書の見本を示す。

```
World of RuneQuestのリライト - プロジェクト範囲

使命: 既存のJava Servelt Webアプリを、Scalaで書かれたPlay
アプリケーションで置き換えること

開発の目標: 従来よりも保守が容易なコード;より良い性能;より高速
な開発

製品管理の目標: 完全で明快な仕様;モダンで使えるUI

エンドユーザーのメリット: 2つの大きな新機能 (下記)

期限: 20XX年8月1日に初回リリース

新機能: 以下の2つの新機能を、このソフトウェアに追加する。
    1) ゲーム内のボイスチャット (不可欠)
    2) プレイヤーの高度な統計情報 (不可欠ではない)
どちらの機能も、後に完全な仕様を記す。さらに、まったく新しいUIを、
我々が設計し、構築する。

既存の機能: 既存の機能は、次の2つを例外として、どれも不可欠である。
    ・Map Editor機能は、不可欠ではない。
    ・Daily Email機能は、実装しない。

タイミング優先: 我々は、たとえ最初のリリースで機能を削除すること に
なろうと、期限通りのリリースを望む。

段階的リリース: 3か月毎の間隔で合計3回のリリースを予定する。3回
目のリリースを行った後は、古いシステムをスイッチオフできる。それま
では、新旧のシステム間でユーザーデータの同期を行うので、そのため
のツールを組む。
```

図6-1：World of RuneQuest のリライトに関するスコープ文書の例

6.2　過去から学ぶこと

　もうひとつ、プロジェクトの初めに議論しておく価値があるのは「現在の実装を、どの程度まで、新しい実装の仕様として扱うべきか」である。この問題は、「実装を続けるには、もっと仕様を明確にする必要がある」と気がついたときに重要となるのだ。その例を見よう。

　開発者たちが World of RuneQuest の新しいバージョンを実装し始めてから半月ほど経過した。いまでは開発者たちも、新しい開発言語と Web フレームワークを使うのに慣れてきている。プロジェクトの構造とツールチェインは、うまく設定されていて、チームは新機能を 2 週間の集中作業で実装できそうな、よい雰囲気になってきた。

　開発者の 1 人、サラは、ある機能の実装を終えたので、バックログ（未処理分）のボックスか

ら新たにカードを取り出した。そのカードは、「プレイヤーマッチング機能を実装する」という項目である。この Player Matching というのは、World of RuneQuest のプレイヤーが新しいゲームを始めるとき、オンラインの「待合室」に入れば、同程度のスキルと経験を持つ相手プレイヤーを自動的に探して対戦できるというアイデアで、このソフトウェアのレガシーバージョンに存在していた機能である。

サラは、プレイヤーマッチングのロジックが、どのように機能すればよいのか、はっきり分からないので、リライトプロジェクトのために編集されている新しい仕様から、それを探そうとした。ところが困ったことに、その文書には、ただ 1 行の文章しかない。「待っているプレイヤーを、同じような能力を持つもう 1 人のプレイヤーとマッチングさせる」というのだ。当然、もっと詳細が知りたいので、サラは自分のノート PC を持って、プロダクトマネージャーのフィルのデスクに行く。

このようなケースで仕様を決めるのはフィルの役目だ。けれども彼には、この機能をどう実現すればよいのか、詳しいことについて、これといったアイデアがひらめかない。そこで彼はサラに言う、「どうだろう。これって、いまはどうなってます?」サラが自分の IDE で関連するコードを見つけたので、二人はそれを見た。

```java
public void runWaitingRoom() {
    while (true) {
        List<Player> players = getAllPlayersInWaitingRoom();
        for (Player p1: players) {
            for (Player p2: players) {
                if (p1 == p2)
                    continue;
                if (p1.isWizard() && p2.isWizard())
                    continue;
                if (p1.isElf() && p2.isOrc())
                    continue;
                if (p1.hasWeapon("axe") && !p2.hasShield())
                    continue;

                    もっと条件が続く ...

                if (Math.abs(p1.getSkill() -p2.getSkill()) < 100)
                    // 等しい条件なのでマッチ成立
                    foundMatchingPlayers(p1, p2);
            }
        }
        Thread.sleep(1000L);
    }
}
```

「あー。ずいぶん複雑ですねー。条件がいっぱいあるけど、全部必要だと思います?」とサラが尋ねる。フィルは確信を持てない。このロジックは、もっと単純にできそうだし、彼としても、

既存の実装にひたすら追従するより、まったく新しい仕様を原則に従って整然と書き下ろしたい。けれども、「これらの条件は何か正当な理由があって加えられてきたのに違いないぞ」という直感があって、どうしても振り落とすことができない。

こういうジレンマは、リライトを実装するとき何度も生じるものだ。既存の実装に追従するのか、それとも、これぞと思う仕様をゼロから書くべきなのか、その2つを両端とするスペクトラムの中で揺れ動くのだ。チームとして、どこに位置するべきなのかを事前に決めておかないと、結局は、こういう小さな機能のひとつひとつで考えが揺れ動き、長い時間を費やすことになる。

結局フィルとサラは、バージョン管理システムのコミットログを見て、それぞれの条件が追加された当時のコメントをメモしようということに決めた。そうすれば、条件が追加された理由について何らかのヒントが得られるだろう。それからフィルが、それらのメモをガイドとして、新しい仕様を最初から書く。ある条件が正当な理由によって追加されたという証拠があれば、彼はそれを新しい仕様に入れて、なぜ必要かの説明も付ける。もし特定のロジックについて、それを追加した理由を示す記録がひとつもなければ、そのロジックは捨ててしまう。

これは、既存のコードを尊重しながらリライトを成功させる、バランスの取れた態度の例である。リライトは、過去と決別するチャンスのように思いたくなるものだが、既存のコードは次の理由で尊重すべきだ。

- 何年もの間に、バグ修正、性能のための最適化、特殊なケースの処理などが蓄積されている。注意していないと、リライトでは、それらを失ってしまう。
- コードは既存のソフトウェアの振る舞いを正確に定義しているから、新しいソフトウェアがどう振る舞うべきかを決めるとき、有益なリファレンスとなり得る。

元の実装を、ひたすら忠実に再現したのでは、すでにあるものを、ただ作り直すだけで終わってしまう。既存のコードは「究極の真実のソース」ではなくリファレンスとして扱い、あなたが下す判断のガイドとして、あるいは論争に決着を付けるために、利用すべきだ。

また、低いレベルの実装の詳細（これには既存のコードが便利な情報ソースとなる）と、高いレベルのソフトウェア設計およびアーキテクチャとを、区別することも有益だ。ソフトウェアを設計するときは、既存のコードの設計を模倣するのは避けるのが普通は賢明な態度だ。少なくとも、既存の設計から無意識の影響を受けやすいことに注意し、安易に流されないよう積極的に抵抗すべきである。正当な理由がないのに新しい設計が古い設計を真似していないか、その徴候を常に監視し、同じ問題をまったく別の方法で解決できないか、しばし考えてみるべきだ。

たとえば World of RuneQuest では、ずいぶん多くの処理が（先ほどコードを示したプレイヤーマッチングなど）、タスクを1秒に1回くらいの割合で実行する機構をベースとしている。けれども、マルチプレイヤーのオンラインゲームを設計するのに、それが本当に最良の方法だろうか。それよりも、イベントとイベントハンドラをベースとする機構のほうが、望ましいのでは

ないか。たとえば新しいプレイヤーが待合室に参加すると、あるイベントが発火され、それによってトリガされたイベントハンドラが、そのプレイヤーの対戦相手を探すのだ。あるいは「アクター」（Actor）モデルを利用するのがよいかも知れない（1人のアクターが1人のプレイヤーを表現する）。レガシーの設計に制限されないことさえ覚えていれば、可能性は無限である。

6.3　データベースをどうするか

あなたが置き換えようとしているソフトウェアは、おそらく何らかのデータストアを持っているはずだ。それはしばしば、Oracleのようなリレーショナルデータベース（RDB）だろう。あるいはオブジェクトデータベースのような、もっと珍しい種類のものか、それとも、ただファイルを1列に並べただけのフォルダのような基礎的なものかも知れない。いずれにしても、そこには有益なデータが詰め込まれていて、ユーザーは、あなたの新しいシステムを使って、そのデータをアクセスする必要が、きっとあるだろう。

ここでの選択肢は、図6-2に示すように2つある。新しいソフトウェアを既存のデータストアに接続して、新旧のシステムで同じDBをシェアするか、あるいは、新しいデータストアを作成して、既存のデータをそこに移すかである。それぞれのアプローチに長所と短所があるので、順に見ていこう。

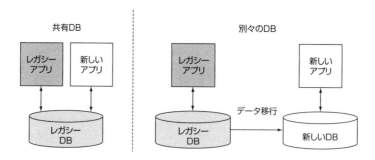

図6-2：データベースを含むレガシーソフトウェアを置き換える2つのアプローチ。既存のDBを共有するか、新しいDBを作ってデータを移行させる

既存のDBを共有する

同じデータストアを複数のアプリケーションで共有する場合には、特有の制限がある。もしあなたが、それを受け入れるのなら、この方法を使えば、データをデータストアの間で確実に複製する処理の複雑さと比べて、きわめてシンプルに実装できるだろう。

長所

- 単純さ ― DB が 1 つなので、DB 間のデータ移行や、DB の同期が取れなくなったときの復旧について、心配する必要がない。
- 他のアプリケーションやスクリプトを更新する必要がない ― データベースとのやりとりを行うソフトウェアは、問題のレガシーソフトウェアだけとは限らない。そのデータベースに直接接続してクエリを発行するような、あらゆる種類のスクリプト、バッチ、ユーティリティが、あるかも知れない。既存の DB を使い続けるのなら、これらのスクリプトを変更する必要はない。

短所

- データストアのテクノロジーを選べない ― たまたまレガシーアプリが使っている DB を使うほかに選択肢がない。もしリライトの目標のひとつが、高額なプロプライエタリ DB からの移行であれば、これで開発が止まってしまう。
- アーキテクチャを変更できない ― リライトの一部として、モノリス的なアプリケーションを複数の小さなサービスに分割したいとしても、DB を複数の隔離されたデータストアに分割するのでなければ、十分な効果を得られそうにない。
- スキーマをリファクタリングできない ― DB 内部のデータ構成方法を、大きく変更したいこともあるだろう。それは新しいアプリケーションのモデルに合わせるために必要かも知れないし、単にレガシー DB がメンテナンスされていなくて、ひどい無秩序状態になっているのかも知れない。いずれにしても、DB が他のアプリケーションと共有されていたら、そのような変更は簡単ではない。DB に対して互換性を破るような変更を加えるたびに、レガシーソフトウェアも、それに合わせて更新する必要がある。また、無害だと信じて行った変更が、既存のアプリケーションの振る舞いに悪影響を与えるというリスクもあるだろう。
- データ損傷のリスク ― いったん新しいソフトウェアをリリースしたら、新しいデータを DB に書き始めるだろう。そのデータが、新旧両方のアプリケーションで有効ならば理想的だ。それなら両方のアプリを、しばらく並行して実行し続けるというオプションが得られる。つまり新しいソフトウェアをインクリメンタルにリリースすることが可能であり、もし製品の新しいアプリに何か問題が見つかったら、古いアプリに切り替えられるのだ。けれども、新しいアプリによって書き込まれたデータを、古いアプリで正しく読み込むことができなければ、それは不可能だ。

この問題には、あなたの新しいアプリケーションが DB に悪いデータを書き始めたときに（も

し古いアプリケーションが、たとえば奇妙なエラーを送出し始めたら）すぐ気がつくかも知れない。けれどもアプリケーションは、あなたが気がつくまでに何週間も平気でDBを壊し続けるかも知れない。そうなったら、たとえデータのサルベージが可能だとしても、巨大なデータ復旧工事に直面しなければならない。たぶんあなたは、古いアプリケーションをスイッチオフするしかなくなり、事態が悪化したときのフォールバックとして、それを頼りにすることができなくなる。

このリストを見ると、長所よりも短所が多いことは明らかだが、レガシーデータベースを再利用するのは、もし状況が許せば、合理的なアプローチである。管理すべきDBが1つしかないという単純さのメリットを過小評価すべきではない。もし、このルートを辿ることに決めたのなら、2つほど推奨したいことがある。

変換層（translation layer）への投資を惜しまない

あなたは険しいリライトの道を歩むのだから、新しいアプリケーションでドメインをゼロからモデリングする自由が欲しいはずだ。けれども、スキーマを変えることのできないレガシーDBを使うのだとしたら、結局は、そのDBにあるテーブル群と、それらの作成に使われたレガシーモデルによって、拘束されてしまう。あなたのアプリケーションのモデルと、それを永続化するDBとの間に、根本的なミスマッチが生じてしまいそうだ。

そのミスマッチに対処するには、ドメイン層のモデルと、DBに永続化されるモデルとの間で相互変換を行う「変換層」(translation layer)を、アプリケーションに入れる必要がある。その場合、レガシーモデルが新しいアプリケーションに侵入して、せっかくの新しいコードベースを破綻させるリスクを避けるため、変換層を漏れのない完全防水にすることが重要だ。したがってプロジェクトの初期から、十分な開発時間をかけて変換層を構築できるように準備すべきである。これは最後には必ず元の取れる投資だ。

図6-3では、この変換層が、アプリケーションとDBの間におかれて、レガシーモデル（不快な三角形）を、新しいドメインのモデル（美しい六角形）に変換している。

World of RuneQuestゲームで変換層の例を見よう。元のバージョンのWorld of RuneQuestでは、Player（人間のユーザー）とCharacter（ゲーム内でユーザーが演じる役）の間に区別がなかった。実際、Characterのモデルは存在せず、Playerがあるだけだった。けれどもリライトでは、Playerが複数のCharacterを作ってゲームをプレイするときは、いつでも好きなCharacterを選べるようにしたい。

レガシーのDB設計では、それぞれのPlayerが、`player`テーブル内のレコード1個によって表現される。このレコードには、人間であるユーザーに関する情報（ユーザー名、ハッシュ付きパスワードなど）と、そのユーザーのゲーム内での役柄に関する情報（その種族、強さ、魔法のポイントなど）が入っている。もしPlayer1人あたり複数のCharacterをサポートしたいのなら、もちろん、このDB設計を変更する必要があるわけだが、レガシーアプリケーションとの互換性を保ちながら行うには、どうすればいいのだろうか？

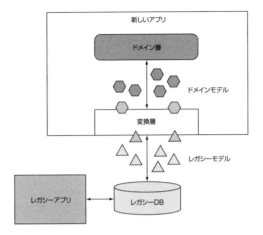

図6-3：変換層が、ドメイン層のモデルとレガシー DB 内のデータを変換する

　ひとつの方法は、それぞれの Player の第 1 の Character を `player` テーブルに残しておき、その Player の他のすべての Character は、新しい `character` テーブルに入れるという実装方法だろう。もし、ある Player が 5 つの Character を作ったら、そのうち 1 つは `player` テーブルに保存し、残りの 4 つを `character` テーブルに入れる。

　レガシーアプリケーションとの互換性という意味では、これもよいソリューションだ。レガシーアプリケーションは新たに作成されたテーブルを無視するので、その点では何も変わっていないのと同じだ。けれども我々の新しいアプリケーションから見ると、これは惨めなハックだ。我々のドメインモデルでは、第 1 のキャラクターと他の 4 つを勝手に分けることなど、何も知りたくない。Player モデルに 5 つの Character のリストが含まれる、というだけにしたいのだ。

　そこで役立つのが、変換層（translation layer）である。データベースモデルとドメインモデルの間で行う不愉快な変換の詳細は、すべて変換層に隠すことができるので、レガシー互換性のために実行するハックが、我々のアプリケーションのコアを汚染することはない。図 6-4 に、これを示す。

　ただし、この例では変換層だけが唯一の解決策ではないことに注意しよう。データベースのレベルで、コードではなくビューを使って変換することも可能であり、それは次の手順で行うことができる。

1. 新しい `character` テーブルを作成し、キャラクター関係のフィールドを、`player` から `character` に移動する。
2. `player_character` というビューを作る。これには、レガシーアプリケーションが `player` テーブルに期待するデータを入れる。

3. 小規模な変更をレガシーアプリケーションに加えて、`player` テーブルの代わりに `player_character` ビューを問い合わせるようにする。
4. レガシーアプリケーションがビューに対して SQL の `UPDATE` を実行したとき正しいレコードが更新されるように、できればビューを writable にしておく。

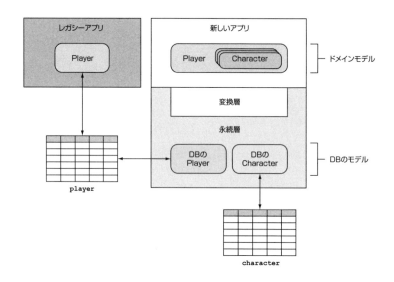

図6-4：変換層を使って、レガシーデータベース内の永続する Player と Character の詳細を隠す

　私の好みで言えば、こういうロジックは DB に入れず、アプリケーションレイヤーのコードで実装したい。そのほうが読みやすく、テストが容易で、開発者の目に付きやすいからだ。レガシーアプリケーションの一部が DB のトリガや、ストアードプロシージャや、製品サーバー上で cron タスクとして実行されるシェルスクリプトや、その他、ただソースコードを見ているのでは見つからない場所で実装されていると、あとでそのアプリケーションを保守する役目についた開発者にとって、まったく混乱の元になりやすい。

　変換をアプリケーションレイヤーで実行する際は、複数の DB クエリを行うことになるかも知れず、ビューやトリガなどを使って DB の内部で行うよりも、ずっと遅くなるかも知れない。もし性能が優先されるのであれば、DB レイヤーで変換するほうが適しているかも知れない。

DB を制御できる日のために計画を立てる

　まだレガシーアプリケーションを実行している間は、DB スキーマの変更が制限されるだろう。新しいテーブルを安全に追加することは可能であり（レガシーアプリケーションは、ただそれを無視するだけ）、性能を上げるため既存のテーブルにインデックスを追加することも、たぶんできるだろうが、その程度のことだ。現在の DB 構造について何か気に入らない点があっても、当

面は回避策で我慢しなければならない。

けれどもレガシーシステムを止めてしまえば、データベースの完全な制御権が得られる。これでもう、あなたは好きなように DB を変更できるし、新しいドメインモデルに合わない部分や、単に乱雑な部分などを、すべてリファクタリングすることが可能だ。

その日が来るまでには何か月あるいは何年かかるかも知れないから、あなたが DB に加えたい変更点を、忘れないよう箇条書きにまとめておこう。そのリストは単純なテキストファイルにして、プロジェクトのソースコードと一緒にバージョン管理システムに入れておき、「`game.created_by` というカラムは、もう使っていないので削除する」とか、「`player.is_premium_member` は、`varchar` から `boolean` に変更する」などと、たっぷりコメントを入れておくとよい。あるいは一群の DB 移行用スクリプトにして、時が来たら実行できるようにしておくのもよいだろう。

変更したい問題点については、当面の回避策となっているソースコードの近くに何らかの記録を残しておけば、将来 DB のリファクタリングを行ったあとで、そのソースコードを見て更新しやすくなる。記録の形式は、コードのコメントでもよいが、言語によっては、もっと構造的なアプローチを使えるかも知れない。たとえば Java や C# のような言語であれば、カスタムのノーテーション定義か属性で、そのようなメソッドにマークを付けることができるだろう。

データベースを新規作成する

もしレガシーアプリケーションのデータベースを共有したくなければ、もうひとつのアプローチは、新しいアプリケーションのために、データベースを新規に作成することだ。

このアプローチの長所と短所は、当然ながら、前項であげたリストの正反対となる。簡単にまとめると、あなたのアプリケーションのニーズに合わせて、データストアのテクノロジーとスキーマを自由に選択できるのが長所であり、その代償として、2 つのデータストアを管理しデータを同期させるオーバーヘッドを伴うのが短所である。

2 つのデータストアの間でデータを同期させておくには、いくつかツールを組む必要があるだろう。

リアルタイム同期

アプリケーションのニーズによっては、片方の DB への全部の書き込みを、もう片方の DB にも即座に反映させる必要があるかも知れない。つまりアプリケーション間に、何らかのリアルタイム通知が必要な場合だ。その実装は、図 6-5 に示すように、データベースのトリガを使うか、あるいはアプリケーションレイヤーの中で行うかである。

第 1 のケースでは DB トリガを使って、書き込みを片方の DB からもう片方へと直接コピーする。

第 2 のケースでは、DB トリガが更新をキューに書き込み、そのキューをアプリケーションが消費する。データを直接、アプリケーションの API エンドポイントに送るのではなく、キューを

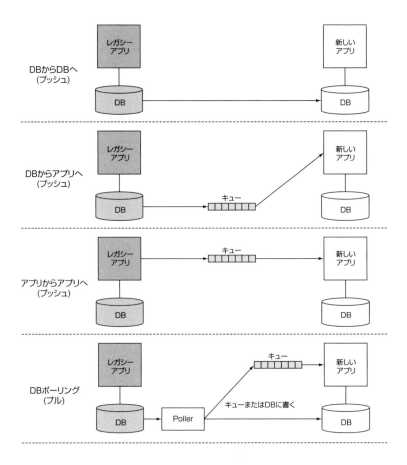

図6-5：DB への書き込みをリアルタイムに同期させるさまざまなアプローチ

使う理由は、アプリケーションが実行されていないときに書き込みが失われるのを防ぐためだ。

第 3 のケースでは、アプリケーションが DB 内のデータを更新するとき必ずキューに書き込む。このアプローチには、実装をレガシーアプリケーション側で動作させる必要がある、という問題がある。DB に書き込みを行うたびに、キューへのメッセージを送るとしたら、レガシーアプリケーションにコードを追加する必要があるが、これは次の理由で望ましくない。

- レガシーアプリケーションは、この方法で拡張するのが難しいかも知れない。保守が困難だからこそリライトしているのだから。
- レガシーコードに変更を加えるのは、バグが紛れ込むというリスクがある。

もしあなたの要件で、書き込みの複製にわずかなタイムラグを許容できれば、第 4 のアプロー

チを使えるかも知れない。それは、DB を定期的に（たとえば 1 秒に 1 回）ポーリングし、ほとんどリアルタイムに、その書き込みを新しいアプリケーションに複製するようなツール（Poller）を組むという方法だ。レガシーシステム側でデータをプッシュするのではなく、このようにプルする方法ならば、レガシーコードに対して、あまりにも大きな変更を加えずに済むだろう。

バッチ式の同期

すべての新しい書き込みをリアルタイムに（あるいは、ほぼリアルタイムに）複製するだけでなく、片方のデータストアからもうひとつのデータストアへと、既存の更新をバッチ（データの集合）としてコピーするためのツールも必要だ。そのツールは、データストア全体を完全に複製する処理と、ある種のクエリ（たとえば過去 1 時間に発生した全部の更新）にマッチする更新だけを複数する処理の、両方をサポートすべきだ。前者が便利なのは、新しいアプリケーションのバグによって、そちらのデータストアが修復不能なほど壊れてしまったときだ（これは開発期間に少なくとも 1 回は本当に発生するだろう）。後者は、一部のリアルタイム更新が失われたとき（これも、ときどき発生するだろう）、素早く復旧するのに便利である。

ところで、もしあなたがリアルタイム同期に DB ポーリングのアプローチを採用し、レガシー DB をポーリングして最新の書き込みを複製するツールを組むのなら、バッチ同期用に別のツールを組む必要はない。同じツールを使って（ただしツールが使うクエリを、複製すべき書き込みを見つけるように変更するだけで）、さまざまな種類の同期を実行できるのだ。表 6-1 に、その例を示す。

表6-1：さまざまな同期の戦略にマッチした書き込みを見つけるクエリの例

同期の形式	PostgreSQL クエリの例
ほぼリアルタイム	`WHERE last_updated > current_timestamp - interval '1 second'`
バッチ（バグから復旧するため過去 24 時間分のデータをもう一度複製する）	`WHERE last_updated > current_timestamp - interval '1 day'`
バッチ（DB 全体を複製）	`WHERE 1 = 1`

監視ツール

データの複製が期待通りに動作していることを連続的にチェックできる監視ツールが必要になるだろう。これによって、両方のデータストアに同じデータが含まれていることを確認するのだ。監視システムは、更新の複製に欠損を発見したら、少なくとも開発チームにアラートを送信する必要がある。また、可能であれば、影響を受けたデータを再度複製するためのトリガを発することによって、自動的に復旧するのが望ましい。

この監視ツールは、cron によって定期的に実行されるスクリプトのような簡単なものでよいが、データ複製と監視のシステムが本当に何かを行っていることを人々に示して安心させるためには、グラフィカルなダッシュボードの追加を考慮すべきかも知れない。

すべてを組み合わせる

新旧のアプリケーションに、バッチ複製用スクリプトと監視ツールを含めたシステム全体を、どのように組み立てるのか。その例を図 6-6 に示す。

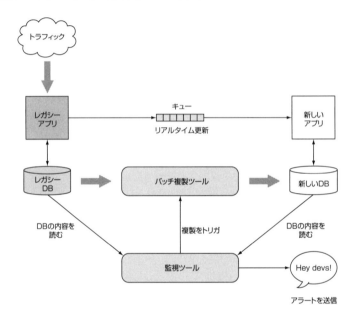

図6-6：レガシーアプリと、それに代わるアプリの間で（移行期に両方が実行されているとき）データを確実に複製するためのインフラストラクチャ

この例で、トラフィックは現在レガシーアプリケーションに向けられている。このアプリが、キューを介してリアルタイムに、新しいアプリケーションに通知を送る。また、更新のバッチを複製できる別のツールが準備されている。監視ツールは、更新の欠落を見つけると、開発者たちにアラートを送信するだけでなく、欠けているデータの複製を自動的にトリガする。

また、データの同期は（リアルタイムでもバッチでも）双方向で可能にすることが重要だ。古いアプリケーションを使って書かれたデータは、すべて新しいアプリからも見えるようにする必要があるが、その逆も真である。そうすれば、しばらく両方のアプリケーションを実行した後で両者のトラフィックを切り替えて、新しいシステムの正常な動作を確認するという作業を自由に行えるようになる。新しいアプリケーションに問題を見つけたら、修正が完了するまで、ユーザーを古いアプリケーションに切り替えることが可能だ。これによって移行のプロセスは、うまくい

かなくても古いシステムに戻すための手段がないビッグバン式の入れ替えよりも、ずっとリスクが軽減される。

図 6-7 に、古いシステムから新しいシステムへと移行するプロセスの例を示す。

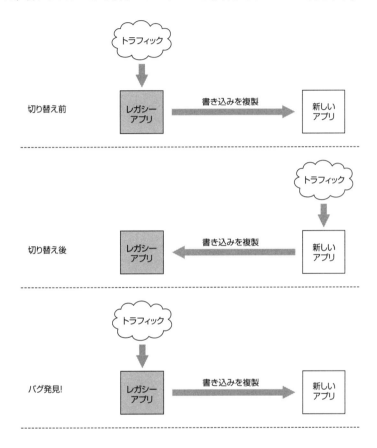

図6-7：移行のリスクを減らす手段としての双方向データ同期

システムを切り替えるまで、トラフィックはレガシーアプリケーションに流れ、それが書き込みを新しいアプリケーションに複製する。システムを切り替えると、トラフィックは代わりに新しいアプリへとルーティングされ、書き込みを複製する向きが逆に流れる。レガシーアプリは、自分のデータベースに最新データをすべて持つことになるので、もし新しいアプリにバグを見つけたら、それを修正している間、またトラフィックをレガシーアプリに戻すことが可能である。

ここで避けるべきことは（複雑さが対数的に増してもよいのなら話は別だが）入力のトラフィックを分けて、一部のトラフィックを新旧両方のアプリに送ることだ。そうすると、両方のアプリが、それぞれの DB に（あるいは、同じ DB に!）同時に書き込むということになり、それらの書

き込みが双方向にリアルタイムで同期されるのだから、あらゆる種類の困難が待ち構えている。たとえば、もし片方のアプリが、あるレコードを更新しようとしたとき、もう片方のアプリが、そのレコードを削除したら、どうなるのか。この種の双方向同期は不可能ではないけれど、決して簡単ではなく、データを壊してしまうバグが発生するリスクが高い。

トラフィックを複製する

　トラフィックの複製とは、クライアントから受信したリクエストのすべてをコピーして、両方のアプリケーションに送ることだ。ただしクライアントに返すのは、(当然ながら) 片方のアプリケーションのレスポンスだけである。このアプローチならば、片方のアプリケーションからもう片方へと書き込みを転送する必要がないので、話が単純になる。どちらのアプリケーションも、すべてのリクエストを受信して処理し、自分のデータベースやキャッシュなどを更新するだけで、もう片方の存在を意識する必要がない。けれども、このアプローチを採用するには、次の条件がある。

- 2つのアプリケーションが、同じデータベースを共有していないこと (さもなければ、同じデータを同時に書き込もうとするだろう)。
- 新しいアプリケーションが、比較的安定していること (動作していて、ほとんどの時間はリクエストを受信でき、実行されていないときに受信できなかったデータを、何らかの方法で復旧できること)。

　DBへの書き込みではなく受信するトラフィックのレベルで複製を実行する例を、図6-8に示す。

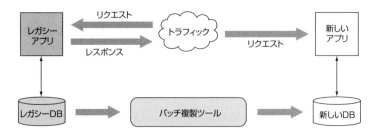

図6-8：入力トラフィックを複製する (アプリケーション間でリアルタイムに書き込みを複製する代わりに)

　ご覧のように、リクエストは両方のアプリケーションに送られるが、片方のアプリケーションからのレスポンスだけが、クライアントに返される。新しいアプリケーションのバグや休止時間から復旧するために、バッチ複製ツールが置かれている。

アプリケーション間の通信

アプリケーションを開発するときは、「自分のデータベースに書くのは自分だけだ」と想定するのが普通だ。ソフトウェアを設計するときは、「アプリケーションが自分で書き換えない限り、データは変更されない」というのが暗黙の想定である。もし、その想定が破れたら、あらゆる論理が破綻し始める。アプリケーションが DB クエリの結果をキャッシュしているとして、もし誰かが DB のデータを更新したら、そうと知らずにキャッシュから取り出した古いデータをクライアントに提供するかも知れない。もっと悪いことに、もしアプリケーションが、その古いデータに従って DB への書き込みを実行したら、他の誰かによって書かれたデータを上書きする結果になるかも知れない。

レガシーアプリケーションと、その代替物を、並行して実行するとき、それらはもう「それぞれの DB の唯一の書き手」ではないのだから、想定は無効になる。もし両者が DB を共有していたら、当然ながら、どちらも同じ DB に書くので書き手は 2 つになる。たとえ DB が別々であっても、もう片方のアプリケーション（あるいはバッチ複製ツール）が、その DB に対して書き込みの複製を、直接行うかも知れない。

要するにアプリケーションには、誰かが自分の DB に書き込みを行ったかどうかを知る方法がない。それが、この問題の本質だ。けれども、書き込みを行うたびにアプリケーションに対して通知するなら、アプリケーションが対応することは可能ではないのか。たとえば、「あなたの DB の User 123 を、たったいま更新しましたよ」という通知を受け取ったら、User 123 に関する全部のデータを、メモリ内のキャッシュから削除できそうだ。

このような通知をサポートするには、図 6-9 に示すように、既存のレガシーアプリケーションと新しいアプリケーションの両方に、次の 2 つを実装する必要がある。

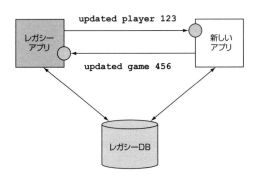

図6-9：2 つのアプリケーションが 1 個の DB を共有し、そこに書くときはいつも相手に通知を送る

- アプリケーションが DB に書き込みを行うたびに、もう片方のアプリケーションに通知を送る「通知者」(notifier)
- 通知を受け取って対応する「エンドポイント」(endpoint)

レガシーアプリケーションの側では、これをどのように実装しても、ほとんど問題はない。正しく動作する限り、いくら実装が汚くてもかまわない。けれども新しいアプリケーションでは、通知のシステムを、未来を見越して実装しなければならない（レガシーアプリケーションをシャットダウンしたら、すぐに廃止することになる）。言い換えれば、簡単に削除できるように実装する必要がある。

こういう場合に適しているのが「イベントバス」(EventBus) だ。これは「発行と登録」(Publish/Subscribe) あるいは Observer と呼ばれるデザインパターンの実装である。永続化レイヤーがデータを DB に書くときは、いつも 1 個のイベントをバスにプッシュする。そのイベントが、すべてのリスナにブロードキャストされる。リスナは、イベントに対応する通知をレガシーアプリケーションに送ることで反応する。

レガシーアプリケーションがシャットダウンされたときには、ただリスナを削除するだけでよい。イベントバスのシステムは、将来他の機能で使えるかも知れないから、そのまま残しておくことができる。

6.4 まとめ

- （リライトを含む）大規模なソフトウェアプロジェクトは、範囲を文書化すべきだ。
- リライトは、できるだけインクリメンタルにすべきだ（たとえ、それによって全体の労力が増えたとしても、リスクを軽減するために）。
- 既存の実装を「究極の真実のソース」として扱いたい、という誘惑に抵抗しよう。価値あるリファレンスとして扱うべきで、そこから新しい仕様を派生させるのを許そう。
- アプリケーションにデータベースがあるのなら、新しい DB を作るか、それとも新旧両方の実装で同じデータストアを共有させるか、どちらかを選ぶ必要がある。DB を 2 分するのは、両者を同期させる必要があれば、もっと複雑だが、ずっと大きな自由度が得られる。
- 新旧のアプリケーションで同じデータストアを共有するのなら、新旧のモデルを変換する「変換層」(translation layer) を構築する必要があるだろう。
- 新旧のアプリケーションに別々のデータストアを与えるのなら、その 2 つの DB を同期させるツールへの投資を惜しむべきではない。
- あなたの DB 同期機構が、DB に直接書き込むのなら、アプリケーションの「自分が唯一の書き手だ」という想定を破らないように注意しよう。

第 3 部

リファクタリングの先へ
― プロジェクトのワークフローと基盤を改善する

　この本の最後にあたる第 3 部では、これまでの「どういうソフトウェアを書くべきか」という話題を超えて、そのソフトウェアを「どうやってビルドし、保守するか」を考える。

　これは範囲の広いトピックで、ローカルマシンを効率的なソフトウェア開発のためにセットアップする方法から、ソフトウェアを実行する必要のある複数の環境を管理し、チーム作業のためにバージョン管理システムを使い、ソフトウェアを迅速かつ信頼できる方法で製品にデプロイする方法まで含まれる。

　今後の 3 章では、Vagrant、Ansible、Gradle、Fabric など、かなり多くのツールを紹介する。これらを今までに使ったことがなくても、あるいは同じ仕事をする同様なツールを使って満足していても、心配は無用だ。これらを使うのは、ただ基本的なテクニックを学べるように具体的な例を示すためなのだ。同様に使える他のツールについての情報も、随時紹介しよう。

　そして最後の章では、今日あなたが書くソフトウェアが、明日には悲惨なレガシーになる、というホラーストーリーを防ぐためのヒントを提供する。

第 7 章

開発環境を自動化する

> **この章で学ぶこと**
> 優れた README ファイルの価値
> Vagrant と Ansible を使って開発環境を自動化する
> 外部リソースへの依存性を排除して、開発者の自立性を高める

　ほとんどすべてのソフトウェアは、何らかの形で周囲の環境に依存する。実行されるマシンの上で、ある特定のソフトウェアが実行されることや、ある特定の構成が設定されることを、ソフトウェアは（というより、それを開発した人は）期待している。たとえば多くのアプリケーションは、データの保存にデータベースを使うから、どこかでデータベースサーバーが実行され、それをアクセスできることに依存する。構成に対する依存の例としては、ログファイルを保存するために特定のディレクトリの存在を期待するソフトウェアがある。

　これらの依存性をすべて調べ、それらを満足させる環境を用意するのは、とても面倒な作業になりかねない。依存性は十分に文書化されていないことが多いが、その理由はおそらく単順で、ドキュメントを置くのに適した場所か、標準のフォーマットが、存在しないからだ。

　この章では、あなたが（そして他の人々が）開発環境をセットアップしてレガシーソフトウェアの保守を開始するまでの作業を、できるだけ簡単にする方法を調べよう。ここで書くスクリプトは、プロビジョニング（provisioning）のプロセスを自動化するだけでなく、ドキュメントを残す役割も果たすので、後に保守を行う人たちがソフトウェアの依存性を理解するのが容易になる。

7.1　「仕事を始める日」

　「入社おめでとう！　Fzzle 社の新しい仕事にようこそ」
　人事の担当者がオフィスを案内して、あなたの新しいボスを紹介してくれた。あなたがフルスタック開発者として働くユーザーサービスチーム技術班のリーダー、アンナだ。彼女が、あなた

をデスクに案内し、仕事の詳細を教えてくれる。

　まずは簡単な背景。Fzzle 社は「ドットコムバブル」の生き残りで、ソーシャル Web セクターでは古株的な存在だ。中心にあるのはソーシャルネットワークだが、何年もの間に数多くの補助的なサービスやマイクロサイトが蓄積している。フリーミアム（フリーとプレミアム）のメンバシップとターゲティング広告の組み合わせをベースとしたビジネスモデルによって、この会社は安定した成長を遂げ、数百万人のユーザーを擁している。

　Fzzle.com のアーキテクチャはサービス指向だ。サイズも稼働年数も実装技術もさまざまな数十のサービス群によって、サイトが構成されている。「ユーザーサービス」(User Serives) というチーム名の曖昧さが示すように、このチームは、多種多様なサービスの開発と保守を担当している。残念ながら、このチームには、自社が所有する全部のサービスを保守するだけの開発者が不足しているので、猫の手も借りたいアンナは仕事の負荷を減らしてくれる新入社員が来てくれて、とても嬉しい。いま彼女と他の開発者たちは、まったく新しいサービスを書くのに忙しいので、このところ面倒を見るヒマもなかったレガシーサービスをいくつか保守する仕事が、あなたに任される。

　最初の仕事は、UAD (User Activity Dashboard) に新しい機能を追加すること。これは Fzzle 社のマーケティング部門と広告の関係者が使うために設計された社内用 Web アプリケーションだ。このダッシュボードは、サイトのアクティブなユーザーの数や、その人たちが何を見ていたのか、どのユーザーセグメントが成長しているか、などの詳細な情報を表示する。これを見て広告主は、ターゲティング広告のキャンペーンを計画できる。しかし残念なことに、UAD はビジネスにとって不可欠なのに、ずいぶん古くなっていて、近頃ほとんど開発者の手が触れていない状態だ。

　アンナからは、まず Git リポジトリのクローンを作り、あなたのローカルマシンで UAD を実行するところから始めなさいと言われた。もし行き詰まったら助けてあげるから声をかけてね、と彼女は言ってくれたが、本当に忙しそうなので、あなたは彼女の邪魔にならないよう、できるだけ自力でやってみようと決心する。それは、どれほど難しいことなのだろうか。

UAD の開発環境をセットアップする

　指示に従って、あなたはリポジトリをクローニングして中身を見た。まずは README ファイルを……。おや、README がないのかな？ ……見当たらない。すると、こいつをビルドして実行する方法がわかるまでに、いろいろ探ってみる必要があるようだ……。

　あなたが次に見つけたのは、Ant のビルドファイルが 1 つ、いくつかの Java ソースファイル、そして Web.xml ファイルが 1 つ。どうやら少し見えてきた。Java の標準 Web アプリらしいから、どの Web app コンテナでも実行できるだろう。あなたは Apache Tomcat を使った経験があるので、それを Web サイトからダウンロードしてインストールする。また、Oracle の Web サイトにも寄って、最新の Java パッケージをダウンロードする。

JavaとTomcatをインストールしたあなたは、エディタでAntのビルドファイルを開き、このアプリケーションをコンパイルしてTomcatでデプロイできるWARファイルにパッケージングする方法を調べる。`package`という名前のターゲットがある。どうやら、これらしい。そこであなたは、AntのWebサイトに行って、Antをダウンロードしてインストールし、`ant package`コマンドを実行する。

```
$ ant package
Buildfile: /Users/chris/code/uad/build.xml

clean:

compile:
    [mkdir] Created dir: /Users/chris/code/uad/dest
    [javac] Compiling 157 source files to /Users/chris/code/uad/dest

package:
    [war] Building war: /Users/chris/code/uad/uad.war


BUILD SUCCESSFUL
Total time: 15 seconds
```

なんだ、うまくいったじゃないか！　あなたは、できあがったWARファイルを自分のTomcatのWebappsディレクトリにコピーし、Tomcatを起動して、ブラウザで`http://localhost:8080/uad/`を訪問する。

残念ながら、まったく空白のページだ。Tomcatのログを調べると、次のエラーメッセージが出ている。

```
Cannot start the User Activity Dashboard. Make sure $RESIN_3_HOME is set.
```

Resinだって？　聞いたことはあるが、使ったことはない。たしかJavaのWeb appコンテナで、Tomcatみたいなやつだろう。このエラーメッセージを見ると、バージョン3をインストールする必要があるらしい。そこであなたは、ResinのWebサイトに行き、Resin 3のダウンロードページを見つけ（実は非常に古いもので、廃止されたが、幸いにも、まだ残っていた）、ダウンロードしてインストールする[1]。それから、ブログのポストで見つけた情報に基づき、知恵を絞って、そのコンフィギュレーションを行う。

WARファイルをResinのWebappsフォルダにコピーしてResinを起動したら、その直後に、また別のエラーメッセージが出てきた。

---

[1] 訳注：caucho.comのダウンロードアーカイブを参照。ちなみにResin 4.0.0は、2009年5月にリリースされている。

```
Failed to connect to DB (jdbc:postgresql://testdb/uad)
Check DB username and password.
```

あなたが、このエラーメッセージについて、じっと考えているところにアンナが来て、こう言う。「ごめんなさい、言い忘れたけれど、UADをセットアップする手順は、開発用wikiにあります」つまり、http://devwiki/を見ればわかる、と言うのだ。

そのwikiページは、図7-1に示すもので、いくつかの謎は、これで解ける。けれども、どうやらこれは信頼のおけない、ろくに保守されていないページらしく、ここに書かれていることは、どれも鵜呑みにしないほうがよさそうだ。

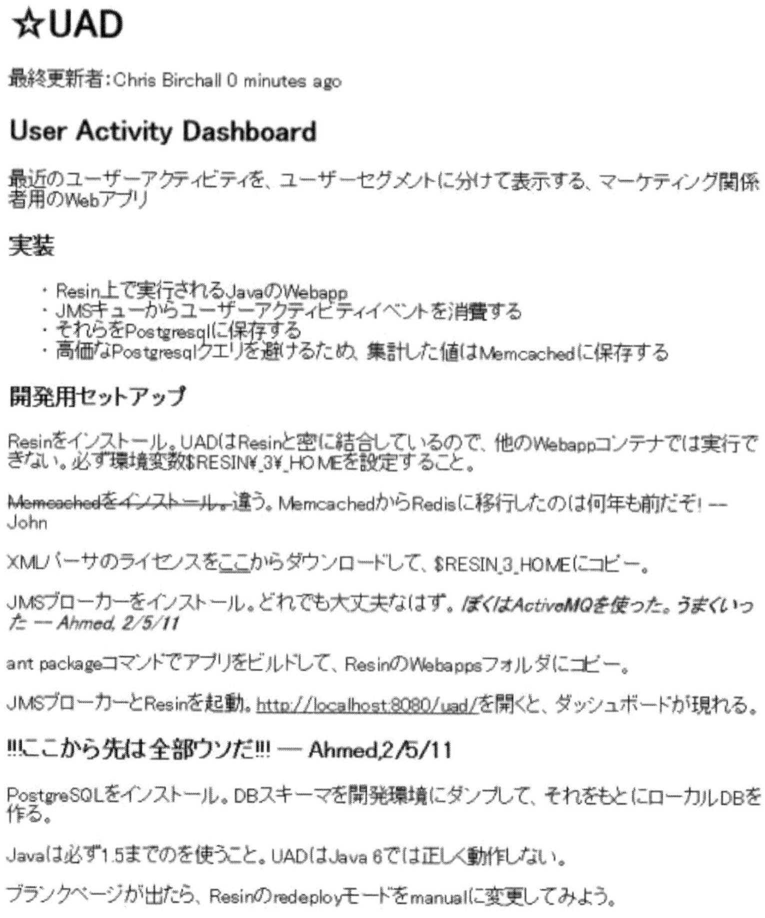

☆UAD

最終更新者：Chris Birchall 0 minutes ago

User Activity Dashboard

最近のユーザーアクティビティを、ユーザーセグメントに分けて表示する、マーケティング関係者用のWebアプリ

実装

- Resin上で実行されるJavaのWebapp
- JMSキューからユーザーアクティビティイベントを消費する
- それらをPostgresqlに保存する
- 高価なPostgresqlクエリを避けるため、集計した値はMemcachedに保存する

開発用セットアップ

Resinをインストール。UADはResinと密に結合しているので、他のWebappコンテナでは実行できない。必ず環境変数$RESIN¥_3¥_HOMEを設定すること。

Memcachedをインストール。~~違う。MemcachedからRedisに移行したのは何年も前だぞ！ ― John~~

XMLパーサのライセンスをここからダウンロードして、$RESIN_3_HOMEにコピー。

JMSブローカーをインストール。どれでも大丈夫なはず。*ぼくはActiveMQを使った。うまくいった ― Ahmed, 2/5/11*

ant packageコマンドでアプリをビルドして、ResinのWebappsフォルダにコピー。

JMSブローカーとResinを起動。http://localhost:8080/uad/を開くと、ダッシュボードが現れる。

!!!ここから先は全部ウソだ!!! ― Ahmed,2/5/11

PostgreSQLをインストール。DBスキーマを開発環境にダンプして、それをもとにローカルDBを作る。

Javaは必ず1.5までのを使うこと。UADはJava 6では正しく動作しない。

ブランクページが出たら、Resinのredeployモードをmanualに変更してみよう。

図7-1：User Activity Dashboard の開発用 wiki ページ

この wiki ページによれば、どうやらこのアプリケーションには、いくつも外部依存性があるようだ（その一部は、すでに見つかっている）。

- Java の Web app コンテナが必要（Resin 3 が指定されている）。
- メッセージキューを提供するために、JMS（Java Messaging Service）メッセージブローカーが必要。Apache ActiveMQ は、使えるらしい。
- 生データを保存するために、PostgreSQL のデータベースが必要。
- 集計したデータを保存するために、Redis のインスタンスが必要。
- プロプライエタリ XML パーサのライセンスファイルをインストールする必要がある。

これらをメモして、あなたは再び、DB 接続の問題に戻る。またログのエラーメッセージを見ると、このアプリケーションはテスト環境で PostgreSQL DB に接続しようとしている。けれども、JDBC の URL を、どこから持ってきたのだろう。どこかにコンフィギュレーションファイルがあるはずだ。再び Git リポジトリを見ると、config.properties というファイルがあった。

```
# Developer config for User Activity Dashboard.
# These values will be overridden with environment vars in production.

db.url=jdbc:postgresql://testdb/uad
# If you don't have a DB user, ask the ops team to create one
db.username=Put your DB username here
db.password=Put your DB password here

redis.host=localhost
redis.port=6379

jms.host=localhost
jms.port=61616
jms.queue=uad_messages
```

このコンフィギュレーションファイルのコメントに従って、あなたは Ops（運用）チームに電子メールを送って、テスト環境用の DB アカウントを作ってください、と頼む。けれど、もう午後の 3 時をすぎているので、たぶん今日中に返事は来そうにない。

その間に、あなたは Redis と ActiveMQ のインストールと設定を始める。そして、XML パーサのライセンスキーを置く場所を推測する……。

何がいけないのか?

ずいぶん長い話になったが、レガシーコードベースの仕事を最初に始めるとき、しばしば強制される謎解きのフラストレーションを実感してほしかった。

さて、UAD プロジェクトの設定が、どうして不愉快な経験になってしまったのか。それには、いくつかの（それぞれ違ってはいても、互いに関係のある）理由がある。順番に見ていこう。

粗末なドキュメンテーション

UAD プロジェクトのドキュメンテーションに関する第 1 の問題は、それがどこにあるかわからなかった、という点だ。もし人々が探し出せないのなら、ドキュメントを書く意味がない。

一般に、ドキュメントの置き場所がソースコードに近ければ近いほど、開発者には見つけやすくなる。私はドキュメントを、ソースコードと同じリポジトリに置くことを推奨する。できればルートディレクトリにあれば、さらに見つけやすい。もし他の場所にドキュメントを置きたければ（たとえば wiki など）、少なくとも、その置き場所へのリンクを含むテキストファイルを、そのリポジトリに追加すべきだ。

第 2 の問題は、wiki ページが適切な構造を持っていないことだ。読みにくいだけでなく、更新もしにくい。どのように更新するかを決める方針がないので、ヒントや、修正や、古くなって本当かどうかわからない情報が、だんだん増えて混在した状態になっている。

ドキュメントを書きやすく、読みやすく、更新しやすくする秘訣は、とても簡単だ。何らかの構造を与えて、長くならないようにすること。その方法は、次の節で見よう。

自動化の欠如

UAD を開発用のマシンで使うまでに必要となる、面倒な手作業のステップが、あまりにも多すぎる。これらのステップの多くは、よく似ていて、だいたいどれも次のようなものだ。

1. 何かをダウンロードする。
2. それをインストールする（圧縮を解いて、どこかにコピーする）。
3. コンフィギュレーションを行う（テキストファイル内の値を更新する）

こういった手順は、早く自動化してくれと叫んでいるようなものだ。自動化には、さまざまなメリットがある。

- 無駄に費やされる開発者の時間が少なくなる — wiki ページにメモを書き残した John や Ahmed のことを思い出そう。彼らも（そして、他に何人いるかわからないが）あなたとまったく同じ手作業のステップを繰り返さなければならなかった。
- ドキュメントが簡潔になる — そうすれば読まれることも多く、更新も頻繁になるはずだ。
- 開発マシンごとの違いが少なくなる — すべての開発者が同じソフトウェアの同じバージョンを実行するようになる。

外部リソースへの依存

　PostgreSQLユーザーを作るのは、Ops（運用）チームに頼まなければならなかった。こういう、誰かの応答を待つステップは、準備のプロセスを本当に遅くしてしまう場合が多い。あと一歩で開発環境をセットアップできるというときに、誰かがメールに応答するのを待っているのは、本当にいらいらするものだ。

　理想的には、開発者自身が、自分のローカルマシンに、すべての依存関係をインストールして実行できるようにすべきである。そうすれば、それらの依存関係に対して完全な制御権を持つことになる。たとえばデータベースユーザーを作成したいときも、誰に頼むことなく、それを実行できるようにするのだ（そのためのスクリプトがあれば、もっとよいが）。とにかくあらゆる手段を講じて、開発チームの自立性を維持し、ワークフローから「待ち」を含むステップを排除すれば、生産性が格段に上がるだろう。

　開発者が何でもローカルに行えるようにすれば、お互いに邪魔をして気を悪くすることも少なくなり、次のようなセリフを聞く機会は、なくなるだろう。「このサーバーの時計、変えていいですか。ちょっとテストするんで」とか、「あららっ。テスト環境のデータベース、消しちゃった。皆さんごめんなさい、ごめんなさい」とか。

　この章の、残りの部分では、UADの環境設定を行うプロセスを、どうやって改善するかを見ていく。最初にドキュメンテーションを改善し、それから自動化を追加しよう。

7.2　優れたREADMEの価値

　私の経験では、READMEファイルをソースコード用リポジトリのルートフォルダに置くのが、最も効果的なドキュメンテーションだ。これなら目に付きやすく、ソースコードに近いから更新を忘れることが少ない。そして適切に書かれていれば、新しい開発者が環境を作るプロセスが、素早くて苦痛のないものになる。

　もうひとつの利点として、ソースコードと同じリポジトリにあるのだから、そのREADMEもコードレビューの対象に含まれる。ソフトウェアに対する変更によって、もし開発環境セットアップの手続きも変更されるのなら、レビュアーは、そのREADMEが正しく更新されていることをチェックできる。

> **READMEファイルのフォーマット**
> READMEは、開発者が自分が選んだエディタで開けるように、人間が読めるプレーンテキストファイルにすべきだ。構造を持つテキストには、人気のあるフォーマットがいくつかあるが、私が好きなのはMarkdownだ。とくにコードサンプルを含む場合、これは読みやすく、書きやすい。また、GitHubのようなサイトで、きれいにレンダリングされる。

　READMEファイルは、次のように構造化すべきだ。

リスト7-1：Markdown フォーマットによる README ファイルの例

```
# My example software              ← ヘッダ（H1）

Brief explanation of what the software is.  ← このソフトウェアが何かを簡潔に説明する

## Dependencies                    ← ヘッダ（H2）

* Java 7 or newer                  ← 番号のない項目
* Memcached
...

The following environment variables must be set when running:

* `JAVA_HOME`                      ← インラインコード（tt）
...

## How to configure

Edit `conf/dev-config.properties` if you want to change the Memcached port, etc.

## How to run locally

1. Make sure Memcached is running     ← 番号付き項目
2. Run `mvn jetty:run`
3. Point your browser at `http://localhost:8080/foo`

## How to run tests

1. Make sure Memcached is running
2. Run `mvn test`

## How to build

Run `mvn package` to create a WAR file in the `target` folder.

## How to release/deploy

Run `./release.sh` and follow the prompts.
```

　この例は、新規に参入した開発者が仕事を始めるのに必要な情報だけを正しく伝えている。README ファイルは、簡潔にしておくことが役立たせる秘訣だ。

　あなたのソフトウェアについては、もっと詳しいドキュメントを書きたくなるかも知れない。たとえばアーキテクチャの説明とか、製品で何か問題が生じたときのトラブルシューティングなどだ。けれども、それらは README に入れるべきではない。追加の文書は、wiki に書けばよいだろう（そしてリンクを README に入れておく）。あるいは、リポジトリに docs フォルダを作り、その中で別の Markdown ファイルを書くのもよい。

もちろん、ソフトウェアをローカルに実行させるのに手作業のセットアップが大量に必要だとしたら、README を短くしておくのは困難だろう。次の節で説明するように、環境のセットアップを自動化できれば、その問題は解決する。

7.3　Vagrant と Ansible で開発環境作りを自動化する

開発マシンのセットアップを自動化するのに役立つツールには、さまざまなものがある。この章の残りの部分では、Vagrant と Ansible を使って、その自動化を UAD プロジェクトで行うことにする。

この 2 つのツールについては、すぐに詳しいことを見る。ここでは、それらが何をするか、我々がどう使いたいのかを、簡単にまとめておこう。

- Vagrant — Vagrant は、（あなたのローカルマシンまたはクラウドにある）仮装マシン（VM）を管理するプロセスを自動化する。重要なポイントは、あなたが開発するソフトウェアごとに、1 個の VM を持つことができることだ。個々のソフトウェアの依存関係（たとえば Ruby ランタイム、データベース、Web サーバーなど）は、すべて VM の内側に置かれるので、あなたが自分のマシンにインストールした、それ以外のものとは、きちんと隔離される。
- Ansible — Ansible は、あなたのアプリケーションに必要なプロビジョニング（すべての依存関係のインストールとコンフィギュレーション）を自動化する。必要な手順を一群の YAML ファイルで記述しておけば、Ansible が、それらの手順を実行してくれる。この自動化によって、プロビジョニングが簡単になって繰り返しも容易になり、人間の間違いでエラーが発生する可能性を減らすことができる。

Vagrant の紹介

Vagrant は、あなたのアプリケーションと、その依存関係すべてを、隔離された環境にプログラミングによって構築できるツールだ。

Vagrant の環境は仮想マシンなので、ホストマシンからも、あなたが実行しているかも知れない他の Vagrant マシンからも、完全に隔離された環境となる。基礎となる VM テクノロジーとして Vagrant がサポートするのは、VirtualBox や VMware のほか、Amazon のクラウドサービス EC2 で実行されるリモートマシンも含まれる。

さまざまな `vagrant` コマンドで VM を管理できる（開始、停止、破棄など）。VM へのログインは、`vagrant ssh` とタイプするだけでよい。また、ホストマシンと VM の間で、（たとえば、ソフトウェアのソースコードリポジトリなどの）ディレクトリを共有することもできるし、

VagrantはVMからホストマシンにポートフォワードできるので、VMで実行されているWebサーバーを、ローカルマシンから http://localhost/ でアクセスできる。

Vagrantを使うと、主に次の利点が得られる。

- VM内に開発環境を自動的に設定するのが簡単になる（これから例を示す）。
- それぞれのVMは、ホストマシンからも他のVMからも隔離されるので、同じマシンに複数のプロジェクトを入れてもバージョンの衝突を気にする必要がない。あるプロジェクトではPython 2.6、Ruby 1.8.1、PostgreSQL 9.1が必要で、もうひとつのプロジェクトではPython 2.7、Ruby 2.0、PostgreSQL 9.3が必要だとしたら、あなたの開発マシンで、すべてをセットアップするのはトリッキーになりそうだ。けれども、個々のプロジェクトが別々のVMに棲息するのなら、切り分けは簡単になる。
- VMは通常Linuxマシンなので、もしあなたが製品でLinuxを使うのなら、製品環境を正確に再現できる。

もし本当にその気があるのなら、Vagrantは複数VM構成さえもサポートするので、あなたのアプリケーションの全スタックをビルドすることも可能であり（Webサーバー、DBサーバー、キャッシュサーバー、Elasticsearchクラスタ、その他なんでも）、製品とまったく同じ構成を再現しつつ、すべてを開発マシンの内部で実行できる。

この章の残りの部分を実際に試したいというとき、まだVagrantをインストールしていなければ、VagrantのWebサイト（https://www.vagrantup.com）を訪問して、そこにあるインストールの手順に従えばよい。これは非常にシンプルだ[2]。ただし、VirtualBoxやVMwareなどのVMプロバイダもインストールする必要がある。この章の残りの部分では、VirtualBoxを使う。

VagrantをUADプロジェクト用に設定する

プロジェクトにVagrantのサポートを追加するには、最初にVagrantfileを作る必要がある。これはリポジトリのルートフォルダに置くファイルで、その名前は（驚くなかれ）`Vagrantfile`という。これはRuby DSLで書かれたコンフィギュレーションファイルで、このプロジェクトのVMを、どのようにセットアップすべきかをVagrantに知らせるものだ。

Vagrantfileの新規作成は、`vagrant init`コマンドの実行で行うことができる。最小限のVagrantfileの例を、次に示す。

```
VAGRANTFILE_API_VERSION = "2"
```

---

[2] 訳注：詳細な英文ドキュメントがある（https://www.vagrantup.com/docs/）。参考書は、Vagrantの作者Mitchell Hashimotoによる『実践Vagrant』（玉川竜司訳、オライリー、2014年）。

```
Vagrant.configure(VAGRANTFILE_API_VERSION) do |config|
  config.vm.box = "ubuntu/trusty64"
end
```

どのボックス（box）を VM に使うかを指定する必要があることに注意しよう。ボックスとは、新しい VM を構築する基盤として Vagrant が利用できるベースイメージ（base image）のことだ。私は自分の仮想マシンに、64-bit Ubuntu 14.04 (Trusty Tahr) を使うつもりなので、ボックスに `ubuntu/trusty64` を設定している。他にも数多くのボックスファイルを、Vagrant の Web サイトから入手できる。

> **パスに空白を入れない**
> この章の残りの部分に示すコードは、もしワーキングディレクトリのパスにスペースが入っていたら、うまく動かないだろう（しかも紛らわしいエラーメッセージが出てくる）。実際に試すときは、この問題にはまらないように注意しよう。

これで、`vagrant up` とタイプすれば VM を起動できるはずだ。いったんブートしたら、`vagrant ssh` とタイプしてログインできる。とりあえず、回りを見てみよう。

まだ、たいして見るべきものはないが、Vagrantfile を含むフォルダが自動的に共有されていることに注目しよう。このフォルダは VM の中で、`/vagrant` としてアクセスできる。これは両方向のシェアなので、あなたが VM 内で行った変更が、どれもリアルタイムでホストマシンに反映されるだけでなく、その逆も同じである。

> **オンラインコード**
> この章のコードを含めて、本書のコードは次の GitHub リポジトリに入っている（`https://github.com/cb372/ReengLegacySoft`）。

今のところ、ただ空の Linux マシンがあるだけなので、Vagrant は、とくに何も便利なことをしていない。次のステップは、UAD の依存関係を、自動的にインストールし、設定することだ。

Ansible でプロビジョニングを自動化する

あるソフトウェアを実行するのに必要なすべてのものを、インストールして設定する手続きを、「プロビジョニング」（provisioning）と呼んでいる。Vagrant は、さまざまな方法によるプロビジョニングをサポートしている。それには、Chef、Puppet、Docker、Ansible、そしてさらに、昔ながらのシェルスクリプトも含まれる。

単純なタスクならば、しばしば一群のシェルスクリプトで十分に間に合うだろう。けれども、そ

れらは組み立ても再利用も難しいので、より複雑なプロビジョニングを行いたい場合や、プロビジョニング用スクリプトの一部を複数のプロジェクトないし環境で再利用したいときは、もっと強力なツールを使うのが賢明だろう。本書で私が使うのは Ansible だが、Docker、Chef、Puppet、Salt、その他、あなたが快適に使っているツールでも、ほとんど同様の効果を達成できるはずだ。

この章では、UAD アプリケーションのために、いくつか Ansible スクリプトを書いてプロビジョニングを行う。そして第 8 章では、それらのスクリプトを再利用して、まったく同じプロビジョニングを、ローカルな開発マシンから製品にいたる、すべての環境で実行できるようにする。

Ansible でプロビジョニングを実行するには、まずこのツールをホストマシンにインストールする必要がある。インストールの詳細は、Ansible の Web サイトにあるドキュメント（`http://docs.ansible.com/intro_installation.html`）を読んでいただきたい[3]。

他のソフトウェアのインストレーションを自動化できるように、これらをすべて手作業でインストールするというのは、たしかに皮肉なことだが、手作業でインストールするのは、これで最後だと保証しよう。そして、いったん VirtualBox と Vagrant と Ansible をインストールしたら、それらは、あなたの全部のプロジェクトに使えるだろう。

> **Note** **Windows での Ansible**
> Ansible は Windows での実行を公式にサポートしていないが、ちょっとした作業で実行させることは可能だ。Azavea Labs によるブログ記事、Running Vagrant with Ansible Provisioning on Windows（`https://www.azavea.com/Blog/2014/10/30/running-vagrant-with-ansible-provisioning-on-windows/`）を、親切なガイドとして紹介する（英文）。
> **訳注**：Ansible は、version 1.7 から、Windows マシン管理のサポートを開始した。Windows では SSH ではなく、ネイティブな PowerShell を使ってリモート操作を行う。その方法については、上記ブログ記事のほか、Ansible の公式ドキュメントにも記述がある（`http://docs.ansible.com/ansible/intro_windows.html`）。『初めての Ansible』（オライリー、2016 年）は、Windows サポートについて記述していない。

Chef や Puppet などのプロビジョニングツールと異なり、Ansible は「エージェントレス」（agentless）である。つまり、あなたの Vagrant VM に、「Ansible エージェント」をインストールする必要はない。その代わりに、あなたが Ansible を実行するときは、いつも SSH を使ってリモートに、VM 上でコマンドを実行する。

あなたの VM に何をインストールしたいのかを、Ansible に伝えるには、playbook という名前の YAML ファイルを書く必要がある。これを我々は、provisioning/playbook.yml として保存する。次に最小限の例を示す。

---

[3] 訳注：参考書は、Lorin Hochstein 著『初めての Ansible』（玉川竜司訳、オライリー、2016 年）。Web でも日本語のチュートリアルや解説記事を閲覧できる（Vagrant 関係も同様。Think IT、CodeZine などに記事がある）。

```
---
- hosts: all
  tasks:
    -name: Print Hello world
     debug: msg="Hello world"
```

これは Ansible に、2 つのことを知らせる。まず、Ansible が知っているすべてのホストで、このスクリプトを実行せよ、と伝えている。この場合は VM が 1 つしかないので、all で構わない。第 2 に、"Hello world"とプリントするタスクを実行せよ、と伝えている。

 YAML フォーマット

Ansible のファイルは、すべて YAML フォーマットで書かれる。データの構造はインデントを使って表現する。インデントには、必ずスペースを使う（タブは使わないこと）。

さらに、プロビジョニングに Ansible を使うよう Vagrant に伝えるため、Vagrantfile にも何行か追加する必要がある。それで、あなたの Vagrantfile は、次のようになる。

```
VAGRANTFILE_API_VERSION = "2"

Vagrant.configure(VAGRANTFILE_API_VERSION) do |config|
  config.vm.box = "ubuntu/trusty64"

  config.vm.provision "ansible" do |ansible|
    ansible.playbook = "provisioning/playbook.yml"
  end
end
```

このとき vagrant provision を実行すると、およそ次のような出力が得られるはずだ。

```
PLAY [all] ****************************************************************

GATHERING FACTS ***********************************************************
ok: [default]

TASK: [Print Hello world] *************************************************
ok: [default] => {
    "msg": "Hello world"
}

PLAY RECAP ****************************************************************
default                    : ok=2    changed=0    unreachable=0    failed=0
```

これで Ansible を Vagrant に連結できたので、これを使って UAD の依存関係をインストールすることが可能になった。UAD の場合は、次のことを行う必要がある。

- Java をインストールする
- Apache Ant をインストールする
- Redis をインストールする
- Resin 3.x をインストールする
- Apache ActiveMQ をインストールして設定する
- ライセンスファイルをダウンロードして、Resin のインストレーションフォルダにコピーする

Ansible には、ロール（role：役割）という概念がある[4]。個々の依存関係について、それぞれ別のロールを作ることにより、依存関係がきれいに分離され、あとで再利用することが可能になる。まずは、Java から始めよう。他の何よりも先に、これが必要になるのだから。

OpenJDK は、Ubuntu の apt パッケージマネージャーを使ってインストールできるので、我々の Java ロールは非常にシンプルになる。そのタスクは、ただひとつ、`openjdk-7-jdk` パッケージをインストールするだけだ。

そのための新しいファイル（`provisioning/roles/java/tasks/main.yml`）を作り（規約により Ansible は、Java のロールタスクを、ここで見つける）、次のタスクを、そのファイルに書く。

```
---
- name: install OpenJDK 7 JDK
  apt: name=openjdk-7-jdk state=present
```

これは非常に短いファイルだが、注目すべきポイントが 2 つある。第 1 に apt というのは、Ansible 組み込みモジュール名のひとつだ。こういう名前が大量にあることを覚えておけば、あなたが希望することを行ってくれるモジュールがすでに存在する場合に、車輪の再発明をやらずに済むだろう。それらのリストは、ドキュメントと例を含めて、Ansible の Web サイトにある（http://docs.ansible.com/list_of_all_modules.html）。

第 2 に、これは Ansible に対して直接「Java をインストールせよ」と指示するのではなく、Java パッケージが必ず存在（present）するように念を押している。Ansible は賢いので、このパッケージのインストールを行う前に、まずインストールされているかをチェックする。だから、（うまく書かれた）Ansible の playbook は冪等（idempotent）で、何度でも実行できるのだ。

---

[4] 訳注：Ansible では複数のロールを使って、playbook を複数のファイルに分割できる。『初めての Ansible』8 章ほか、Web にも記事があるので検索されたい。

playbook に対して、上記の新しい Java のロールを知らせるために、provisioning/playbook.yml ファイルを更新しよう。これは次のようになる。

```
---
- hosts: all
  sudo: yes
  roles:
    - java
```

ここで再び、`vagrant provision` を実行すると、次のような出力が得られるはずだ。

```
PLAY [all] ****************************************************************
GATHERING FACTS ***********************************************************
ok: [default]

TASK: [java | install OpenJDK 7 JDK] **************************************
changed: [default]

PLAY RECAP ****************************************************************
default                    : ok=2    changed=1    unreachable=0    failed=0
```

動作を確認したければ、SSH で VM に入って、`java -version` を実行しよう。

```
vagrant@vagrant-ubuntu-trusty-64:~$ java -version
java version "1.7.0_79"
OpenJDK Runtime Environment (IcedTea 2.5.5) (7u79-2.5.5-0ubuntu0.14.04.2)
OpenJDK 64-Bit Server VM (build 24.79-b02, mixed mode)
```

これで Vagrant と Ansible を使って最初の依存関係をインストールできた。

さらにロールを追加する

同様に、それぞれの依存関係についてロールを追加しよう。Java に続くのは Redis と Ant だが、これらはだいたい同じだから（ただ apt を使ってパッケージをインストールするだけ）、ここでは飛ばそう。この章の完全なコードが、GitHub リポジトリ（https://github.com/cb372/ReengLegacySoft）にあることを、お忘れなく。

次は Resin をやってみよう。Resin ロールのタスクファイルを次に示す。このファイルを、`provisioning/roles/resin/tasks/main.yml` として保存する。

リスト7-2：Resin 3.x をインストールするための Ansible タスク群

```
---
- name: download Resin tarball              ← ダウンロード
  get_url: >
```

```
            url=http://www.caucho.com/download/resin-3.1.14.tar.gz
            dest=/tmp/resin-3.1.14.tar.gz

      - name: extract Resin tarball          ← 展開
        unarchive: >
            src=/tmp/resin-3.1.14.tar.gz
            dest=/usr/local
            copy=no

      - name: change owner of Resin files    ← ファイルの所有者を変更
        file: >
            state=directory
            path=/usr/local/resin-3.1.14
            owner=vagrant
            group=vagrant
            recurse=yes

      - name: create /usr/local/resin symlink   ← シンボリックリンクを作成
        file: >
            state=link
            src=/usr/local/resin-3.1.14
            path=/usr/local/resin

      - name: set RESIN_3_HOME env var       ← 環境変数を設定
        lineinfile: >
            state=present
            dest=/etc/profile.d/resin_3_home.sh
            line='export RESIN_3_HOME=/usr/local/resin'
            create=yes
```

　このファイルは、前のものよりずっと長いけれど、それぞれのタスクを見ると、それほど複雑なことはしていない。これらのタスクは Ansible が、ここに書かれている順番に実行するもので、次のことを行う。

1. Resin の Web サイトから、tar ファイル（tarball）をダウンロードする
2. その中身を、/usr/local の下に展開する
3. その所有者（owner）を、root から vagrant ユーザーに変更する
4. 便利に呼び出せる symlink を、/usr/local/resin に作る
5. UAD アプリケーションが必要とする環境変数、`RESIN_3_HOME` を設定する

　この新しい Resin のロールを、メインの playbook ファイルに追加して、再び `vagrant provision` を実行すると、Resin がインストールされて実行できる状態になるはずだ。
　次のロール、すなわち ActiveMQ のタスク群も、Resin をインストールするのと、よく似ている（tarball をダウンロードし、展開して、symlink を作る）。ただひとつ注目すべきタスクは、次

に示す最後のものだ。

```
- name: customize ActiveMQ configuration
  copy: >
    src=activemq-custom-config.xml
    dest=/usr/local/activemq/conf/activemq.xml
    backup=yes
    owner=vagrant
    group=vagrant
```

このタスクで使っている Ansible の copy モジュールは、ホストマシンから VM にファイルをコピーする。これを使って ActiveMQ のコンフィギュレーションファイルを、tarball から抽出した後で、カスタマイズしたファイルによって上書きする。これは一般的なテクニックで、インターネットから大きなファイルは VM にダウンロードするが、もっと小さなファイル（たとえばコンフィギュレーションファイル）はリポジトリに入れておき、ホストマシンからコピーするという場合に使われる。

最後に残ったタスクは、プロプライエタリ（所有権付き）XML パーシングライブラリのためのライセンスファイルを、社内ネットワークのどこかからダウンロードして、Resin のルートディレクトリに保存する作業だ。このタスクは UAD アプリケーション独自のもので、他の用途に再利用することはないだろうから、UAD 専用のロールを作り、そこに入れることにしよう。

そのタスク定義は、Ansible スクリプトを書く練習をしたい読者への課題ということにしておく（ライセンスファイルの代わりに、何か適当なテキストファイルをインターネットからダウンロードすればよい）。解答は、前述の GitHub リポジトリに入っている。

外部データベースへの依存性を排除する

ここまでは順調に進んできた。UAD の開発環境の、ほとんど全部を、わずかな短い YAML ファイルによって自動化することができた。次に UAD プロジェクトを自分のマシンにセットアップする人は、そのプロセスが、かなり楽になるはずだ。

けれども最後にひとつ、まだ取り組んでいない問題が残っている。今のところ、このソフトウェアはテスト環境で PostgreSQL データベースを共有することに依存しているので、開発に参加する人は、必ず Ops チームに頼んで DB ユーザーを作成してもらう必要がある。もし PostgreSQL DB のセットアップを VM の中で行い、そちらを使うようソフトウェアに指示することができれば、問題は解決するだろう。また、そうすれば開発者がそれぞれ自分の DB の内容を完全に制御できるので、他の誰かにデータを上書きされる心配もなくなるだろう。これをやってみよう。

テスト環境用の認証情報（credentials：ここではユーザー ID とパスワード）を持っていると仮定して、その認証情報を使って、その DB に接続した後、次のようにスキーマのダンプを取る。

```
$ pg_dump --username chris --host=testdb --dbname=uad --schema-only > schema.sql
```

それから、Ansible のタスクを、いくつか追加する（PostgreSQL をインストールし、DB ユーザーを作り、空の DB を新規作成し、先ほど生成した schema.sql ファイルを使って、その DB を初期化する）。これを、次のリストに示す。

リスト7-3：PostgreSQL データベースを新規作成し初期化するための Ansible タスク群

```
- name: install PostgreSQL
  apt: name={{item}} state=present
  with_items: [ 'postgresql', 'libpq-dev', 'python-psycopg2' ]
                                                    ↑
                                          この psycopg2 ライブラリは、
                                          postgresql_*モジュールを使うのに必要

- name: create DB user           ← DB ユーザーを作成
  sudo_user: postgres
  postgresql_user: >
    name=vagrant
    password=abc
    role_attr_flags=LOGIN

- name: create the DB            ← DB を新規作成
  sudo_user: postgres
  postgresql_db: >
    name=uad
    owner=vagrant

- name: count DB tables          ← DB のテーブルを数える
  sudo_user: postgres
  command: >
    psql uad -t -A
    -c "SELECT count(1) FROM pg_catalog.pg_tables \
        WHERE schemaname='public'"
                    ↑
            DB に含まれるテーブルの数を使って、
            すでにスキーマをロードしてあるか判定する

  register: table_count

- name: copy the DB schema file if it is needed  ← 必要ならば DB スキーマをコピー
  copy: >
    src=schema.sql
    dest=/tmp/schema.sql
  when: table_count.stdout | int == 0
                    ↑
            もし DB スキーマがテーブルを含んでいたら、
            このタスクは実行されない
```

```
                   まだなら DB スキーマをロード
                           ↓
- name: load the DB schema if it is not already loaded
  sudo_user: vagrant
    command: psql uad -f /tmp/schema.sql
    when: table_count.stdout | int == 0
```

これまでに書いた Ansible タスクと比べて少し複雑だが、その理由は、冪等性（idempotency）を達成するためのトリックが必要だからだ。このリストでは条件処理によって、DB のテーブル数がゼロのときにだけ（つまり、まだロードしていないときに限って）DB スキーマをロードしている。

以上でローカル PostgreSQL DB の作成を自動化できた。自動化パズルを最後のピースまで埋めることができたわけだ。この自動化の努力が、どのように報われるかを、次の項で見よう。

「仕事を始める日」（テイク 2）

「入社おめでとう！　Fzzle 社の新しい仕事にようこそ」。

人事担当者がオフィスを案内して、あなたの新しいボスを紹介してくれた。アンナが、ユーザーサービスチーム技術班のリーダーだ。彼女が、あなたをデスクに案内し、仕事の詳細を教えてくれる。

最初の仕事は、UAD というアプリケーションに新機能を追加すること。あなたはリポジトリをクローニングし、まずは README ファイルを見て、それをローカルに実行する方法を調べる。

README の説明によれば、開発環境は Vagrant と Ansible によってセットアップできる。これらは会社が推薦するルールチェインの標準的な要素なので、あなたの開発マシンにもプリインストールされている。`vagrant up` コマンドを打ち込むと、あなたの VM が構築され、プロビジョニングが行われる。完了するまでに数分かかるので、あなたはコーヒーマシンの使い方を覚えようとして立ち上がる……。

デスクに戻ってきたときにはプロビジョニングが終わっていて、アプリケーションを、とくに問題なく実行させることができる。ランチタイムまでには、新しい機能を実装する仕事を始めている。この日が終わるまでには、あなたは実装を終えて、最初のプルリクエストを発行している。明日リファクタリングしたい場所について、いくつかメモも書いた。仕事始めの日にしては、悪くない。

7.4 まとめ

- README はリポジトリで最も重要なファイルだ。
- 新たに参加する開発者が仕事にかかりやすいようにすれば、人々が貢献しやすくなる。
- Vagrant と Ansible は、アプリケーション開発環境のプロビジョニングを自動化するの

に便利なツールだ。

- 共有されている開発用 DB や、その他の外部リソースに対する依存性は、できれば排除しよう。Vagrant の VM に、アプリケーションに必要なものをすべて入れてしまえば、すべてを開発者が制御できる。

第 **8** 章

テスト、ステージング、製品環境の自動化

> **この章で学ぶこと**
> Ansible を使って複数の環境にプロビジョニングする
> 開発基盤をクラウドに移す

　前章では UAD アプリケーション用のローカル開発環境に自動的なプロビジョニングを行う、Ansible の playbook を書いた。この章では、開発マシンから製品サーバーにいたる全部の環境へのプロビジョニングに再利用できるよう、その Ansible スクリプトのリファクタリングを行う。
　実際に作業を始める前に、ソフトウェアを実行させる必要のある環境には、どのようなものがあるのか、また、それらの環境へのプロビジョニングを、なぜ自動化したいのかを、簡単にまとめておこう。
　アプリケーションの開発と実行に、どのような環境が必要かは、ケースによって微妙に異なるが、一般的な要件は次のものだろう。

- 開発環境 — 開発者のローカルマシン。これを DEV 環境と呼ぼう。
- テスト環境 — ソフトウェアのテストを、現実的なデータを使って、製品で使われるのと同様なハードウェアで実行する環境。ニーズによっては複数の目的に複数のテスト環境が必要になるかも知れない（ひとつは日常的な手作業によるテスト用、ひとつは最終的なステージング用、もうひとつは性能テスト用など）。この章ではテスト環境が 1 つだけであると想定し、それを TEST と呼ぶ。たとえ準備が必要な環境がいくつあっても、原則は同じである。
- 製品環境 — 実際にユーザーがソフトウェアとやりとりするのが製品の環境だ。もしソフトウェアが、ネイティブなモバイルアプリや、ユーザー自身がホスティングするビジネスソフトのようなものであれば、この環境には我々の制御がおよばないので、準備に

関わる必要はない。けれども、あなた自身がホスティングするWebアプリケーションのようなものなら、あなたが製品環境を制御するのだから、プロビジョニングを行う責任があるはずだ。この章では後者を想定して、その環境をPRODと呼ぶ。

もちろん実際には、たとえばライブラリのように、それ自身が実行されるのではなく、実行されるソフトウェアの一部を構成するようなソフトウェアも存在する。ただし、そういう場合であっても、独立したTEST環境を持って、その中で統合テストを実行し、そのライブラリが、あるアプリケーションの一部として正しく機能することをチェックするのは有益なことだろう。

8.1　インフラストラクチャ自動化のメリット

プロビジョニングの自動化を、開発マシンを超えて全部の環境に拡張することには、数々の利点がある。

環境の「ばらつき」がなくなる

何年にもわたって多くの人々がサーバーにログインし、新しいソフトウェアを手作業でインストールし、既存のソフトウェアを更新し、設定ファイルを編集することによって、さまざまな環境が絶望的なまでに同期を失っていく。これが、「コンフィギュレーション・ドリフト」(configuration drift)と呼ばれる現象だ。そればかりか、それぞれの環境が実際にどう違うかを知ることさえ困難なので、状況を緩和することすらできない。それぞれの環境に複数のサーバーがあると、同じ環境にある個々のサーバーの間にさえも、微妙な違いが生じる傾向がある。

これが問題になるのは、2つの理由がある。

- TEST環境がPROD環境と一致しないと、TESTでは正しく動作し、すべてのテストを通過したコードが、PRODでは破綻してしまうことがある。
  私は製品サーバーの「クロックスキュー」(clock skew)によって生じたバグを見たことがある。そのサーバー群は、NTP (Network Time Protocol)を使うように設定されていなかったので、何か月かの間に、それぞれのシステムクロックが数分もドリフトしてしまった。そのおかげで、すべてのデータのレプリカをクロック同期された複数のマシンに保存することを前提とする分散データベースに、予期せぬ振る舞いが生じた。その後で、TESTサーバーはNTPを使う用に設定されているにもかかわらず、PRODはそうではない、という事実が発見された。
  NTPの設定を忘れるとは、まったく基本的なミスに違いないが、手作業のプロセスに頼っていると、そういうポカが実際に発生するのだ。
- バグが、あるTESTサーバーでは発生するが、他のサーバーでは発生しない。あるいは、

あなたの開発マシンでは発生するが、他のどの人のマシンでも発生しない。その結果、混乱が起こり、原因を突き止めるまでに苦痛なほどのトラブルシューティングを要する。

すべての環境設定を自動化するプロビジョニングスクリプトを使えば、それらの環境の間に完璧な同等性（parity）を達成できる。何年もの間にドリフトしてしまったレガシーサーバーに対しても、あなたのプロビジョニングスクリプトを実行することで、即座にそれらを統一できるのだ。

ソフトウェアの更新が容易になる

　緊急を要するセキュリティパッチが、たとえば OpenSSL のような一般にインストールされているソフトウェアに対して新たにリリースされるたびに、世界中の運用（Ops）チームが悲痛なうめき声を発する。インフラストラクチャを自動化していないから、彼らは手作業で、すべてのサーバーに、できるだけ速くパッチを当てなければならないのだ。

　自動化してあれば、もちろん話はまったく異なる。運用チームは、パッチの当たったバージョンの OpenSSL をインストールする短いスクリプトを 1 本書いて、すべてのマシンに対して同時にプロビジョニングツールを実行すればよい。脆弱性が告知されてから数分のうちに、システム全体にパッチが当たってセキュアになるだろう。

新しい環境を素早く作成できる

　前章で見たように、Ansible のようなツールを使えば、まったく新しい完全にプロビジョニングされた環境を、非常に素早く、ゼロから簡単に作ることができる。

　これはハードウェアの故障から復旧するとき、とても便利だ。もしあなたの PROD サーバーのハードディスクが、休日の午前 3 時にすっ飛んでしまっても、どこに何がインストールされていたのか調べて、手作業で新しいサーバーをプロビジョニングするのに何時間も費やす必要はない。スペアのマシンを見つけて、プロビジョニングスクリプトを実行すれば、数分のうちに、あなたのソフトウェアを実行する準備が整うだろう。

　新しい環境を簡単に作成できる能力は、そういうディザスタリカバリ的な状況以外でも有益だ。わずかな労力で、まったく新しい環境のすべてを VM を使って作り上げ、新機能のデモのために興味深いダミーデータを記入し、デモが終わったらその VM を消してしまうことができる。安上がりに環境を作っては破棄できる能力は、新しいことを試すのに、とても大きな自由を与えてくれる。

構成の変更を追跡できる

　プロビジョニング用のスクリプトを、Git のようなバージョン管理システムを使って管理し、プロビジョニングツールを実行するときは必ずログ出力を保存していれば、あなたのサーバーで実行されたすべての変更について完全な記録が残る。どのような変更を、誰が、なぜ（これは正し

くコメントを書いていればの話だが)、いつ、それぞれの環境に対して行ったかを、あなたは知っているのだ。

　もちろんそれは、人々が手作業でログインしてコンフィギュレーションファイルに手を加えたりしなければ、の話である。けれども、それは SSH のアクセスを制限して、プロビジョニングツールだけがログインできるようにロックダウンすれば、防止できることだ。

　プロビジョニングを自動化しなくても、コンフィギュレーション変更は（たぶんスプレッドシートでも使って）手作業で記録できると思うかも知れない。けれども、その作業は非常に面倒なうえ、人々が記入することを思い出すことに頼るわけだから、そもそも信用できないだろう。そういう仕事はツールにやらせるべきだ。

8.2　自動化を他の環境に拡張する

　これまで何年も手作業でプロビジョニングしてきた一群のマシンを、Ansible のようなインフラストラクチャ自動化のシステムに移行させるのは、かなりのリスクを伴う。もし Ansible の playbook に、サーバーをセットアップするのに必要な全部のステップがコード化されていなければ、あなたのソフトウェアは思うように実行できないかも知れない。

　だから環境の自動化は、重要性の低いものから、1 度に 1 つずつ行うのがよいだろう。図 8-1 に示すように、最初は前章で述べたように DEV 環境から始める。次に TEST 環境の自動化を行い、それでも全部うまく動作していることをチェックしてから、PROD に進むのだ。

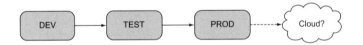

図8-1：環境の自動化を、PROD で試す前に、もっと安全な場所から始める

　ここまで来たら、（そうしたければ）サーバーの基盤をクラウドに移すのを吟味してよいだろう。なにしろあなたは、マシンをゼロから簡単にセットアップできるツールを手にしているのだから、そのマシンがクラウドにあろうと、あなたのデータセンターにあろうと、たいした違いではないのだ。これについては、この章で後ほど語ることにしよう。

複数の環境を扱えるように、Ansible スクリプトのリファクタリングを行う

　前章では Ansible と Vagrant を組み合わせて、UAD アプリケーション用に DEV 環境のプロビジョニングを行った。UAD は、Resin で実行される Java サーブレットアプリケーションで、ActiveMQ、PostgreSQL、Redis に依存している。

　TEST と PROD でのプロビジョニングにも、これらの Ansible スクリプトを再利用したいが、その前に少々リファクタリングが必要だ。具体的に列挙しよう。

- スクリプトは、vagrant という OS ユーザーの存在を前提としている。この条件は、もちろん、Ansible が Vagrant 内部で実行されるときにだけ真となる。
- DEV 環境では、UAD アプリケーションと、PostgreSQL データベース、Redis サーバー、ActiveMQ ブローカーを、すべて同じ VM の中で実行させたいけれど、TEST および PROD の環境では別々のマシンにインストールすべきである。
- 複数の環境（TEST と PROD）を、それぞれで管理すべきサーバーのリスト付きで、管理したい。

これらの問題に、ひとつずつ取り組むことにしよう。

アプリケーション用のユーザーを導入する

今のところ、我々の Ansible スクリプトは、vagrant という OS ユーザーが存在することに依存している。もちろん、このユーザーは、Vagrant の VM 内部で実行されるときに Vagrant が作るのだが、TEST や PROD のような本式の環境では、我々のアプリケーションを適切な名前で実行するユーザーを作る必要がある。だから、uad というユーザーを作成する Ansible ロールを追加しよう。

いまこそ Ansible がサポートしている「変数」を紹介する絶好の機会だ。ユーザー名は、どこからでも参照したい情報のひとつだから、さまざまな場所でハードコーディングする代わりに、変数にしておこう。そうすれば、ユーザー名は 1 回だけ定義すればよく、いつかその値を変えたくなったときにも楽になる。

ユーザーと、その新しい app_user 変数へのリファレンスを作成するタスクを、次に示す。これを、roles/user/tasks/main.yml として保存する。

```
- name: create application user
  user: name={{ app_user }} state=present
```

それと同時に、すべての既存のタスクについて検索と置換を行い、vagrant とハードコードされていた箇所を、プレースホルダーの {{ app_user }} で置き換える。

もちろん、app_user 変数の定義も必要で、その値を uad にせよ、と Ansible に指示しなければならない。Ansible で変数を定義する方法は、いくつもあるが、ここでは次のように、Playback ファイルに入れよう。

```
---
- hosts: all
  sudo: yes
  vars:
    -app_user: uad
  roles:
```

```
-user
-java
-ant
-resin
-redis
-activemq
-postgresql
-uad
```

こうしてから、`vagrant provision` を実行すると、Ansible が最初に uad というユーザーを作り、それからそのユーザーを、その後のタスクで必要なときに参照するのがわかるはずだ。

アプリケーション、DB、Redis、ActiveMQ のホストを別々にする

　DEV 環境では、ただ 1 個のマシン（Vagrant VM）を持ち、すべてのインストレーションとコンフィギュレーションを、そのマシンに対して行いたい。

　けれども、たとえば TEST や PROD のように、もっと複雑な環境をセットアップするときは、複数のマシンにプロビジョニングを行い、マシンを何に使うかによって、それぞれ別の処理を行う必要がある。たとえば PostgreSQL は、すべてのマシンにではなく、DB サーバーだけにインストールしたい。

　幸い Ansible には、そのためのサポートがある。ホストマシンの「インベントリ」を構築して、Web サーバー、DB サーバーなどに、グループ分けすることができるのだ[1]。まずは、`Webserver`、`postgres`、`redis`、`activemq` という 4 つのホストグループを持つインベントリファイルを、TEST 環境用に作ろう。私のファイルは、次のようになった（私は Amazon EC2 のマシンを使っている）。これを、`provisioning/hosts-TEST.txt` という名前で保存した。

```
[Webserver]
ec2-54-77-241-248.eu-west-1.compute.amazonaws.com

[postgres]
ec2-54-77-232-91.eu-west-1.compute.amazonaws.com

[redis]
ec2-54-154-1-68.eu-west-1.compute.amazonaws.com

[activemq]
ec2-54-77-235-158.eu-west-1.compute.amazonaws.com
```

　グループ毎に複数のホストを持つことができ、どのホストも、複数のグループのメンバーになることが可能である。また、このように静的なファイルを保守するのではなく、たとえばクラウ

---

[1] 訳注：『初めての Ansible』の「3 章 インベントリ：サーバーの記述」、技術評論社『サーバー／インフラエンジニア養成読本 DevOps 編』（2016 年）の「Ansible 2 によるサーバー構築」（新原雅司著）などを参照。

ドプロバイダの API に問い合わせてホストのリストを受け取ることによって、ホストのグループを動的に生成することも可能だ。

いったんホストグループを定義したら、それらを Playbook ファイルから参照できる。ロールをホスト群へ適切に分散させた、更新後のファイルは次のようになる。`user` と `java` という 2 つのロールを、`Webserver` と `activemq` という 2 つのホストで再利用していることに注目しよう。

リスト8-1：ロールを複数のホストグループに分散した playbook

```
---
- hosts: postgres
  sudo: yes
  roles:
    -postgresql

- hosts: activemq
  sudo: yes
  vars:
    -app_user: activemq
  roles:
    -user
    -java
    -activemq

- hosts: redis
  sudo: yes
  roles:
    -redis

- hosts: Webserver
  sudo: yes
  vars:
    -app_user: uad
  roles:
    -user
    -java
    -ant
    -resin
    -redis
    -activemq
    -postgresql
    -uad
```

しかし残念ながら、これによって我々の Vagrant セットアップは破綻してしまう。なぜなら Vagrant は VM が、どのホストグループに属するのかを知らないからだ。そこで、Vagrant 用のインベントリを次のように作成し、それを `hosts-DEV.txt` という名前で保存する。

```
default ansible_ssh_host=127.0.0.1 ansible_ssh_port=2222

[Webserver]
default

[postgres]
default

[redis]
default

[activemq]
default
```

これは、「すべてを vagrant VM にプロビジョニングせよ」と Ansible に指示する。

また、Vagrantfile も次のように更新し、「Ansible を実行するときは、このインベントリファイルを使え」と Vagrant に指示する。

```
config.vm.provision "ansible" do |ansible|
  ansible.playbook = "provisioning/playbook.yml"
  ansible.inventory_path = "provisioning/hosts-DEV.txt"
end
```

最後に、Ansible のロールも少しリファクタリングして、UAD アプリケーションの Web サーバーと Postgres データベースサーバーが今では別のマシンにあるという事実に対応させなければならない。

データベースと DB ユーザーを作成するタスクを、`postgresql` ロールに移して、そのとき変数の追加も行う。そして DB スキーマを初期化するタスクを、`localhost` ではなく PostgreSQL サーバーの DB に接続するように更新する。また、PostgreSQL サーバーのコンフィギュレーションにも変更を加えて、UAD アプリケーションがデータベースをリモートマシンからアクセスできるようにする。

これらの詳細は少々厄介なので、ここには収録しない。この章の完全なコードは GitHub リポジトリにあるので、そちらを見ていただきたい（https://github.com/cb372/ReengLegacySoft）。

これでようやく、Ansible を使って TEST 環境のプロビジョニングを行うことができる。次のコマンドを使って Ansible の playbook を実行しよう。ここで使う `hosts-TEST.txt` というインベントリファイルは、先ほど準備したものだ。

```
ansible-playbook -i provisioning/hosts-TEST.txt provisioning/playbook.yml
```

すると、Vagrant を使って行ったのと同様に、Ansible がさまざまなサーバーにログインして、

タスクの実行を開始する。わずか数分のうちに、あなたの TEST 環境は完全にプロビジョニングされるだろう。

> **ansible-playbook コマンド**
> これが playbook を実行するのに使うコマンドだが、いままで出てこなかったのは、Vagrant が実行してくれていたからだ。このコマンドには、たとえばログインすべきユーザーや、使用すべきプライベートキーなどを知らせるオプションも、渡す必要が生じるかも知れない。

それぞれの環境にインベントリファイルを追加する

DEV や TEST と同様に、PROD など他の環境も管理したいから、PROD で使うホスト群について、Ansible に知らせる方法が必要だ。

実は、それは非常に簡単である。hosts-PROD.txt という名前の新しいインベントリファイルを作って、そのなかに PROD のホスト群を書けばよい。それで 3 つのインベントリファイルができる（hosts-DEV.txt、hosts-TEST.txt、hosts-PROD.txt）。このうち、プロビジョニングを行う環境に適したファイルを、ansible-playbook コマンドに渡せばよい。

その代わりに、すべてのホストを 1 個の大きなインベントリファイルに入れておき、test や prod などのホストグループを作り、ansible-playbook コマンドの実行時にホストグループを指定する、という方法も考えられる。だが、もしホストグループの指定を忘れたら、すべての環境に対して、十分にテストされていないプロビジョニングスクリプトが実行されて、大惨事になりかねない。私なら、それぞれ別のインベントリファイルに環境を分けておく、前者の方法を選ぶ。

Ansible のロールと playbook のライブラリを組む

手作業でプロビジョニングを行ったり、シェルスクリプトによるソリューションを自作するのではなく、その代わりに Ansible のようなプロビジョニングツールを使う手法には、ロールの再利用が容易になるという長所もある。

これまでに見たように、ユーザーを作成し Java をインストールする user と java のロールは、UAD アプリケーションの Web サーバーと ActiveMQ ブローカーの両方に再利用できた。けれども、さらに進めて、包括的でカスタマイズ可能なロールのライブラリを構築してから、それらを使ってさまざまなアプリケーションのプロビジョニングができたら素晴らしいだろう。Ansible には、変数とテンプレートの強力なサポートがあるので、それは可能であり、とても簡単に達成できるのだ。

UAD アプリケーションが、データベースに PostgreSQL を使っているところを見ると、Fzzle 社では、他のアプリケーションでも PostgreSQL が使われていそうだ。どのような場合でも、PostgreSQL の基本的なインストール手順は、ほとんど同じだろうが、どういうコンフィギュレー

ションが適切かは、アプリケーションによってまったく異なるだろう。ある種のアプリケーションは、書き込みが多く（write-heavy）、あるものは読み出しが多く（read-heavy）、あるものは他のものより DB トラフィックが多くなる。Ansible のテンプレート機能を使えば、変数を使って PostgreSQL の構成をカスタマイズできるだろう。

　変数にデフォルト値を提供することも可能だ。`postgresql` ロールに適切なデフォルト値を提供すれば、新たに PostgreSQL サーバーをセットアップするのが、とても簡単になる。Ansible の playbook に 1 行追加するだけで、このロールを入れることができるだろう。また、PostgreSQL の設定を、個々のアプリケーションの作業負荷（workload）に合わせて微調整したければ、変数を上書きすればよいのである。

　これまでは Ansible スクリプトを、UAD アプリケーションの Git リポジトリにある `provisioning` フォルダの中に保存してきた。けれども、ロールを他のアプリケーションと共有するための最初のステップは、これらを UAD のリポジトリから取り出して、どこか、もっと簡単に共有できる場所に移すことだ。私ならば、組織全体に共通する Ansible コードを入れるような、専用の Git リポジトリを作る（これは、たとえば `ansible-scripts` という名前にする）。こうすれば、アプリケーション間でロールを共有するのが非常に簡単になる。

　そのリポジトリ内のフォルダ構造は、次のようなものになるはずだ。

```
ansible-scripts/
  common_roles/   ← 共通ロール群
    java/
      tasks/
        main.yml
    postgresql/
      tasks/
        main.yml
      templates/
        postgresql.conf.template
    ...   ←その他の共通ロール

  uad/   ← UAD アプリケーション
    roles/
      uad/
        tasks/
          main.yml
    playbook.yml
    hosts-DEV.txt
    hosts-TEST.txt
    hosts-PROD.txt
  Website/
  adserver/
  data_warehouse/
  corporate_site/
```

```
...  ←その他のアプリケーション
```

最上位には、`common_roles` というフォルダがあり、ここには、アプリケーション間で共有したいロール（共通ロール）がすべて入る。それから、Ansible でプロビジョニングを行うアプリケーションごとのフォルダがある。それぞれのアプリケーションフォルダには、1個以上の共通ロールを参照する `playbook.yml` ファイルが1つあるほか、個々の環境のためのホストインベントリファイル群が入る。さらに、共有する価値のないタスクを実行する場合は、そのアプリケーション固有のロールも含まれる。

このフォルダ構造に移行した後、UAD アプリケーションの `playbook.yml` は、次のようになる。

```
---
- hosts: postgres
  sudo: yes
  vars:
    db_user: uad
    db_password: abc
    database: uad
  roles:
    - ../common_roles/postgresql

...  ← その他のホスト
```

ここで、playbook が共通ロールの `postgresql` を参照している方法に注目しよう。ここでは PostgreSQL のコンフィギュレーションに、ロールのデフォルト値を採用しているが、これらを上書きしたければ次のように書ける。

```
- hosts: postgres
  sudo: yes
  vars:
    db_user: uad
    db_password: abc
    database: uad
  roles:
    - { role: ../common_roles/postgresql, max_connections: 10 }
```

すべての Ansible スクリプトを共通のリポジトリに移した後で、ひとつの疑問が生じる。Vagrant VM のプロビジョニングを行いたいときは、どうやって使えばいいのか？ いままでは playbook とロールがアプリケーションの Git リポジトリに入っていたので、その場所を Vagrant に知らせるのは簡単だったけれど。

この疑問に対して、私はまだ完璧な答を見つけていないのだが、次の選択肢がある。

- Git のサブモジュール（`submodule`）機能を使って、`ansible-scripts` リポジトリを、

個々のアプリケーションのリポジトリに取り込む。しかし残念ながら、最新のAnsibleスクリプトを取得するために、ときどき手作業でGitのサブモジュールを更新する必要が生じるし、無関係なアプリケーションのためのプロビジョニングスクリプトが大量に入り込んで、リポジトリが乱雑になってしまうだろう。

- 開発の規約として、`ansible-scripts`リポジトリのクローンを、ワーキングディレクトリの兄弟ディレクトリに置くことにし、Vagrantfileからは、それを参照する。

Jenkinsに管理させる

Ansibleは（もっと具体的に言うと、`ansible-playbook`コマンドは）、実行すべきホストマシンを必要とする。そのマシンから、SSH経由でターゲットマシンにログインし、適切なコマンドのすべてを実行するのだ。では、どのマシンをホストにして、誰が`ansible-playbook`コマンドを実行すればいいのだろうか。

単純な選択肢のひとつは、開発や運用チームのメンバーに、それぞれのローカルマシンからAnsibleを実行させることだろう。そのAnsibleスクリプトはGitで管理されていて、誰でも同じスクリプトを使えるのだから、誰がコマンドを実行しても同じことだろう。けれども、この方法には次の2つの欠点があり、理想から遠い。

- Ansibleが実行されたという記録が残らない ─ コマンドを実行した人が、「これこれのマシンのプロビジョニングを行いました」という電子メールで全員に通知でもしない限り、誰も気付かないだろう。Ansibleによって出力される有益なログも、すべてその人のマシンに埋没してしまい、他の誰かが調べるということがない。
- プロビジョニングスクリプトへの変更後に、Ansibleの実行を忘れるかも知れない ─ 変更がGitにコミットされても、マシンに適用されない恐れがある。あるいは、変更をTESTに適用してもPRODには適用し忘れるかも知れず、努力して作り上げた、価値ある「同質な環境」が、失われてしまう。

それよりずっと優れたアイデアは、Jenkins（または、あなたが好きなCIサーバー）に、Ansibleの実行を任せることだ。そして、プロビジョニングスクリプトを、すべての環境に対して定期的に（あるいは、たぶん`ansible-scripts`リポジトリにプッシュが行われるたびに）実行するようなビルドを作ればよい。そうすれば、すべてのマシンに最新のAnsibleスクリプトが必ず適用されるし、Ansibleのログは、それを読みたい人なら誰にでも読めるようになる。

さらに、ターゲットマシンに対する`sudo`アクセスを制限して、Jenkins以外の誰も（たぶん数人のOpsチームメンバーを例外として）Ansibleを実行できないようにすべきだろう（そうしなければ同じ欠点が生じる）。

すべてをまとめた、Ansible と Jenkins と Vagrant をベースとするプロビジョニングのワークフローは、図8-2 のようなものになる。

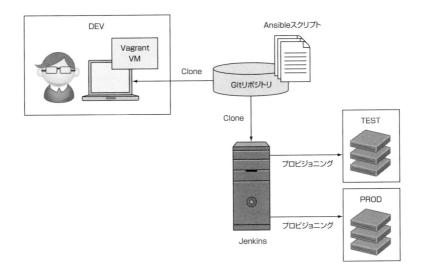

図8-2：Ansible と Jenkins と Vagrant をベースとするプロビジョニングのワークフロー

Ansible のスクリプトは、Git リポジトリに格納される。このリポジトリを、Jenkins と開発者の両方がクローニングする。Jenkins は Ansible を使って、TEST と PROD の環境をプロビジョニングする。開発者は、ローカルマシンで実行される Vagrant VM 内の DEV 環境を、Ansible と Vagrant を使ってプロビジョニングする。

> **Ansible Tower**
> Ansible によるプロビジョニングに強く依存し始めたら、見ておく価値のある製品が、Ansible Tower（`https://www.ansible.com/tower`）だ。これは Ansible 用のグラフィカルダッシュボードで、Jenkins よりも、ずっと優れた可視性が得られる。また、アクセス制御も提供するので、アプリケーションを開発したチームに対してのみ、サーバーの管理とプロビジョニングを許可することなどができる。同様なツールは、Chef や Puppet にもある。

よくある質問

下記は、開発と運用のチームが手作業のプロビジョニングから Ansible のようなツールを使う自動化に移行しようとするとき、しばしば訊かれる質問である。

どうしてシェルスクリプトではいけないのか?

　Ansible、Chef、Puppet のようなプロビジョニングツールは、最初はずいぶん敷居が高いと思われるかも知れない。どれかツールを選んで、その使い方を学び、スクリプトのライブラリを構築して、「プロビジョニングのための基盤」をセットアップする必要がある。どうも大げさではないか、同じことを単純なシェルスクリプトを書くだけで達成できるではないか、と考えがちである。結局 Ansible といっても、ただマシンに SSH して、ファイルをコピーして、config ファイルに何行か追加するとか、そういうものではないのか、と。

　単純なプロビジョニングのタスクについて言えば、それも完全に合理的な結論だ。けれども、複雑さがあるレベルに達すると、シェルスクリプトによる自家製のソリューションは、価値よりもトラブルのほうが多くなる、ということに私は気がついた。

　第 1 に、結局は数多くの車輪を再発明することになりがちだ。Ansible や同様なツールは、ファイルのコピー、ユーザーアカウントの作成、ファイルパーミッションの変更、パッケージのインストールなど、一般的なタスクを実行するための組み込みモジュールを、きわめて大量に提供してくれる。自家製のソリューションでは、それらすべてを自分で再実装しなければならない。そればかりか、Ansible で提供されるモジュールは、大変な苦労の末に冪等（idempotent）となっている。もしあなたが実装するのなら、きわめてトリッキーな話だ。さらに、Ansible の優れたテンプレートのサポートも、逃してしまうことになる。ただ bash だけを使って、自分でテンプレート機能を実装しようとした人も知っているが、きれいなコードではなかった。

　第 2 に、シェルスクリプトの再利用は、比較的難しい。Ansible にはロールという概念があるので、再利用可能でカスタマイズできるコードを書きやすいのだが、シェルスクリプトでは、そういうサポートは得られない。スクリプトが非常にうまく書かれていないと、大きなスケールで再利用しようとする試みは、混沌の底に沈んでしまうだろう。

それ自体は、どうやってテストするのか?

　鋭い質問だ。たしかに私は、自分の Ansible スクリプトをテストしていない。インフラストラクチャの自動化をテストしようと真剣な試みを行っている人は、たしかに存在する。この概念については、Stephen Nelson-Smith の『Test-Driven Infrastructure with Chef』（O'Reilly, 2011）が、優れた入門書だ[2]。けれども私自身は、その価値があると感じたことがない。つまり、テストを書いて実行するのに要する時間に値するほどのメリットが得られないということだ（テストは playbook を実行するだけでなく、VM を新規に構築してから破棄するまでのプロセスを含む場合があり、実行に長時間かかる場合がある）。

　ロールと playbook については、私は自動テストよりも徹底したコードレビューに頼ることにしている。そして、もちろん TEST 環境で十分にチェックしてから、PROD で使い始める。

---

[2] 訳注：原著の第 2 版が 2013 年に出ている。Joshua Timberman の「Chef によるテスト駆動インフラの概要」（和訳）を参照（http://www.creationline.com/lab/9649）。

以前にプロビジョニングしたものを、どうやってクリーンアップするのか？

　もしあなたのレガシーソフトウェアが、何年も同じサーバーで実行され続けてきたのなら、それらのサーバーに、Java や Ruby などの古いバージョンが溜まる傾向があることに気付いたと思う。そういうソフトウェアは、もう必要ないのだが、誰も強いて削除しようとしなかったので、まだマシンに残っていて、ハードディスクの容量を無駄に使っている。

　たとえプロビジョニングを自動化しても、同じ問題が生じる可能性はある。たとえば、あるタスクが OpenJDK 7 JRE パッケージを Debian マシンにインストールするとしよう。それはたぶん、次のようなものだ。

```
- name: Install Java
  apt: name=openjdk-7-jre state=present
```

　あなたはマシンを Java 8 にアップグレードすることに決めたので、ある日、このタスクを更新し、パッケージ名を `openjdk-8-jre` に置き換える。あなたは Ansible を実行し、それによって Java 8 がインストールされるが、Java 7 もマシンに残される。

　私の意見では、これ自体に問題はない[3]。私が必要とするもの（私の Ansible スクリプトで定義されている）がマシンにある限り、たまたま他のものがあっても私は気にしない。ハードディスクは安いものだ。

　けれども、こういった自由放任主義的アプローチが気に入らない人は、もう必要のないものを、なんでも Ansible にクリーンアップさせることができる。たとえば、あるタスクで Java 8 をインストールし、もうひとつのタスクで Java 7 を削除することが可能だ。

```
- name: Install Java 8
  apt: name=openjdk-8-jre state=present

- name: Remove Java 7
  apt: name=openjdk-7-jre state=absent
```

　仮想マシンにプロビジョニングする場合は、「不変の基盤」(immutable infrastructure) 路線を行くというオプションもある。この場合、所与のマシンに対するプロビジョニングは 1 度しか行わない。マシンを、変更不可能であるかのように扱うので、いったんプロビジョニングしたマシンは、決して変更しない。もしプロビジョニングに変更を加える必要があれば、そのマシンは捨てて、新たに作成する。これについては、次の節で基盤をクラウドに移す話をする際に説明しよう。

Windows の場合は？

　Chef も、Puppet も、Ansible も、SaltStack も、Windows マシンの管理をサポートしている。

---

[3] **訳注**：もちろん Oracle の見解は異なる。「システムから古いバージョンの Java をすべてアンインストールすることを強くおすすめします」というのは、セキュリティの問題があるから。

ただし、これらプロビジョニングソリューションの公式ドキュメントを見ると、ほとんどが制御マシンとして UNIX サーバーを使うことを推奨している。前章で述べたように、Vagrant と Ansible を Windows で使うことは可能である。

8.3 クラウドへ!

　すべての環境へのプロビジョニングを自動化し終えた今こそ、それらの環境をクラウドに移行すべきかどうかを調査するのに絶好の機会である。誰にでも適したオプションというわけではないが、少なくとも、それを試してみるという選択肢は取得したのだから。

　クラウド基盤は、レガシーソフトウェアに多くのメリットを提供するが（それについては後述する）、ひとつ残念なことに、マシンが本質的に信頼できず、あなたの制御がおよばないという特徴がある。あなたのアプリケーションを実行しているマシンのひとつが、いつ消え失せても不思議はないのだ（もちろん、滅多に起きることではないが、あらかじめ認識し、対策を考えておくべき事態だろう）。けれどもプロビジョニングを自動化すれば、それさえ問題にする必要がない。もしマシンをなくしたら、もうひとつ作成し、プロビジョニングを行い、あなたのアプリケーションをデプロイして、実行するだけのことだ。

不変の基盤

　クラウドのマシンは組み立てと解体が容易なので、「不変の基盤」(immutable infrastructure) の概念と連携しやすい。1 台のマシンに対してプロビジョニングは 1 回しか行わない、というアイデアだ。もしマシンの構成に変更を行いたければ、そのマシンは捨てて新しいのを作る。

　伝統的なデータセンター環境では、1 台のマシンが何か月も何年も稼働され、アプリケーションの新しいバージョンが、頻繁にデプロイされる。ところが「不変の基盤」では、まったく違うアプローチを採用する。アプリケーションをデプロイしたいときは、まったく新しいマシンを作って、プロビジョニングし、それからアプリケーションをデプロイするのだ。また次にデプロイしたいときも、同じプロセスを繰り返す。新しいマシンを作って、古いほうは捨ててしまうのだ。レガシーソフトウェアではデプロイは頻繁に発生しそうにないが、新しいアプリケーションでは、このプロセスが 1 日に何度も発生する場合がある。

　もちろん、もしあなたがマシンへのプロビジョニングを手作業で行っていたら、これはまったく実行不可能だろう。けれども、自動的なプロビジョニングを任されているのなら、数分のうちに新しいマシンの準備を整えることが可能だ（このパズルにはもうひとつ、アプリケーションの自動デプロイというピースがあるが、それについては次の章で論じよう）。

　基盤（インフラストラクチャ）についての、この考えには、一種の「管理された故障」(controlled failure) としてデプロイを扱うことができる、というメリットがある。言い換えると、あなたが行うデプロイのプロセスは、マシンが突然故障したときのプロセスと、まったく同じになる。そ

してもちろん、どちらの状況も完全に自動化される。

すでに稼働しているマシンにアプリケーションを再びデプロイするというプロセスから、新しいマシンの作成とプロビジョニングを含む「不変の基盤」スタイルのデプロイに移行すると、デプロイに要する時間が、かなり長くなることに気がつくかも知れない。デプロイに要する時間は、可能な限り短くしたいメトリクスのひとつだから、これでは逆に一歩後退だ。緊急のバグ修正であろうと、興奮するような新機能であろうと、あなたのソフトウェアに変更をプッシュしたら、できる限り素早くビルドし、デプロイして、あなたのユーザーに届けたいはずだ。

デプロイ時間の増大を、できるだけ少なくするためには、マシンイメージを事前に作ることができる Packer（https://packer.io/）のようなツールが役立つ。先に自動的なプロビジョニングを（Ansible でも何でも使って）実行した結果を、仮想マシンのイメージとして保存するというアイデアだ。そしてデプロイ時には、このイメージを使って新しいマシンを作成するのだから、その後のプロビジョニングのステップを省略することができる。さらにデプロイを高速化するには、VM よりもずっと速く起動する、Docker のようなコンテナアーキテクチャを使える。

DevOps

あなたのレガシーアプリケーションを、データセンターからクラウドに移行すると、それまで使っていた物理的なサーバーは不要になる。交換あるいはアップグレードを最近行ったマシンであれば、他の用途に利用できるかも知れない。運用していたレガシーソフトウェアと同じくらい古いマシンなら、あっさり捨ててしまえば、運用（Ops）チームが面倒を見る「お荷物」を減らすことができるだろう。

実際、もしあなたがソフトウェアをすっかりクラウドに移行できれば、運用チームそのものが不要になるかも知れない。クラウドへの移行は、ある種の DevOps を実験するよい機会である。つまり、ソフトウェアを開発するチームに、それを製品でスムーズに稼働させる責任も持たせるのだ。Guardian で我々は、ほとんどすべての自社ソフトウェアを AWS で運用していて、これらのアプリケーションをスムーズに実行させるのに必要な運用タスクは、開発チームが担当している。したがって、従来は深刻なボトルネックであった、開発チームと運用チームの間でのコミュニケーションのオーバーヘッドは、もう存在しない。徐々に行ったクラウドへの移行が完了した後、我々は運用チームを完全に解体した。

パブリッククラウドに移行するという考えが、あまりにも急進的だというのなら、あるいは、新しいハードウェアに大量に投資をしたばかりなら、データセンターの一部をプライベートクラウドに変換することを考えるのもよいだろう（たとえば OpenStack のようなテクノロジーを使って）。そうすれば、DevOps による恩恵の一部を受けながら（開発者は運用チームの関与なしに新しいマシンへのデプロイとプロビジョニングを行うことができる）、既存のハードウェアを、より有効に利用できる。

8.4 まとめ

- TEST 環境と PROD 環境の間、あるいは、ある環境の個々のマシンの間に「ばらつき」があるのは、バグが生じやすい危険な状態である。
- プロビジョニングの自動化は、インフラストラクチャに対する変更に、制御と追跡管理をもたらす。これは、ソースコードにバージョン管理システムを導入するのと、よく似ている。
- DEV 環境では、すべてを 1 個の VM に詰め込みたいが、TEST 環境は、可能な限り PROD 環境に近づけたい。
- 同じ Ansible スクリプト群を、すべての環境に使おう。それには、環境毎の設定を、変数とインベントリファイルによってコード化する。
- 再利用可能な Ansible ロールの、共通ライブラリを組もう。
- クラウドに移行するなら、インフラストラクチャの自動化を終えたときが、よい機会だ。
- クラウドへの移行は、「不変の基盤」および DevOps と連携しやすい。

第9章 レガシーソフトウェアの開発／ビルド／デプロイを刷新する

この章で学ぶこと
開発とビルドのツールチェインをレガシーから切り替える
Jenkins を使ってレガシーソフトウェアを継続的に統合する
製品のデプロイメントを自動化する

これまでの2章で見たプロビジョニングは、レガシーソフトウェアが依存するものを、すべてインストールして設定するものだった。ここで話をソフトウェアそのものに戻し、ツールチェインとワークフローに少し労力を費やすことでレガシーソフトウェアの保守を容易にする方法を紹介しよう。

9.1 レガシーソフトウェアの開発／ビルド／デプロイにおける困難

あるソフトウェアについて新しく行われる開発の量とリリースの頻度は、時の経過につれて減少する傾向がある。ソフトウェアが古くなってレガシーの領域に入ると、それに対して行われる作業が減るのだ。その理由は、すでに十分な機能があって、たまにバグ修正が必要な程度だから、かも知れない。あるいは、長い年月でコードベースが劣化したので仕事をしにくくなったから、かも知れない。

開発とリリースが活発に行われなくなったソフトウェアは、コードの更新が困難でバグが入りやすくなり、ごくまれに必要となったときにだけリリースされるようになる。時が経つにつれて、開発環境のセットアップ、ソフトウェアのテスト、ローカル実行、ライブラリまたは実行ファイルへのパッケージング、製品環境へのデプロイメントに必要な段取りが、失われやすくなる。その結果、「やりかたを知ってる唯一の開発者はボブだけど、いま休暇に出ている」などという理由

でソフトウェアをデプロイできないという、不条理な状況さえも生じる。それどころか、しまいにボブが会社を離れると、彼の知識は完全に失われるのだ。そのソフトウェアを次にデプロイする必要があるときは、ゼロからすべてを考案しなければならない。

自動化の欠如

　このように状況が悪化する理由は、レガシーソフトウェアの開発とデプロイに、しばしば大量の手作業によるステップが関わっていて、それが十分に文書化されないからではないだろうか。

　開発者が繰り返しの多い仕事を自動化したにもかかわらず、そのソリューションを他の人と共有していない場合もある。私は、Apache Tomcat で実行される Java Web アプリを大量に作る仕事をしたときがある。それらのアプリの開発時に、ローカル実行をするため、開発者は Ant を使って WAR ファイルをビルドし、その WAR ファイルを、自分の開発マシンにインストールした Tomcat のインスタンスで実行していた。けれども、生成された WAR ファイルを Tomcat にデプロイするという重要なステップが自動化されていない。チームの開発者たちは、どうやっているのだろうか、と私は疑問に思った。

　結局わかったことは、どの開発者も、それぞれ微妙に違った方法で行っていて、自動化の程度も、それぞれ異なっていた。ある人々は、専用プラグインを使って Tomcat を自分の IDE に統合し、再コンパイルしたらデプロイするように自動化していた。他の人たちは、シェルスクリプトやエイリアスを書いて、生成された WAR ファイルを Tomcat の Webapps ディレクトリにコピーするか、あるいは Tomcat のデプロイ用 API に HTTP リクエストを送っていた。さらに、何人かは実際にファイルを手作業でコピーしていた（ときには一日に何十個も！）。

　このタスクが正式に自動化されていないので、そのソフトウェアの仕事をすることになった新参の開発者は、自分で自動化の方法を探さなければならなかった。とはいえ、WAR ファイルを Tomcat にデプロイする方法は、当時の Java 開発者にとって一般的な知識だったし、知らなくてもチームの誰かに訊けばよかった。しかし、その組織のコアテクノロジーが、Tomcat ではなくなって何年も経ってから、新たに開発者が加わったとしたら、どうなるだろうか。彼らは開発のワークフローのうち単純だが非常に重要なステップを自動化する方法を、再び考案するために時間と労力を費やさなければならない。

　もちろん、知識の共有に関する多くの問題はドキュメンテーションによって解決できる。手作業のステップを記述するメモが README ファイルにあるだけでも、非常に有効な場合がある。けれどもドキュメンテーションの問題点は、必ず更新されるという保証がないことだ。もっと微妙な問題もある。開発者はドキュメントが正しくメンテナンスされているとは信じられず、最初から疑ってかかる傾向があるのだ。たとえあなたが README ファイル内の記述を几帳面にメンテナンスしていても、それを読む人は最悪のケースを想定するだろう。それより、deploy-to-local-tomcat.sh というスクリプトを Git リポジトリに置いて、そのポインタを README に入れておけば、ほとんどの開発者は、たぶん信用してくれるだろう（しかも人々は、そのスクリプトを読んで、何を

しているのかを知ることができるので、ドキュメンテーションの役割も果たす）。

　自動化は、疲れて注意が散漫になった人が手順を間違えることによって生じるエラーを防止するのにも役立つ。たとえば私が見た例では、アプリのデプロイ手順に、こういうステップが含まれていた。デプロイ先が TEST か PROD かによって、コンフィギュレーションファイルから 1 行をコメントアウトし、他の 1 行をコメントではなくする。幸いなことに、それまで誰も間違えなかったが、いつエラーが出るかは時間の問題だ。

> **最近の例**
> 最近の仕事で私は、Google App Engine（GAE）で実行されるレガシー Python アプリケーションを受け持った。その開発を引き継いだとき、README には PROD へのデプロイ方法を記述したセクションがあったが、そこには、ただこう書かれていた：「Google App Engine の標準手続きを使ってアプリをアップロードする」。ところが、その手順には、手作業でコンフィギュレーションファイルを編集したり、GAE のコマンドラインツールを使ってさまざまなコマンドを実行したり、という 6 つのステップが含まれているのだ。これらのステップを発見するまでに、ずいぶん時間と労力を費やしたうえ、最初に PROD へのデプロイを行ったときは、かなり神経を使った。
> そのアプリを受け継いでから、私は PROD へのデプロイを合計 6 回行った。私は手作業のステップを文書化したけれど、正直に言って、そのプロセスを自動化するまでにはいたらなかった。そういうプロセスを自動化するスクリプトを書くには労力が必要だけれど、私は、手作業でデプロイする面倒と、どのステップで間違うかわからないという恐れが、その面倒を上回る瀬戸際まで行っていた。

時代遅れのツール

　私たち開発者がソフトウェアの仕事をするとき、かなりの時間をビルドツールとともに過ごす。ビルドツールは常に進化しているが、ある時点に注目すれば、メインストリームで人気を博している一群のツールが存在する。どのツールを選ぶかは、たいがい実装言語に依存する。Ruby なら Rake、C# なら MSBuild、Java なら今のところ Gradle と Maven が五分の勝負、といった具合だ。

　優れた開発者は、毎日使うツールに習熟し、最も強力な機能を駆使して驚くような成果を上げる。だから、組織におけるビルドツールの選択を、できるだけ多くのコードベースで（レガシーを含めて）標準化すべきだ。そうすれば、自分のツールを究めた開発者たちは、そのスキルを全部のプロジェクトに伝えることができるだろう。たとえば、もし Java プロジェクトの 9 割が Gradle を使っていて、開発者がそれに慣れていて生産性も高いとしたら、彼らが Ant を使うレガシーコードベースの仕事を始めるときの「コンテクスト切り替え」コストは、非常に高いだろう。同じビルドツールを、すべてのソフトウェアで一貫して使うのなら、たとえば Jenkins の設定なども簡単になるし、ビルドツールのプラグインを介してコードを再利用することもできる。

もちろん、Antのような古いツールが悪いというのではない。それらはどれも、行うべき仕事を行ってソフトウェアをビルドできるし、導入されたときには、たぶんよい選択だったのだ。それらを置き換える主な理由は、あなたの組織のコードベース全体での一貫性を高め、仕事をするコードベースを開発者が容易に切り替えられるようにするためだ。

要約すると、この章の目標は、次の2つである。

- レガシーソフトウェアのビルドツールを刷新して、もっと新しいソフトウェアのそれと一致させる。これによって、プロジェクトに貢献したい開発者が参入するときの障壁が低くなる。慣れ親しんでいる手順で、そのソフトウェアをビルドできるからだ。言い換えると、誰も寄りつかない「だめなやつ」という不名誉な烙印をレガシーアプリから外し、より新しいコードベースと同じ容易さで、レガシーソフトウェアにも貢献できるようにしたい。
- ローカルな開発からリリース/製品デプロイにいたるワークフローの、あらゆるステップで自動化を進める。そうすれば、そのソフトウェアで開発した経験がない人でも、これらのタスクを実行できるようになり、ヒューマンエラーのリスクも軽減される。

9.2　ツールチェインを更新する

では、古いビルドツールを最近のツールに交換する例を見よう。これまでの2章で紹介してきた、お馴染みのUADアプリケーションを、例として使う。

このUADはJavaのWebアプリで、現在はビルドツールとしてAntを使っている。このアプリのためのAntスクリプト（build.xml）は、およそ次のリストのようなものだ。

リスト9-1：JavaのWebアプリに使う単純なAntビルドファイル

```xml
<project name="uad" default="compile">

  <target name="clean">
    <delete dir="dest" />
    <delete file="uad.war" />
  </target>

  <target name="compile">
    <mkdir dir="dest" />
    <javac
      debug="true"
      srcdir="src"
      destdir="dest"
      includeantruntime="false"
      includes="**/*.java">
```

```
      <classpath>
        <fileset dir="lib" includes="**/*.jar" />
      </classpath>
    </javac>
  </target>

  <target name="package" depends="clean,compile">
    <war destfile="uad.war" Webxml="Web.xml">
      <classes dir="dest"/>
      <lib dir="lib" excludes="servlet-api*"/>
    </war>
  </target>

</project>
```

　この Ant ファイルには、3 つのターゲットがある。プロジェクトをクリーニングする clean（ソースファイル以外を削除）、src フォルダに保存されている Java ソースファイルをクラスファイル群にコンパイルする compile、そして、それらのクラスファイルを、アプリケーションサーバーにデプロイ可能な 1 個の WAR ファイルにパッケージングする package だ。

　この会社は、新しい Java アプリのすべてに、ビルドツールとして Gradle を使っていると仮定しよう。だから Ant を Gradle に置き換えたい。最初のステップは、ディレクトリ構造を、いまの Java Web アプリに使われている構造に改めることだ。そうすれば Gradle は、上記のファイルを予想した場所で見つけることができる。元のディレクトリ構造のままにしておき、それに従って Gradle を設定するという方法もあるけれど、やはり次のような標準ディレクトリ構造に統一するほうが、新たに参入する開発者には親切だ。

- Java のソースファイルは、`src/main/java` フォルダに入れる。
- `Web.xml` ファイルは、`src/main/Webapp/Web-INF` フォルダに置く。

　このように置き場所を改めると、UAD Web アプリのための Gradle ビルドファイル（build.gradle）は、次のように簡単に書くことができる。

リスト9–2：UAD Web アプリのための Gradle ビルドファイル

```
apply plugin: 'java'
apply plugin: 'war'

repositories {
  mavenCentral()
}

dependencies {
```

```
    providedCompile "javax.servlet:servlet-api:2.5"
}
```

　ほら、まったく簡単だ。このように現代的なビルドツールを使うと、適切なディレクトリ構造の規約に従うだけで、ずいぶん楽になる。そして Gradle に対しては、Ant で行っていたように、いちいち clean とか compile とか package とか指示する必要がない。

```
$ gradle build
```

とタイプすれば、WAR ファイルをビルドしてくれる。

　実際、ビルドツールを新しくすると、他にも数多くのメリットが得られる。この章の最初のほうで、WAR ファイルをローカルな Tomcat のインスタンスにデプロイするのが難しいという話をしたけれど、覚えておられるだろうか。その件も、すでに解決されている。ビルドファイルの先頭に次の 1 行を追加するだけで、Gradle の Jetty プラグインが有効になる。

```
apply plugin: 'jetty'
```

　こうすれば、次のコマンドをタイプするだけで、我々の Web アプリをデプロイした「Jetty 組み込み Web サーバー」を実行できるのだ。

```
$ gradle jettyRun
```

　もし Tomcat を、本当に開発マシンでも使う必要があるとしたら、Gradle 用の Tomcat プラグインもあるが (https://github.com/bmuschko/gradle-tomcat-plugin)、これには設定のための行数が、もう少し必要となる。

> **Ant の Jetty プラグイン**
> 公平のため、Ant でも Jetty プラグインを使えることを指摘しておく (https://www.eclipse.org/jetty/documentation/current/ant-and-jetty.html)。ただしセットアップは、Gradle のプラグインのほうが、ずっと簡単だ。

　ちょっと話を簡単にしすぎたけれど (たとえば UAD アプリには JAR ファイルでいっぱいの lib フォルダがあって、それらも Gradle ファイルでの依存関係に変換しなければならない)、およその感触は掴めたと思う。あるプロジェクトのビルドツールを置き換えるのに必要な労力は、そのプロジェクトを開発者にとって親しみやすくすることのメリットに比べれば、比較的小さなものだから、行う価値があることが多い。

　もちろん私はサンプルを短くするために、非常に短い Ant スクリプトを使っている。実際のプ

ロジェクトには、もっと長くて複雑なビルドスクリプトがあるはずだから、現代的なビルドツールに移行するプロセスは、これほど些細なものではないだろう。それでも私は、そのために時間と労力を費やす価値があると思う。それどころか、レガシースクリプトが長く複雑であればあるほど、それをもっと保守しやすい形態に変換することの価値が増大する。

> **開発陣から賛同を得る**
> ソフトウェアのビルドツールを、むやみに置き換えるのは、破壊的・分裂的な結果を生む可能性がある。開発者たちは毎日のようにビルドツールを使うのだから、新しいツールに順応しなければならない。
> 刷新を行う前に、影響を被る人の全員から必ず了承を得ておき、変更を終える前に、彼らにとってすべてが問題なく動作することをチェックしよう。もし新しいツールに不満があれば、開発者たちは古いツールを使い続けるかも知れないが、そういう状況は避けたい。2つのビルドスクリプトを、保守して同期させなければならないのだから。
> あなたは開発者たちに、新しいツールに切り替えるだけの価値があることを納得させるべきだ。それを使った経験のない人たちに、何らかのトレーニングを提供する必要もあるかも知れない。

9.3　JenkinsによるCI（継続的統合）と自動化

JenkinsのようなCIサーバーを運用するのなら、あなたが保守する個々のコードベースについて、少なくとも次のようなジョブを設定すべきだ。

- 誰かがバージョン管理システムにプッシュするたびに、テストを実行してパッケージをビルドする、標準のCIジョブ。
- （適切な場合）ワンクリックでTEST環境にデプロイできるようにするジョブ。

プロジェクトによっては、その他のCIジョブを設定する場合があるだろう（たとえば第2章で見たように夜間に実行する遅いタスクや、継続的インスペクションなど）。上にあげた2つのジョブは、人々が頼りにできるように準備すべき最小限のものだ。

多くのレガシーソフトウェアは、CIサーバーが導入される前のものかも知れないから、CIジョブが欠けている場合があるだろう。時代遅れのビルドツールと同じく、CIジョブの欠如も、やはり評判を悪くする。開発者の期待に反するから「避けるべきコードベース」のブラックリストに載ってしまう。

Gitプッシュが行われるたびにソフトウェアをビルドしてテストを実行するCIジョブのセットアップは、比較的シンプルなので（とくにソフトウェアのツールチェインを刷新して、他のプロジェクトと統一してある場合）ここでは論じないことにする。その代わりに、CIサーバーを使ってソフトウェアをTEST環境にデプロイする方法を、簡単に見ておこう。ここではJenkinsを使

うが、他の CI サーバーでも同じ手法を使える。

　一例として、レガシー PHP アプリのデプロイメントを自動化したいとしよう。TEST 環境のサーバーには、フォルダいっぱいの.php ファイルがあり、それらを Apache が mod_php5 を使ってインタープリートする。このソフトウェアの新しいバージョンをデプロイするには、いくつかの選択肢がある。

　それを Jenkins に行わせる方法のひとつは、.php ファイル群を 1 個の tarball または zip ファイルにまとめ、それを TEST 環境にコピーして展開してから SSH 経由でログインして適切なフォルダに抽出する、という手順の自動化である。また、もしアプリケーションの Git リポジトリが TEST サーバー上にクローニングしてあるのなら、そのマシンに SSH で入ってから単純に git checkout で適切なリビジョンをチェックアウトするという手順を Jenkins に任せることもできる。どちらの方法でデプロイしてもかまわないが、後者のほうが必要なコードが少なめなので、git checkout 方式を使おう。

　そこで私は Jenkins の新しいジョブを作成し、その設定を始めた。まずは図 9-1 に示すように、どの Git ブランチをデプロイするかを選択できるパラメータを追加した。

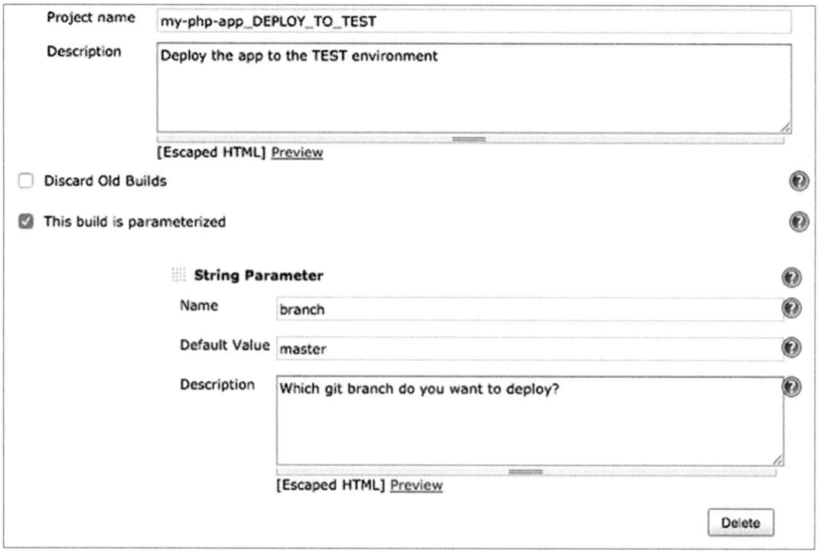

図9-1：Jenkins で PHP アプリをデプロイするジョブの設定（1/2）

　このジョブの設定で、他に興味深い部分を図 9-2 に示す。ひとつはデプロイを行うシェルスクリプトを実行するビルドステップで、その実装は後回しとする。もうひとつ、デプロイ実施について誰もが情報を得られるように、すべての開発者に電子メールを送る Email Extension プラグインも使っている（もちろん、電子メールなんて古くさいと思うのなら、Slack でも、HipChat

でも、何でも好きな通知を使えばよい）。

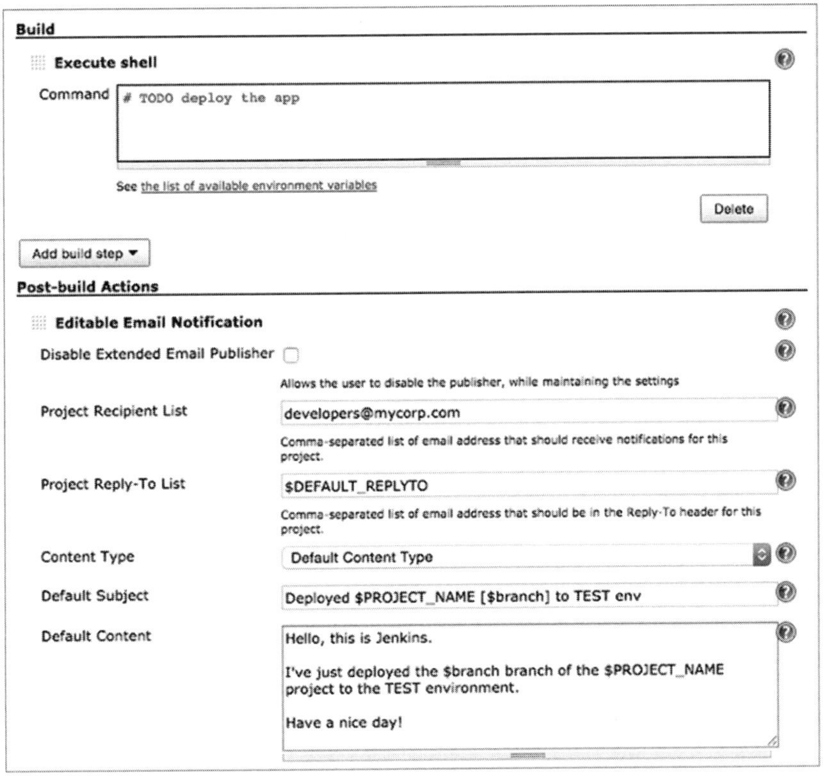

図9-2：Jenkins で PHP アプリをデプロイするジョブの設定（2/2）

残るは、この Jenkins ジョブの中心となる、アプリケーションをデプロイするシェルスクリプトの実装だ。このアプリケーションのコードが、すでに TEST サーバー上にクローニングされていて、Jenkins が SSH をアクセスできると仮定すれば、次のようなスクリプトを書けるだろう。

```
host=server-123.test.mycorp.com
cmd="cd /apps/my-php-app && git fetch && git checkout origin/$branch"

ssh jenkins@$host "$cmd"
```

ご覧のように、とくに高度な技術は使っていないが、これは重要な自動化のステップだ。この Jenkins ジョブがあるので、レガシーアプリを TEST にデプロイする方法を誰でも知ることができる、それは現在にとどまらず、あと何年か経って我々が新天地へと転進した後、誰かがこのアプリケーションの保守を始めるときにも役立つのだ。

そしてこれは、この章の残りの部分に進む準備としても重要なステップだ。次の節では、Jenkinsを使って我々のレガシーアプリをワンクリックで PROD 環境にデプロイするという最終的な目標を実現する。

9.4 リリースとデプロイを自動化する

レガシーソフトウェアを受け継いだ後で行う最も恐ろしいことが、最初のリリースと最初のデプロイメントだ。この 2 つの用語は、ときどき間違って使われたり、同一視されたりするので、話を進める前に意味を明らかにしておこう。

- リリース（release） — 「リリースする」というのは、1 個以上の成果物（artifact）をビルドして、何らかのバージョン番号を割り当てることだ。通常は、リリースの作成に使われたコードベースのスナップショットをマークするために、バージョン管理システムでタグ（tag）を作成する。リリース管理の第 1 原則は、リリースは「変更不可能」（immutable）というルールである。あるバージョンのソフトウェアを、いったんリリースしたら、それに変更を加えて再びリリースすることはできない。もし変更が必要ならば、新しいバージョンをリリースする必要がある。リリースには、しばしば公開（publication）のステップが含まれる。この場合、リリースされた成果物は、どこかにアップロードされ、人々がダウンロードして使えるようになる。
- デプロイメント（deployment） — 「デプロイする」というのは、リリースした成果物をマシンにインストールして実行することだ[1]。これはソフトウェアの種類によってさまざまであり、Windows デスクトップアプリケーションをインストールする場合もあれば、tarball を Web サーバーに展開する場合もある。また、あなたが実行する場合も、ユーザーが実行する場合もある。

引き継いだばかりのソフトウェアで、リリースとデプロイメントが、なぜ恐ろしいかというと、どちらも未経験なので、自分のやっていることが正しいかどうかを知る方法がないからである。もし手順を間違えたら、まったく使えない成果物を世界全体に公開してしまうかも知れない。成果物を間違った方法でデプロイしたら、エンドユーザーがアプリケーションを使えなくなるかも知れない。

---

[1] 訳注：動詞の deploy と名詞の deployment に応じて、「デプロイ」と「デプロイメント」を使い分けるケースもある。例：Jez Humble/David Farley 著『継続的デリバリー 信頼できるソフトウェアリリースのためのビルド・テスト・デプロイメント』（和智右桂/高木正弘訳, アスキー, 2012 年）この翻訳では文を短くするため、この章を除いて、ほとんどの表記を「デプロイ」で統一した。

> **デプロイメントは必ずしもリリースを含意しない**
> デプロイするためには、その前に成果物をビルドする必要があるが、だからといって、必ずしもリリースを作る必要があるわけではない。私が勤務している Guardian では、多くの Web アプリケーションで、「継続的デプロイメント」(continuous deployment) を実践している。あるブランチがマスターにマージされたら、すぐに CI サーバーが成果物をビルドする。すると、我々のデプロイメントサーバーである RiffRaff (https://github.com/guardian/deploy) が、その成果物を自動的に製品へとデプロイする。このプロセスに、正規の「リリース」のステップは存在せず、我々はバージョン番号を使っていない。

幸い、どちらのプロセスも、本来自動化しやすいものだ。だから開発が次の世代に引き継がれても、自動化によって生き延びることができる。リリースに関しては、すでに CI サーバーに、成果物をビルドしてテストを実行するためのジョブがあるのなら、たとえば Git タグの作成などリリース専用のタスクも行うよう、そのジョブを拡張するのは、とても簡単なことだろう。

製品のデプロイメントを自動化するのは、それよりもう少し興味深い話だ。前節で PHP を TEST 環境にデプロイする方法を示したが、PROD 環境にデプロイするときは、もっと注意が必要である。デプロイ作業を、サイトのユーザーから見てトランスペアレントに行うために、もうひとつのステップが必要なのだ。

この製品環境のサイトは、複数の Apache Web サーバーを実行していて、そのフロントにロードバランサ（負荷分散装置）を置いている。だから我々は、サーバーをひとつずつ優雅にリスタートする方式でローリングデプロイメント（rolling deployment）を行いたい[2]。

この手法によるデプロイメントでは、個々のサーバーで、次のことを行う。

1. サーバーの更新中はリクエストを受け取らないように、このサーバーをロードバランサから切り離す。
2. Apache を停止する。
3. TEST 環境で行ったのと同様に、Git のチェックアウトを行うが、このときはブランチではなくタグをチェックアウトする。
4. Apache を起動する。
5. ヘルスチェックエンドポイントを呼び出して、すべて正常に動作していることを確認する。
6. このサーバーを、再びロードバランサに接続して、次のサーバーに進む。

---

[2] 訳注：サービスを停止せずに更新するという意味で「ローリングアップデート」と同じ。たとえば『初めての Ansible』の「7.4 一度に一つのホストでの実行」を参照。

>
> **ヘルスチェックエンドポイント**
> ここではアプリケーションにヘルスチェックエンドポイント（healthcheck endpoint）があることを前提としている。製品として実行される Web アプリケーションは、どれも、これを 1 つ持つべきだ。単純に OK を返すだけのエンドポイントでよい。このエンドポイントを使って、監視ツールは、その物理マシンが動作していること、正しいポートが開いていること、Web サーバーが正常に実行されていることなどをチェックできる。
> これとは別に、アプリケーションがユーザーからのリクエストを実用的にサービス可能であること（DB、キャッシュサーバー、その他のサービスの API、外部依存関係などをアクセスできること）を確認する、「準備完了」（good to go）エンドポイントを提供したいかも知れない。

これらのすべてを、Jenkins でシェルスクリプトを使って行うことも可能だが、それではずいぶん扱いにくいだろう。その代わりに私が使うのは、ソフトウェアデプロイメント専用に設計された、便利な Python ツール、Fabric（http://www.fabfile.org/）だ。SSH を使って複数のリモートホストでコマンドを簡単に実行できる Fabric は、まさにうってつけのツールだ[3]。

Fabric のコンフィギュレーションは、fabfile を使って行う。このファイルは、Fabric API 関数を呼び出す普通の Python スクリプトにすぎない。言葉を並べるよりも、コードサンプルを見るほうがわかりやすいので、さっそく始めよう。次のリストは、我々が使う fabfile の骨組みで、これからタスクを 1 つずつ記入していく。

リスト9-3：PHP アプリのデプロイに使う fabfile の先頭部分

```
from fabric.api import *
                    deploy 先ホストリスト。
                    コマンドライン引数として渡すこともできる
                            ↓
env.hosts = [
    'ubuntu@ec2-54-247-42-167.eu-west-1.compute.amazonaws.com',
    'ubuntu@ec2-54-195-178-142.eu-west-1.compute.amazonaws.com',
    'ubuntu@ec2-54-246-60-34.eu-west-1.compute.amazonaws.com'
]

def detach_from_lb():                   | deploy の個々のステップについて
    puts("TODO detach from load balancer") | 別々の Python 関数を定義する。
                                        | これらは、すぐ後で実装する
def attach_to_lb():                     |
    puts("TODO attach to Load Balancer") |
                                        |
def stop_apache():                      |
```

---

[3] 訳注：Fabric はオンライン日本語ドキュメントが充実している。「概要とチュートリアル」（http://fabric-ja.readthedocs.io/ja/latest/tutorial.html）などを参照。

```
        puts("TODO stop Apache")

def start_apache():
    puts("TODO start Apache")

def git_checkout(tag):
    puts("TODO checkout tag")

def healthcheck():
    puts("TODO call the healthcheck endpoint")
```

このスクリプトのエントリーポイント。deploy の個々のステップを、
対応する Python 関数を順番に呼び出して実行していく
                ↓

```
def deploy_to_prod(tag):
    detach_from_lb()
    stop_apache()
    git_checkout(tag)
    start_apache()
    healthcheck()
    attach_to_lb()
```

リストを見るとわかるように、実行したいタスク毎に Python 関数を定義してある。また、エントリーポイントとなる、deploy_to_prod というタスクも定義している。この関数が引数として受け取る Git の tag は、コマンドラインから渡すことができる。

Fabric を実行すると、これら一連のタスクが、それぞれのリモートホストについて、順番に実行されるのがわかる。

```
$ fab deploy_to_prod:tag=v5
[ubuntu@ec2-54-247-42-167...] Executing task 'deploy_to_prod'
[ubuntu@ec2-54-247-42-167...] TODO detach from load balancer
[ubuntu@ec2-54-247-42-167...] TODO stop Apache
[ubuntu@ec2-54-247-42-167...] TODO checkout tag
[ubuntu@ec2-54-247-42-167...] TODO start Apache
[ubuntu@ec2-54-247-42-167...] TODO call the healthcheck endpoint
[ubuntu@ec2-54-247-42-167...] TODO attach to Load Balancer
[ubuntu@ec2-54-195-178-142...] Executing task 'deploy_to_prod'
[ubuntu@ec2-54-195-178-142...] TODO detach from load balancer
[ubuntu@ec2-54-195-178-142...] TODO stop Apache
[ubuntu@ec2-54-195-178-142...] TODO checkout tag
[ubuntu@ec2-54-195-178-142...] TODO start Apache
[ubuntu@ec2-54-195-178-142...] TODO call the healthcheck endpoint
[ubuntu@ec2-54-195-178-142...] TODO attach to Load Balancer
[ubuntu@ec2-54-246-60-34...] Executing task 'deploy_to_prod'
[ubuntu@ec2-54-246-60-34...] TODO detach from load balancer
[ubuntu@ec2-54-246-60-34...] TODO stop Apache
```

```
[ubuntu@ec2-54-246-60-34...] TODO checkout tag
[ubuntu@ec2-54-246-60-34...] TODO start Apache
[ubuntu@ec2-54-246-60-34...] TODO call the healthcheck endpoint
[ubuntu@ec2-54-246-60-34...] TODO attach to Load Balancer

Done.
```

次に、この fabfile で個々の関数を実装していこう。まずは、Apache Web サーバーのストップとスタートを行う、非常に単純なタスクから実装する。

```
def stop_apache():
    sudo("service httpd stop")

def start_apache():
    sudo("service httpd start")
```

Fabric のオペレーション

run と sudo は、リモートマシンでコマンドを実行する関数だが、local 関数はローカルホストで実行される。これらの（そして、それ以外の）オペレーションに関する詳細な記述は、Fabric のドキュメント［日本語版］（http://fabric-ja.readthedocs.io/ja/latest/api/core/operations.html）を参照。

指定の Git タグをチェックアウトするコマンドも、簡単に実装できる。

```
def git_checkout(tag):
    with cd('/var/www/htdocs/my-php-app'):
        run('git fetch --tags')
        run("git checkout %s" % tag)
```

次に実装するのは、PHP アプリケーションのヘルスチェックエンドポイントを呼び出して結果をチェックするコードだ。これは OK を返すまでヘルスチェックを繰り返し呼び出すが、10 回試みてもだめなら、あきらめる。このコードはリモートコマンドの出力に依存するロジックの書き方を示しているので、これまでのタスクよりは興味深いだろう。

```
def healthcheck():
    attempts = 10
    while "OK" not in run('curl localhost/my-php-app/healthcheck.php'):
        attempts -= 1
        if attempts == 0:
            abort("Healthcheck failed for 10 seconds")
        time.sleep(1)
```

最後に、インスタンスをロードバランサから切り離し（デタッチ）、その後で再び接続（アタッチ）するための Fabric コードを書く必要がある。私の場合は、Amazon の EC2 インスタンスと Elastic Load Balancer (ELB) を使っているので[4]、リスト 9-4 に示すように、AWS コマンドラインツールを使って、インスタンスのアタッチとデタッチを行う。

もしあなたが自社のデータセンター内でロードバランサを使っているのなら、たぶんスクリプトから呼び出せるような HTTP API があるだろう。このリストは AWS 専用なので、そのあたりの詳細は、あまり気にしないでいただきたい。インスタンスをアタッチ／デタッチする方法は、あなたが使うロードバランサに依存する。

リスト9-4：Amazon ELB に対してインスタンスをアタッチ/デタッチする Fabric タスク

```
elb_name = 'elb'
instance_ids = {
    'ec2-54-247-42-167.eu-west-1.compute.amazonaws.com': 'i-d1f52a7c',
    'ec2-54-195-178-142.eu-west-1.compute.amazonaws.com': 'i-d8ee3175',
    'ec2-54-246-60-34.eu-west-1.compute.amazonaws.com': 'i-dbee3176'
}

def detach_from_lb():         ←インスタンスをロードバランサから切り離す
    local("aws elb deregister-instances-from-load-balancer \
        --load-balancer-name %s \
        --instances %s" % (elb_name, instance_ids[env.host]))

                       接続の処理が終わるのを数秒待つ
                                  ↓
    puts("Waiting for connection draining to complete")
    time.sleep(10)


def attach_to_lb():           ←インスタンスをロードバランサに追加する
    local("aws elb register-instances-with-load-balancer \
        --load-balancer-name %s \
        --instances %s" % (elb_name, instance_ids[env.host]))

         ロードバランサが 3 個の健康なインスタンスを報告するまで待つ
              ↓
    while "3" not in local(
        "aws elb describe-load-balancers --load-balancer-names elb \
        | jq '.LoadBalancerDescriptions[0].Instances | length'",
        capture=True):  ←  jq を使って、aws コマンドの JSON 出力から、
                            該当するフィールドを抽出して数える

        puts("Waiting for 3 instances")
```

---

[4] 訳注：ELB について詳しくは、AWS の日本語ドキュメント「Elastic Load Balancing」(http://aws.amazon.com/jp/elasticloadbalancing/) を参照。

```
        time.sleep(1)

    while "OutOfService" in local(
            "aws elb describe-instance-health --load-balancer-name elb",
            capture=True):
        puts("Waiting for all instances to be healthy")
        time.sleep(1)
```

> **Note｜jq を使う**
>
> jq は、コマンドラインで JSON を処理するのに、とんでもなく便利なツールだ。もし
> あなたが JSON をたくさん使うのなら、これをインストールして使い方を覚えること
> を強く推奨する。

　これで、我々の Fabric スクリプトは完成した。このスクリプトを EC2 の 3 個のサーバーに対して実行した場合のサンプル出力を、リスト 9-5 に示す（一部の出力は省略した。整形ため改行を入れた部分がある）。

リスト9-5：Fabric スクリプトを 3 つの EC2 マシンに対して実行したときのサンプル出力

```
[ubuntu@ec2-176-34-78-4...] Executing task 'deploy_to_prod'
[localhost] local: aws elb deregister-instances-from-load-balancer \
    --load-balancer-name elb --instances i-158ed9b8
{
    "Instances": [
        {
            "InstanceId": "i-168ed9bb"
        },
        {
            "InstanceId": "i-178ed9ba"
        }
    ]
}
[ubuntu@ec2-176-34-78-4...] Waiting for connection draining to complete
[ubuntu@ec2-176-34-78-4...] sudo: /opt/bitnami/ctlscript.sh stop apache
[ubuntu@ec2-176-34-78-4...] out: /.../scripts/ctl.sh : httpd stopped
[ubuntu@ec2-176-34-78-4...] out:

[ubuntu@ec2-176-34-78-4...] run: git fetch --tags
[ubuntu@ec2-176-34-78-4...] run: git checkout v5
[ubuntu@ec2-176-34-78-4...] out: ...
[ubuntu@ec2-176-34-78-4...] out: HEAD is now at 6a968c1... Version 5
[ubuntu@ec2-176-34-78-4...] out:

[ubuntu@ec2-176-34-78-4...] sudo: /opt/bitnami/ctlscript.sh start apache
```

```
[ubuntu@ec2-176-34-78-4...] out: /.../ctl.sh : httpd started at port 80
[ubuntu@ec2-176-34-78-4...] out:

[ubuntu@ec2-176-34-78-4...] run: \
    curl http://localhost/my-php-app/healthcheck.php
[ubuntu@ec2-176-34-78-4...] out: OK
[ubuntu@ec2-176-34-78-4...] out:

[localhost] local: aws elb register-instances-with-load-balancer
    --load-balancer-name elb --instances i-158ed9b8
{
    "Instances": [
        {
            "InstanceId": "i-168ed9bb"
        },
        {
            "InstanceId": "i-158ed9b8"
        },
        {
            "InstanceId": "i-178ed9ba"
        }
    ]
}
[localhost] local: aws elb describe-load-balancers \
    --load-balancer-names elb | \
    jq '.LoadBalancerDescriptions[0].Instances | length'
[localhost] local: aws elb describe-instance-health --load-balancer-name elb
[ubuntu@ec2-176-34-78-4...] Waiting for all instances to be healthy
[localhost] local: aws elb describe-instance-health --load-balancer-name elb
[ubuntu@ec2-54-195-18-54...] Executing task 'deploy_to_prod'
[localhost] local: aws elb deregister-instances-from-load-balancer \
    --load-balancer-name elb --instances i-178ed9ba
{
    "Instances": [
        {
            "InstanceId": "i-168ed9bb"
        },
        {
            "InstanceId": "i-158ed9b8"
        }
    ]
}
[ubuntu@ec2-54-195-18-54...] Waiting for connection draining to complete
[ubuntu@ec2-54-195-18-54...] sudo: /opt/bitnami/ctlscript.sh stop apache
[ubuntu@ec2-54-195-18-54...] out: /.../scripts/ctl.sh : httpd stopped
[ubuntu@ec2-54-195-18-54...] out:

[ubuntu@ec2-54-195-18-54...] run: git fetch --tags
[ubuntu@ec2-54-195-18-54...] run: git checkout v5
```

```
[ubuntu@ec2-54-195-18-54...] out: ...
[ubuntu@ec2-54-195-18-54...] out: HEAD is now at 6a968c1... Version 5
[ubuntu@ec2-54-195-18-54...] out:

[ubuntu@ec2-54-195-18-54...] sudo: /opt/bitnami/ctlscript.sh start apache
[ubuntu@ec2-54-195-18-54...] out: /.../ctl.sh : httpd started at port 80
[ubuntu@ec2-54-195-18-54...] out:

[ubuntu@ec2-54-195-18-54...] run: \
    curl http://localhost/my-php-app/healthcheck.php
[ubuntu@ec2-54-195-18-54...] out: OK
[ubuntu@ec2-54-195-18-54...] out:
[localhost] local: aws elb register-instances-with-load-balancer \
    --load-balancer-name elb --instances i-178ed9ba
{
    "Instances": [
        {
            "InstanceId": "i-168ed9bb"
        },
        {
            "InstanceId": "i-158ed9b8"
        },
        {
            "InstanceId": "i-178ed9ba"
        }
    ]
}
[localhost] local: aws elb describe-load-balancers \
    --load-balancer-names elb | \
    jq '.LoadBalancerDescriptions[0].Instances | length'
[localhost] local: aws elb describe-instance-health --load-balancer-name elb
[ubuntu@ec2-54-195-18-54...] Waiting for all instances to be healthy
[localhost] local: aws elb describe-instance-health --load-balancer-name elb
[ubuntu@ec2-54-195-12-215...] Executing task 'deploy_to_prod'
[localhost] local: aws elb deregister-instances-from-load-balancer \
    --load-balancer-name elb --instances i-168ed9bb
{
    "Instances": [
        {
            "InstanceId": "i-158ed9b8"
        },
        {
            "InstanceId": "i-178ed9ba"
        }
    ]
}
[ubuntu@ec2-54-195-12-215...] Waiting for connection draining to complete
[ubuntu@ec2-54-195-12-215...] sudo: /opt/bitnami/ctlscript.sh stop apache
```

```
[ubuntu@ec2-54-195-12-215...] out: /.../scripts/ctl.sh : httpd stopped
[ubuntu@ec2-54-195-12-215...] out:

[ubuntu@ec2-54-195-12-215...] run: git fetch --tags
[ubuntu@ec2-54-195-12-215...] run: git checkout v5
[ubuntu@ec2-54-195-12-215...] out: ...
[ubuntu@ec2-54-195-12-215...] out: HEAD is now at 6a968c1... Version 5
[ubuntu@ec2-54-195-12-215...] out:

[ubuntu@ec2-54-195-12-215...] sudo: /opt/bitnami/ctlscript.sh start apache
[ubuntu@ec2-54-195-12-215...] out: /.../ctl.sh : httpd started at port 80
[ubuntu@ec2-54-195-12-215...] out:

[ubuntu@ec2-54-195-12-215...] run: \
    curl http://localhost/my-php-app/healthcheck.php
[ubuntu@ec2-54-195-12-215...] out: OK
[ubuntu@ec2-54-195-12-215...] out:

[localhost] local: aws elb register-instances-with-load-balancer \
    --load-balancer-name elb --instances i-168ed9bb
{
    "Instances": [
        {
            "InstanceId": "i-168ed9bb"
        },
        {
            "InstanceId": "i-158ed9b8"
        },
        {
            "InstanceId": "i-178ed9ba"
        }
    ]
}
[localhost] local: aws elb describe-load-balancers \
    --load-balancer-names elb | \
    jq '.LoadBalancerDescriptions[0].Instances | length'
[localhost] local: aws elb describe-instance-health --load-balancer-name elb
[ubuntu@ec2-54-195-12-215...] Waiting for all instances to be healthy
[localhost] local: aws elb describe-instance-health --load-balancer-name elb
[ubuntu@ec2-54-195-12-215...] Waiting for all instances to be healthy
[localhost] local: aws elb describe-instance-health --load-balancer-name elb

Done.
Disconnecting from ec2-176-34-78-4...... done.
Disconnecting from ec2-54-195-18-54...... done.
Disconnecting from ec2-54-195-12-215...... done.
```

あとは、Fabricを実行するJenkinsジョブで、これをラップし、適切なGitタグ名を渡せばよい。それは、次のことを行う「パラメータ化」(parameterized) ビルドを使って実現できる。

- tag という名前のパラメータを 1 個受け取る（図 9-1 でブランチ名を渡したのと同様）。
- Fabric スクリプトを含むリポジトリをチェックアウトする。
- Fabric を実行する。このとき、パラメータとして指定されたタグを渡す。たとえば、`fab deploy_to_prod:tag=$tag`

　これを入れれば、ついに目標が達成される。今では、どの開発者も、運用チームのメンバーも、我々のレガシーアプリをワンクリックで製品にデプロイできる。それだけでなく、このデプロイメントプロセスは、自動化によって、今後も長く使われる見込みができた。将来、チームに誰が来ても、あるいは誰がチームから去っても、このアプリはデプロイ可能なままとなるだろう。もちろん現実のアプリケーションなら、デプロイのプロセスは、この例よりも複雑だろう。データベースの移行なども含むかも知れないが、原則は同じである。一般に、ほとんどあらゆるデプロイのプロセスを自動化できる。

　とはいえ、インフラストラクチャのコード（たとえば Fabric スクリプト）もコードであり、したがってレガシーコードになってしまう可能性はある。もし 1 年間、この PHP アプリを誰もデプロイしなかったら、この Fabric スクリプトが何かの理由で動かなくなることも十分に考えられる。この種の「劣化」を防ぐ最良の方法は、コードを定期的に使用することだ。たとえアプリケーションのコードに変更がなかったとしても、週に 1 回は定期的に PHP アプリをデプロイするよう、Jenkins ジョブをスケジューリングすることができる。

　なお、ここで一部を示した Fabric スクリプトは、次の GitHub リポジトリに完全なものがある（https://github.com/cb372/ReengLegacySoft/blob/master/09/php-app-fabfile/fabfile.py）。

9.5 まとめ

- 古くなったビルドツールの刷新など、わずかな変更によっても、参入する開発者への障壁を取り除き、レガシーコードベースに貢献する意欲を起こさせることができる。
- 手作業で行うデプロイのプロセスは、時が経つと簡単に失われる知識だが、そのプロセスを自動化すれば、将来アプリケーションをデプロイできなくなるリスクが軽減される。
- Jenkins のような CI サーバーを、アプリケーションのデプロイメントに利用できる。
- 複雑なデプロイタスクを自動化するには、Fabric のようなツールを使える。そのスクリプトは、プロセスのさまざまなステップを示すドキュメントとしての役割も果たす。

第10章
レガシーコードを書くのはやめよう！

> **この章で学ぶこと**
> これまでに習ったテクニックを、レガシーコードだけでなく新しいコードにも応用する
> 使い捨てにできるコードを書く

　もう読者は、どんな「放置されたレガシーコード」を継承しても、その扱い方や、健康な状態に戻す術を知っているはずだ。我々はリライトも、リファクタリングも、継続的インスペクションも、ツールチェインの刷新も、自動化も、まだ他にも、さまざまなことを見てきた。けれども、たぶんあなたには新しいコードを書く時間も、少しはあっただろう。すべてのコードは、いつかレガシーになる運命なのだろうか？　それとも、いまあなたが書いているコードが数年後に誰かの悪夢になることを、予防する手段があるだろうか？

　これまでの9章で、我々は非常に広い範囲を扱ってきたが、いくつかのメインテーマが（明示的に書かれた場合も、暗黙的に推測される場合も含めて）本書のいたるところに現れていた。それらのアイデアは、これまでレガシーコードの文脈で論じてきたが、多くは新規プロジェクトにも同じように適用できる。この最後の章で総括する、それらのテーマとは、次のものだ。

- ソースコードがすべてではない
- 情報はフリーになりたがらない
- われらの仕事は終わらない
- すべてを自動化せよ
- 小さいのが美しい

　これらのテーマをひとつずつ順に見ていこう。

10.1　ソースコードがすべてではない

　プログラマの視点から見ると、ソースコードは、しばしばソフトウェアプロジェクトで最も重要な部分である。だから、この本でコードを直接扱っている部分が半分に満たないことを知って、驚いたり、失望したりする人が、いるかも知れないが、そのようにした理由は2つある。

　第1に、あなたがレガシーコードに対して行う仕事のほとんどはリファクタリングだろうけれど、リファクタリングについてはすでに大量の本が出ている。私には、すでに書かれていること以外に、たいして書くべきことがないのだ。それに、リファクタリングは本から学べるような技ではない、と私は信じている。自分でやってみて、経験を積み重ね、感触を得る必要がある。リファクタリング上達の秘訣は、経験のある開発者とペアを組んで、学び取ることだ。

　第2に、こちらのほうが重要だが、この本を使って私は「ソースコードがすべてではない」(the source code is not the whole story) という考えを強調したかった。ソフトウェアプロジェクトの成功に貢献するファクターは数多く存在し、品質の高いソースコードは、そのひとつにすぎない。

　最も重要なのは（コードについて言えることの、どれよりも、はるかに重要なのは）ユーザーにとって価値のあるソフトウェアを作ることだ。もし価値のないソフトウェアを作ってしまったら、コードがどうだろうと誰も気にしない。どうすればあなたのソフトウェアが価値をもたらすようにできるかは、本書で扱う範囲外なので、それは優秀なプロダクトマネージャー（製品管理者）が考えてくれるということに、まずはしておこう。

　それ以外にも、ソフトウェアプロジェクトの成功に影響を与える要因は数多く存在する（プロジェクトの成功という概念を定義していなかったが、それは一般に、開発の速度や、できあがった製品の品質や、後にコードを保守するときの容易さなどといったものを含むだろう）。これまで多くの要因を見てきたが、それには技術的なものと組織に関するものがある。

　技術的な要因には、優れた開発ツールチェインを選択し保守すること、プロビジョニングの自動化、Jenkinsなどのツールを使ってCIと継続的インスペクションを行うこと、そして、リリースとデプロイのプロセスを可能な限り合理化することなどが含まれる。

　組織に関する要因には、よいドキュメンテーションがあること、開発チームの中での（また、チーム間での）コミュニケーションを増やすこと、チームの外にいる人がソフトウェアに貢献しやすくすること、ソフトウェアの品質を尊ぶカルチャーを組織全体に育んで、開発者がビジネスの他の部分からの圧力にさらされることなく十分な時間を品質の維持に費やせるようにすること、などがある。

　これらはどれも、レガシーコードだけでなく新しいプロジェクトにも関係する。実際これらを最初からプロジェクトに活用できれば、あとでレガシーコードベースを改良するより、ずっと簡単だろう。

10.2 情報はフリーになりたがらない

この皮肉な見出しは、もちろん、「情報はフリーになりたがっている」というスチュアート・ブランドの有名な言葉[1]のパロディだ。もっと正確に言うなら、情報は（つまりソフトウェアは）フリーになりたがっているかも知れないが、開発者は、その援助をあまりしたがらないのだ。

開発者に訊いてみるとよい。あなたが作っているソフトウェアについての知識を、同僚にシェアするのはよい考えですか？　もちろん同意するだろう。けれども、実際にどれほど情報を共有しているかといえば、ほとんどの開発者は、それが大の苦手である。ドキュメントを書いたり保守したりするのは、彼らにとって楽しい仕事ではなく、催促されない限り、他の手段で同僚に情報をシェアすることも少ない。

我々が積極的に開発者間のコミュニケーションを促進して、情報がフリーに流通する環境を育成しない限り、結局は、一部の開発者が知識のサイロになってしまうだろう。そういう開発者たちがチームを離れたら、価値ある情報が大量に失われるかも知れない。

では、どうすればそれを防げるだろうか？

ドキュメンテーション

技術的なドキュメントは、開発者から同時代の同僚たちに、また、将来の保守担当者たちに情報を渡す素晴らしい手段となり得る。ただし価値あるドキュメントにするには、次の条件が必須だ。

- 有益である（つまり、ただコードが何をしているかを述べるだけでなく、なぜ、どのように行っているかを知らせる）。
- 書きやすい。
- 見つけやすい。
- 読みやすい。
- 信頼できる。

前にも述べたように、ドキュメントを簡潔に書き、可能な限りソースコードに近い場所に置く（具体的には、ソースコードファイルそのものに埋め込むか、それと同じ Git リポジトリに入れる）ことによって、これらすべてを改良できる。Git リポジトリに入れると、書くのも更新も容易になる。開発者がコードを更新するのと同時にコミットできるからだ。これは、たとえばネット

---

[1] 訳注：『Whole Earth Catalog』の作者、Stewart Brand の"Information wants to be free"というフレーズは、1984 年の Hackers Conference で、Steve Wozniak に言ったのが最初らしい。その部分を訳すと、「情報は高値を求める。価値があるからだ。正しい情報が正しい場所にあるだけで人生が変わるからだ。一方、情報は無料になりたがっている。情報を発するためのコストが、どんどん下がってきているからだ。この 2 つが、せめぎあっている」。ここでは文脈が違うので「無料」ではなく「フリー」と訳した。

ワークで共有されている Word ドキュメントを見つけて更新するよりも、ずっと簡単だ。また、他の開発者から見ると、ソースコードの変更をレビューするのと同様なので、ドキュメントをレビューしやすくなる。これによって信頼性が維持される。

　読む人にとって、ドキュメントがソースコードと同じ場所にあれば見つけやすくなり、簡潔ならば読みやすくなる。

　ドキュメントは定期的にレビューして、古くなったものは削除すべきだ。もし開発者によってメンテナンスされていなければ、おそらく有益なドキュメントではない。そういう重荷は、努力して引き上げるよりも削除したほうがましであって、残しておけば将来も放置されるだけだ。私はこれをドキュメンテーションへのダーウィン的アプローチと呼ぼう。適者が生き残るのだ。

コミュニケーションを促す

　もうひとつの側面、すなわち、ドキュメンテーション以外の手段による情報共有を行うように開発者を励ますほうは、もっと工夫を要する。さまざまな試みが考えられるが、どのチームも他のチームとは違うのだから、あなたとあなたのチームに適したツールが見つかるまで、実験を続ける必要がある。次に示すのは、そういうアイデアの一部にすぎない。

- コードレビュー ― いまどき、その是非を論じるまでもない。コードへの変更は、すべて、少なくとも 1 人の他の開発者によってレビューされなければならない。コードに間違いがないかをチェックし、スタイルの問題を議論できるだけでなく、他の開発者の仕事について、より多く学ぶことができる。あなたのチームに適したコードレビューのシステムを見つけるために、時間を割くべきだ。誰かの IDE を囲むのがよいかも知れず、GitHub のようなオンラインサービスを使うのがよいかも知れない。
- ペアプログラミング ― これは開発者にとって論争の的になる。ある人々は大好きであり、ある人々は大嫌いだ[2]。私は、まずは数週間やってみることを勧める（最初の気持ち悪さを開発者が乗り越えるのには、それだけあれば十分だ）。それから、まだ続けたいか、続けるならどういう方法がよいかを、皆で決めてもらう。目標は、頼まれなくても開発者が自発的にペアリングを始めるような状況を作ることだ。
- テックトーク ― 私が勤務したことのある 2 つの会社では、金曜日の午後にテックトーク（tech talk）を開催していた。それはしばしば私にとって、週の山場になった。テックトークは、プレゼンターにとって、自分のスキルや作ったものを披露する機会であり、

---

[2] 注：大好きの例は、"Why Pair Programming Is The Best Development Practice?" from the SAPM Course Blog (https://Blog.inf.ed.ac.uk/sapm/2014/02/17/why-pair-programming/)。それほど熱狂的ではない意見は、"Where Pair Programming Fails for Me" by Will Sargent (https://tersesystems.com/2010/12/29/where-pair-programming-fails-for-me/)。
訳注：日本語の記事も賛否両論ある。

聴衆にとっては、他の人々がいま何をやっているのかを学ぶ機会になる。もちろん、金曜日の午後にテックトークをやれば、しばしば開発者たちが連れ立ってビールを飲みに出かけることになるが、それも悪くない。

- 他のチームへのプレゼンテーション — 個々の開発チームが、自分たちが手掛けたプロジェクトについて（レガシーでも、そうではなくても）技術的な概要を紹介するセッションの機会を、ある程度は定期的に設けるのは、本当に価値のあることだ。開発者が、他のチームの仕事について知っていることが、どれほど少ないかは、驚くほどだ。いったんそれに気がついたら、彼らはしばしば、知識を共有する方法や、チーム間で努力の重複を減らすための方法を、見つけ出してくれる。
- ハッカソン — これは、開発者たちにとって、他のチームの人々と共同作業をし、新しいテクノロジーで遊び、クールなものを作る機会だ。できれば会社の外でやるのが望ましい。hack days ともいう[3]。

10.3 われらの仕事は終わらない

　コードベースの品質を保つのは終わりのない任務だ。常に警戒を怠らず、品質に問題が生じたらすぐに対処しなければならない。そうしなければ、すぐに蓄積して手が付けられなくなり、知らないうちにメンテナンス不能なスパゲティコードの山ができてしまう。「a stitch in time saves nine（綻びは広がる前に縫え）」ということわざと同じく、技術的負債の修正も、早いほど簡単だ。

　これは1人で行うのは難しい仕事なので、コードの品質はチームの共同責任とするようなカルチャーも奨励する必要がある。

定期的なコードレビュー

　コードに対する変更は、それぞれ標準的、日常的な開発手順の一部として、レビューすべきだろう。けれども、個々の変更のレベルでしかレビューしないと、何よりも大切なソフトウェア設計に関する問題を見失いがちだ。コードベースの構造に対して大規模な改善を行えるかも知れないし、誰も滅多に触らないコードの中に問題が潜んでいるかも知れない。

　私の経験では、コードベース全体を定期的にレビューするよう、スケジュールを組むのが有益だ。いくつか単純なルールを決めれば、そのプロセスはスムーズに流れる。

---

[3] 注：私は自分が参加したハックデイについてブログポストを書いた。"Hack day report: Using Amazon Machine Learning to predict trolling" (https://www.theguardian.com/info/developer-Blog/2015/jul/17/hack-day-report-using-amazon-machine-learning-to-predict-trolling) これを読むとようすがわかると思う。

- 全員に1時間ほどかけてコードを事前に見てメモを取るようにしてもらう。つまりレビューの場では、ただ黙ってコードを見つめるのではなく、話ができるようにする。
- 誰か1人、コードについての知識がある人に、レビューのリーダーになってもらう。リーダーはコードベースを数分で紹介してから、部屋を回ってコメントを求める。
- レビューは1時間くらいにすべきだ。もしコードベース全体をカバーするのに時間が足りなければ、何週かにわたって複数のセッションを行う。
- レビューの結論を箇条書きにまとめる。そのリストは、具体的なアクションと、個別的ではないアイデアや調査すべき事項に分類する。その文書をチームにシェアし、どれかアクションを完了したら、その人が更新するよう依頼する。数週間後に進捗をチェックする。

私が最近行ったレビューのまとめ[4]を、GitHubに載せてある（`http://mng.bz/gX84`）。

窓が割れたら、すぐ直せ

アンドリュー・ハントとデビッド・トーマスは、著書『達人プログラマー』の中で、犯罪学の有名な「割れ窓理論」をソフトウェアエントロピーのたとえに使っている[5]。

それは、こういうことだ。もし都会の建物が無人でも状態がよければ、人々はたぶん、そのまま放っておく。ところが、修繕をしないで割れ窓があちこちにできると、その建物への人々の態度が変わる。窓を割る連中が増えて、急速に治安が乱れていく。

ソフトウェアとのアナロジーは、言うまでもないだろう。あなたがコードベースを管理して、常にきれいな状態になるよう整理整頓しなければいけない。ハックや弱点を、あまりにも多く直さずに放置したら、コードの品質は急速に悪化する。開発者たちはコードへの敬意を失って、仕事がいい加減になり始める。

だが、悪いことばかりではない。人々は割れた窓を見て、もっと窓を割ろうとするかも知れないが、誰かが割れた窓を修繕しているのを見たら、感心して手伝おうと思うかも知れない。開発者の場合、誰かが努力してコードベースの技術的負債をクリーンアップしているのを見たら、品質を維持してコードが無秩序に堕落するのを防ぐのは自分たち全員の責務だということを、思い出すのではないだろうか。

まずは、コードベースの「割れ窓」を、2週間にひとつでも直すことを、あなたの個人的な目標

---

[4] 訳注：英文だが、短い。Specific actionsというのが、個別のアクション。各項目の頭にチェックボックスがあり、チェックのある項目には"DONE by Nick Smith"などと担当者の名前が書かれている。

[5] 訳注：原著は、"The Pragmatic Programmer"（Addison-Wesley Professional, 1999）。この部分の抜粋を、The Pragmatic Bookshelfで読むことができる（`https://pragprog.com/the-pragmatic-programmer/extracts/software-entropy`）。邦訳は、『達人プログラマー システム開発の職人から名匠への道』（村上雅章訳、ピアソン・エデュケーション、2000年）。「割れ窓理論」については、日本語Wikipediaに記述がある。

にしよう。そして、その努力が他の開発者たちからも見えるようにしよう。コードレビューは、口づてに話を広めるのによいツールだ。

10.4　すべてを自動化せよ

　本書を通じて私はさまざまな種類の自動化に触れてきた。それには、テストの自動化、ビルドの自動化、Jenkins によるデプロイその他のタスクの自動化、Andible と Vagrant などのツールを使ったプロビジョニングの自動化などが含まれる。これらは例にすぎず、状況によっては別のツールやテクニックが必要になるだろう。けれども重要なのは、あなたの開発ワークフローで、まだ自動化できる部分はないだろうか、と常に気を配ることだ。すべてを一度に自動化する必要はないが、もしあなたが、それまで人間が正しいシーケンスでコマンドをタイプしたり、ボタンをクリックしたり、あるいは何か専門知識を頭の中にしまっていたものを、自動化できたとしたら、それは正しい方向への一歩である。

　手作業のタスクを自動化することのメリットは2つある。

- あなたの仕事が楽になる ― 同じタスクを何度も繰り返して実行するのに、無駄な時間を費やさずに済むだけではない。あなたが書いて保守する必要のあるドキュメントの量が減るし、人々があなたのデスクまで仕事の要領を説明してもらいに集まってくることもなくなる。そしてもちろん、あなたが間違いを犯して自分で後始末をしなければならなくなるリスクも減少する。
- 仕事を引き継ぐ人が楽になる ― 自動化は、ソフトウェアを次の世代に渡すときに、情報が失われにくくする。

自動テストを書こう

　言うまでもなく、最近のソフトウェアなら何か自動化されたテストがあって当然だ。けれども、とくに新しいコードが「レガシー化」するのを防ぐ意味でテストが有益だという点は、指摘する価値がある。

　第1に、高いレベルのテストスイート（ユニットテストではなく、機能／統合／検収テスト）は、そのソフトウェアの「生きた仕様書」としての役割を果たすことができる。仕様書は、しばしばプロジェクトの開始時に書かれ、ソフトウェアの進化に伴って常に更新されることは、ほとんどない。それよりも、自動化されたテストがソフトウェアの振る舞いと同期している可能性のほうが高いのだ。その理由は明らかだ。もしコードの振る舞いを変更して、それに対応するテストを更新しなければ、あなたのテストは失敗し、CI サーバーが、それを指摘するに違いない。

　したがって、何年か後に新たな開発者たちが、そのソフトウェアを継承したとき、彼らはテス

トスイートを見ることで、ソフトウェアの振る舞いを素早く理解できる。また、振る舞いのうち、どの部分が明記されているか（ソフトウェアが、このように振る舞うべきだというアサートがテストにある）、どの部分がそうではないのかを知ることができる。

第2に、自動テストを持つコードは、保守が容易であり、したがって劣化しにくい。テストスイートがあれば開発者は確信を持って、リファクタリングでコードをすっきりさせ、エントロピーの進行を食い止めることができる。

> **ユニットテスト**
> 既存のコードの振る舞いに関する情報を共有するという意味では、私の経験ではユニットテストよりも、機能テストや、それより高位のテストのほうが有益だ。ユニットテストは、あまりにも詳細で、コードベース全体を理解するのに、あまり役立たない。
> ユニットテストが有効なのは、新しいコードを書くときだ。それによって、さまざまに異なる入力パターンに対してコードを実際に動作させることができ、しかも非常に高速なフィードバックサイクルが得られる。
> あるユニットのコードが、いったん書かれ、正しく動作したら、そのユニットテストは主な役割を果たしている。その後、テストが開発の邪魔になっていると思ったら、それより高位のテストによってリグレッションを防止できる限り、そのユニットテストは削除してよい、というのが私の考えだ。たとえば、もし何十ものテストを修正ないし書き換えない限り、あるコードをリファクタリングできないとしたら、そのユニットテストは価値があるというより、むしろ邪魔になっているということの徴候だろう。

10.5　小さいのが美しい

コードベースが大きくなればなるほど、その仕事は難しくなる。開発者が理解しなければならないコードの分量が増え、可動部が多くなり、ある部分の変更が他の部分にどう影響するかを理解するのが困難になる。そのため、コードのリファクタリングが難しくなり、だんだん品質が劣化する結果になる。

大きなコードベースは、書き直すのも困難だ。莫大なコード全体を捨て去るのは、どれほどひどいコードでも、心理的な抵抗が大きくて、なかなかできないことだ。そして第6章で述べたように、大きなアプリケーションの書き直しは、とてもリスキーな企てだ。まず第1に、どれほど時間がかかるかの見積もりが非常に難しい。

コードベースの柔軟性と敏捷さを保ち、何年か経って誰かが「ビッグ・リライト」を企てないようにする秘訣は単純で、ただ小さいままにしておくことだ。ソフトウェアは、「使い捨てにできる」（disposal）よう設計すべきである。気軽に捨てて、数日とか数時間と言わないまでも、数週間で書き直せるくらいに小さくしよう。そうすれば、もしあなたの後継者が、引き継いだソフトウェアを気に入らなくても、ほとんどリスクなしに、それを捨て去って新しいソフトウェアを最

初から書き直すことが可能になる。もちろん開発者にとって、自分が丹精込めて作り上げたコードが数年のうちに葬り去られるというのは、ちょっと気が滅入ることだけれど、老境に達したコードを、殺すには大きすぎ、重要すぎるというだけの理由で、いつまでも生命維持装置に繋いでおくよりも、分別のある考えではなかろうか。

　念のために断っておくが、私はなにも、最小限の機能だけ備えたちっぽけなソフトウェアだけを作れとか、コードの膨張を恐れるあまり便利な機能を追加するのに反対しろとか言っているわけではない。ソフトウェアを設計するときは、モジュール化（小さくて結合の少ないコンポーネントを集めて大きなソフトウェアを構築すること）を最優先すべきだ、というのがポイントである。コンポーネントレベルのコードが使い捨てにできるおかげで、ソフトウェア全体が堅牢となり、したがって長命となる。

　「使い捨てにできるコードを書く」（writing disposable code）というアイデアは、最近流行しているマイクロサービスとの相性がよいけれど、必ずしもあなたのコードを小さなサービスに分割する必要があるのではない。それと同じ効果は、1個のモノリス的なアプリケーションを、隔離されて置き換え可能な何十もの小さなコンポーネントで組み立てることによっても達成できる。

　使い捨てにできるソフトウェアを作るという話題については、チャド・ファウラー[6]が興味深い意見をたくさん披露している。とくに私が推薦するのは、Scala Days 2014 でのキーノートスピーチだ（https://www.parleys.com/tutorial/legacy）。ここで彼は自動車をたとえに使っている。フォードのモデル T が、作られてから 1 世紀近くたっているのに今でも走っているのは、何百もの小さな部品（components）で構成されているからだ。コンポーネントの耐用年月は、それぞれ異なっていて、他の部品とは関係なしに壊れ、個別に交換できる。もし同じようにソフトウェアを作れば、それぞれの部品は寿命が来たら交換でき、システム全体は無期限に生き続けることができる。十分に時間があれば、あらゆるコンポーネントを少なくとも 1 回は交換したことになるだろう。そのときあなたは「テセウスのパラドックス」について、考えたくなるかも知れないけれど。

テセウスの船

テセウスの船に関するパラドックスは、古代ギリシアの歴史家プルタルコスが書き残している。英雄テセウスが怪物ミノタウルスを倒した後にクレタから帰還した船は、後の世まで保存された。その船は何世紀にもわたって修繕され、船大工が朽ちた木材を交換していった。果たして船の木材がすべて交換されたときも、まだ同じ船だろうか、というのがプルタルコスの疑問である。船は、それを構成する個々の部品を超越したアイデンティティを持つのだろうか？

---

[6] 訳注：Chad Fowler は、『プログラミング Ruby』などの著者。自身のサイト（http://chadfowler.com/）に、「Trash Your Servers and Burn Your Code: Immutable Infrastructure and Disposable Components」があり、それを翻訳した Publickey の日本語記事（http://www.publickey1.jp/Blog/14/immutable_infrastructure.html）がある。

例：The Guardian の Content API

　The Guardian の Web サイトとモバイルアプリを支えるバックエンドは、Content API というものだ。これは、使い捨てにできるコンポーネント（この場合はマイクロサーバー）で構築されたシステムの好例である。そのアーキテクチャの全体像を図 10–1 に示す。

　このシステムには新しいコンテンツの受け取りを担当するサービスが2つある。ひとつはデータベースの変更をポーリングする Poller、もうひとつは CMS（content management system）や他のさまざまなシステム群から、キュー経由でデータを消費する Queue consumer である。どちらのサービスも、そのコンテンツを（別のキューを介して）もうひとつのサービスに送る。そのサービス（Writer）の唯一のジョブは、コンテンツをキューから読んでデータストアに書くことだ。最後に、もうひとつのサービスがデータベースのフロントに位置して、クライアントからのリクエストを処理する（API front end）。

　このシステムの全体像は複雑だが（実際には、この単純化した図にない、他のサービスやアプリケーションが、いくつも含まれている）、それぞれのコンポーネントは、小さく、単純であり、最も重要なことに、使い捨てにできるものだ。

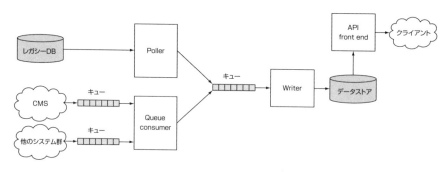

図10–1：Guardian Content API のアーキテクチャ

　我々は最近、新しい Content API コンポーネントを、Clojure を使って書いたが、その理由は簡単で、開発者の1人が、その言語を試してみたかったからだ。これは小さなコードで、2つの API をポーリングし、応答を変換してキューに書くものである。それは数か月の間、順調に動いていて、メンテナンスの必要はなかった。けれども、その後で我々は、ある機能を要求され、そのコンポーネントにコードを足す必要が生じた。そして我々は、コンポーネント全体を（チームにとって、Clojure より馴染みのある）Scala で書き直したほうが簡単だ、と判断した。リライトには1日か2日で足りるという見積もりなので、そうすることに、ほとんどリスクはなかった。

　このように、ソフトウェアの一部を捨てて、リスクなしにやり直せるという能力が、使い捨てにできるソフトウェアの、本当の価値である。

10.6 まとめ

- あなたがプロジェクトの健康な状態を維持したければ、ソースコードだけに注目してはいけない。ドキュメンテーション、ツールチェイン、インフラストラクチャ、自動化、そしてチームのカルチャーは、どれも重要である。
- あなたのソフトウェアに関する情報は、あなたが常にガードしない限り、だんだん蒸発して消えていく。
- よいテクニカルドキュメンテーションの価値は非常に高い。けれども、ドキュメンテーションが不要なくらいのコミュニケーションがチームにあれば、もっとよい。メンバーがチームを離れるときに知識が失われるのを防ぐために、ドキュメントは必要である。けれども、開発者がドキュメントを参照するより、互いに質問するほうを好むなら、それは健康的なチームの証しだ。
- 大きなソフトウェアは、リスクなしに捨てて書き直せるくらい小さなコンポーネントで構築するべきだ。

　これで、レガシーソフトウェアの状況を巡る我々の旅は終わる。本書はスコープを欲張ったので、非常に広い範囲の話題を、わずかに撫でることしかできなかった。けれども本書を刺激として、あなたがコードを（レガシーであろうと、なかろうと）愛するようになればよいと願っている。自分が書いたコードにはプライドを持とう。誰か別の人が書いたコードが、あなたに渡されたら、先人のためにも、後から来る人々のためにも、コードに敬意を払い、それを育成しよう。

　本書を通じて私は「レガシー」（legacy）を、何か悪い言葉のように扱ってきたが、そうする必要はない。望むと望まないとに関わらず、我々は次世代の開発者に遺産（legacy）を残すのだから、できるだけのことをして、誇らしい遺産にしよう。

　成功を祈る！

索　引

■A

A/Bテスト ……………………………… 91
Actor ………………………………… 160
Alerts ………………………………… 126
Ansible ………………………… 183, 186
Ansibleスクリプト …………………… 204
Ant …………………………………… 130
autonomy …………………………… 124

■B

Bamboo ………………………………… 46
breaking changes …………………… 144

■C

Chain of Responsibilityパターン …… 103
Checkstyle ……………………… 34, 44
CI ……………………………………… 46
CIサーバー ……………………… 46, 239
CMS ………………………………… 242
Collection …………………………… 126
combinatorial explosion …………… 147
component …………………………… 125
configuration drift ………………… 196
Coverity ………………………………… 6
credentials ………………………… 191

■D

dead code …………………………… 89
debt …………………………………… 10
Decoratorパターン ………………… 103
defect density ……………………… 124

■

dependency ………………………… 12
dependency injection ……………… 133
DevOps ……………………………… 211
domain-driven design ……………… 149
DSL ………………………………… 135

■E

Elasticsearch ………………………… 29
EventBus …………………………… 172
exploratory refactoring ……………… 22

■F

Fabric ……………………………… 224
false negative ……………………… 26
false positive ……………………… 26
FindBugs …………………………… 33
Fluentd ……………………………… 29

■G

Git …………………………………… 32
Google App Engine ………………… 215
Gradle ……………………………… 134
Gradle DSL ………………………… 135
Guice ……………………………… 133

■H

headless mode …………………… 121

■I

indirection ………………………… 115
inspect ………………………………… v
Ivy ………………………………… 131
Ivyリポジトリサーバー …………… 131

■J
Javaアノテーション ……………………… 97
Jenkins ……………………………………… 46
jq ………………………………………… 228

■K
Kibana ……………………………………… 29
kloc …………………………………………… 6

■L
load testing …………………………… 121
Logback …………………………………… 69

■M
Maven ……………………………………… 47
microservices ………………………… 148
Mikado Method ……………………… 87
mock ………………………………………… 8
Mockitoライブラリ ………………… 117
Model-View-Controller ……………… 108
module …………………………………… 125
monolithic application ……………… 125
monolithic codebase ………………… 125
MVC ……………………………………… 108

■N
nil …………………………………………… 98
Null Objectパターン ………………… 98
nullability ………………………………… 95
null参照 …………………………………… 95

■O
Observer ………………………………… 172

■P
parity ……………………………………… 14
PMD ………………………………… 33, 42

provisioning …………………………… 185
Publish/Subscribe …………………… 172

■R
re-architecting ……………………… 123
readability ……………………………… 22
redundancy …………………………… 137
Report …………………………………… 126
REST API ……………………………… 51
role ……………………………………… 188

■S
Search …………………………………… 126
Sentry …………………………………… 31
separation of concerns ………… 124, 142
service …………………………………… 125
service-oriented architecture …… 125
sharding ………………………………… 10
SOA ……………………………… 125, 145
SoC ……………………………………… 124
SonarQube ……………………………… 51
static analysis ………………………… 26
Stats ……………………………………… 126
Storage ………………………………… 126
Stranglerパターン …………………… 77

■T
TeamCity ………………………………… 46
The Big Rewrite ……………………… 153
Tony Hoare ……………………………… 95
Travis CI ………………………………… 46

■U
UI ………………………………………… 126
UIテスト ………………………………… 120

Util ……………………………………… 114

■V
Vagrant ………………………………… 183
visibility ………………………………… 116

■あ
アクターモデル ………………………… 160
アノーテーション ……………………… 37
アンドリュー・ハント ………………… 238

■い
依存関係 ………………………………… 12
依存関係のグラフ ……………………… 87
依存性注入ライブラリ ………………… 133
イベントバス …………………………… 172
イミュータビリティ …………………… 101
イミュータブル ………………………… 98
インスペクション ……………………… 1
インフラストラクチャ ………………… 1
インベントリ …………………………… 200

■う
運用のオーバーヘッド ………………… 146

■え
エージェントレス ……………………… 186
エラーの回数 …………………………… 30

■お
大いなるリライト ……………………… 153
オーバーヘッド ………………………… 69
置き換え ………………………………… 67
置き場所 ………………………………… 217
恐れ ……………………………………… 20

■か
開発環境 ………………………………… 195

書き直し ………………………………… 55
確定的 …………………………………… 95
可視化 …………………………………… 25
可視性 …………………………………… 116
価値 ……………………………………… 65
神オブジェクト ………………………… 128
神クラス ……………………… 73, 113, 128
監視ツール ……………………………… 167
関心の分離 ……………………… 124, 142
間接参照 ………………………………… 115
管理された故障 ………………………… 210

■き
偽陰性の間違い ………………………… 26
期限切れコード ………………………… 91
技術的ではない問題 …………………… 55
技術的負債 ……………………………… 58
既存の機能 ……………………………… 156
機能完備 ………………………………… 156
基盤 ……………………………… 1, 210
休止時間 ………………………………… 144
急進主義者 ……………………………… 59
偽陽性 …………………………………… 37
偽陽性の間違い ………………………… 26
規律 ……………………………………… 79

■く
区別 ……………………………………… 159
組み合わせ爆発 ………………………… 147
クラウド基盤 …………………………… 210

■け
計測すべき指標 ………………………… 33
継続的インスペクション ……………… 46

継続的インテグレーション 46
継続的デプロイメント 223
欠陥密度 124
検査 v
検索 126
検証 1, 45

■こ
更新する必要 161
コードの可読性 42
コードレビュー 6, 60, 61, 236
誤検出 37
コミュニケーション 17, 56, 141
コメントアウト 89
コンセンサス 56
コンテクスト境界 149
コンパイラ 23
コンパイラまかせ 23
コンフィギュレーション・ドリフト ... 196
コンポーネント 125

■さ
サーキットブレーカー 143
サービス 125
サービス指向アーキテクチャ 125
サービス発見 146
サービス発見機構 143
再設計 1
再利用 140
サイロ化 144

■し
シェルスクリプト 208
識別 146

失効コード 88
自動化 120, 180, 214, 239
自動化されたテスト 239
自動テスト 60
シャーディング 10
ジュース 133
呪文 99
循環的複雑度 42
仕様化テスト 23
消極的なコーディング 20
条件複雑度 42
情報伝達 141
除外フィルター 41
自立性 124
新機能 156
新機能を追加 155
死んでいるコード 89

■す
スキーマ 161
スケーリング 138
スタイルチェックツール 26
スタックトレース 31
スタブ 118
ステルスリリース 121

■せ
静的解析ツール 26
製品環境 195
制約 90
接合部 118

■そ
疎結合 150

ゾンビコード ………………………… 90

■た
退化 ………………………………… 4
タイミング ………………………… 156
ダウンタイム ……………………… 144
ダミー実装 ………………………… 116
だめなテスト ……………………… 92
段階的なリリース ………………… 156
単純さ ……………………………… 161
単体テスト ………………………… 8
担当領域の専門化 ………………… 144

■ち
小さなクラス ……………………… 94
知識の共有 ………………………… 214
知識の欠如 ………………………… 16
知識の孤立 ………………………… 144
チャド・ファウラー ……………… 241
調査的リファクタリング ………… 22
重複性 ……………………………… 137

■つ
追加機能の侵入 …………………… 156
追加機能の要望 …………………… 63
使い捨てにできるコード ………… 241

■て
提示 ………………………………… 94
データウェアハウス ……………… 147
データストア ……………………… 160
データ損傷 ………………………… 161
データの断片化 …………………… 147
デコレータ ………………………… 107
テスタビリティ …………………… 73

テスト ………………………… 7, 239
テストカバレージ ………………… 119
テスト環境 ………………………… 195
テストスイート …………………… 239
テセウスのパラドックス ………… 241
テックトーク ……………………… 236
デバッグ …………………………… 146
デビッド・トーマス ……………… 238
デプロイメント …………………… 222
伝統主義者 ………………………… 56

■と
統計 ………………………………… 126
統合開発環境 ……………………… 22
統合テスト …………………… 120, 147
同等性 ………………………… 14, 197
ドキュメンテーション …………… 214
ドキュメント ……………… 5, 180, 235
ドメイン駆動設計 ………………… 149
ドメイン層 ………………………… 162
ドメイン特化言語 ………………… 135
トラフィックの複製 ……………… 170
トランスペアレント ……………… 106
トレース …………………………… 146
トレンドグラフ …………………… 48

■な
何を計測するのか ………………… 26
難度 ………………………………… 65

■に
ニワトリとタマゴ ………………… 113
人間関係 …………………………… 60
認証情報 …………………………… 191

■は

バージョン管理システム 22, 50
ハードコード 8
バグを見つけるツール 26
ハッカソン 62, 237
バックエンド 142
発行と登録 172
パラメータ化 231
判断 66

■ひ

ビッグ・リライト 240
ビューアダプタ 108
ビューモデル 108
ビルドツール 215
品質を追跡 28

■ふ

負荷テスト 121
負荷分散装置 137, 223
負債 10
不変の基盤 210
ブラックボックス的リライト 154
ブラッシュアップ的リライト 154
フリー 235
プレゼンテーション 237
プレゼンテーションモデル 108
プロビジョニング 185
フロントエンド 142
分離 144

■へ

ペアプログラミング 58
ペアプログラミング 60, 62, 236

冪等 208
冪等性 193
ヘッドレスモード 121
ヘルスチェックエンドポイント ... 224
変換層 149, 162, 163
変換レイヤー 108
変数 199, 204

■ほ

ボイラープレート 41, 69
ホーア 95
保守容易性 124
ボックス 185
ホットスポット 146

■ま

マイクロサービス 148
マルチスレッドプログラム 98
マルチモジュールプロジェクト ... 135

■み

見返りのあるリライト 154
ミカドメソッド 87
ミスマッチ 162
見積もり 70
ミュータブル 98
ミュータブルオブジェクト 41

■め

メンテナビリティ 124

■も

モジュール 125
モジュール化 124, 241
モック実装 116
モデル 162

モニタリング 29
モノリス的アプリケーション 139
モノリス的なアプリケーション 125
モノリス的なコードベース 125
模倣 8

■や

約束破りの変更 144
やけっぱちの行動 24
やる気の喪失 24

■ゆ

有限オートマトン 99
ユーザーインターフェイス 126
ユーザー認証 146
ユニットテスト 8, 120, 240

■よ

よいユニットテスト 94
読みやすさ 22

■り

リアーキテクティング 123
リアルタイムアラート 126
リアルユーザーデータ 121
リエンジニアリング 1
理解を深める 22
リグレッション 4, 68
リスク 65, 67
リファクタリング 62, 234
リポート 126

リモートAPI 145
粒度 142
リライト 55, 66, 67
リリース 222
リレーショナルデータベース 160

■る

ルールセット 43

■れ

レイテンシ 146
レイヤー 149
レガシー 4
レガシーカルチャー 15
レガシーコード 7
レガシープロジェクト 4
劣化 232
レビュー 23, 237

■ろ

ロードバランサ 137, 223
ローリングデプロイメント 223
ロール 188
ロールアウト 121
ロギング 146
ログの収集 126
ログの保存 126

■わ

割れ窓理論 238

装丁　河原田智（ポルターハウス）

レガシーソフトウェア改善ガイド

2016年11月10日　初版第1刷発行

著　者　Chris Birchall（クリス・バーチャル）
翻　訳　吉川邦夫（よしかわ・くにお）
発行人　佐々木幹夫
発行所　株式会社翔泳社（http://www.shoeisha.co.jp/）
印刷・製本　株式会社シナノ

本書は著作権法上の保護を受けています。本書の一部または全部について（ソフトウェアおよびプログラムを含む）、株式会社翔泳社から文書による許諾を得ずに、いかなる方法においても無断で複写、複製することは禁じられています。

本書へのお問い合わせについては、ii ページに記載の内容をお読みください。

落丁・乱丁はお取り替えいたします。03-5362-3705 までご連絡ください。

ISBN978-4-7981-4514-3　　Printed in Japan